O TECIDO DO ESPAÇO-TEMPO

Fred Alan Wolf

O TECIDO DO ESPAÇO-TEMPO

Loops Temporais, Distorções Espaciais e Como Deus Criou o Universo

Tradução
ALEPH TERUYA EICHEMBERG

Editora Cultrix
SÃO PAULO

Título original: *Time Loops and Space Twists.*

Publicado originalmente em inglês por Hampton Roads (USA).

Texto de acordo com as novas regras ortográficas da língua portuguesa.

1ª edição 2013.

Design da capa: Adrian Morgan

Arte da capa: iStockphoto

Foto do autor: Lord of the Wind Film, LLC.

Editor: Adilson Silva Ramachandra
Editora de texto: Denise de C. Rocha Delela
Coordenação editorial: Roseli de S. Ferraz
Revisão técnica: Newton Roberval Eichemberg
Produção editorial: Indiara Faria Kayo
Assistente de produção editorial: Estela A. Minas
Editoração eletrônica: Fama Editora
Revisão: Claudete Agua de Melo e Yociko Oikawa

CIP-BRASIL. CATALOGAÇÃO NA PUBLICAÇÃO
SINDICATO NACIONAL DOS EDITORES DE LIVROS, RJ

W836t
Wolf, Fred Alan
O tecido do espaço-tempo : loops temporais, distorções espaciais e como Deus criou o universo / Fred Alan Wolf ; tradução Aleph Teruya Eichemberg. – 1. ed. – São Paulo : Cultrix, 2013.

Tradução de: Times loops and space twists
Inclui bibliografia
Inclui glossário
ISBN 978-85-316-1247-3
1. Ciência – Filosofia. 2. Simbolismo. I. Título.

13-04759 CDD: 501
CDU: 501

Direitos de tradução para o Brasil adquiridos com exclusividade pela
EDITORA PENSAMENTO-CULTRIX LTDA., que se reserva a
propriedade literária desta tradução.
Rua Dr. Mário Vicente, 368 – 04270-000 – São Paulo, SP
Fone: (11) 2066-9000 – Fax: (11) 2066-9008
http://www.editoracultrix.com.br
E-mail: atendimento@editoracultrix.com.br
Foi feito o depósito legal.

Sumário

Prefácio à Edição Brasileira

Além de sua óbvia habilidade didática para transmitir complexos conceitos e teorias em linguagens e imagens acessíveis e fascinantes, entre as muitas joias que este livro oferece ao leitor, uma das que mais brilham são os esforços para familiarizá-lo com a obra extraordinária de Richard Feynman, um dos maiores físicos do século XX, e com a teoria quântica dos campos, da qual ele é um dos principais elaboradores e à qual este livro é sem dúvida uma excelente introdução a alguns de seus pontos-chave.

O autor nos mostra como nossa aparentemente bem comportada realidade física tem necessidade de um "lado B", um estranho domínio virtual, espécie de "inconsciente" do mundo físico, cujas leis recorrem a coisas que são proibidas, ilógicas, paradoxais e incompreensíveis à luz de tudo o que aceitamos como razoável no nosso mundo cotidiano. Em *Espaço-Tempo e Além*, ele já havia introduzido o leitor nessa estranheza fascinante que dinamiza os fundamentos da realidade. Mas em *O Tecido do Espaço-Tempo*, muito mais que em seu livro anterior, Wolf mostra como, graças a essa desvairada "realidade virtual" que atua na própria trama que urde o tecido do espaço-tempo, os processos levam, paradoxalmente, a produzir os resultados reais e bem comportados com que nos defrontamos em nosso mundo normal, obediente a leis e a regras da física clássica. Como se o mundo físico tivesse a necessidade desse insano "lado B" da realidade para oferecer a todos nós a imagem de um rosto bem apresentável e de um comportamento aparentemente "normal".

Defendendo uma abordagem semelhante à da mente não local de Larry Dossey, Wolf, no fantástico capítulo que encerra o livro, nos sugere entre várias outras ideias instigantes, que nossos processos de pensamento podem não ser individuais, e que parte da dinâmica que nos leva a prever, a inventar, a completar frases, a criar, a imaginar e a captar o novo seriam, pura e simplesmente, informações que táquions nos trariam do futuro, assim como a luz nos traz, no presente, todas as informações que desenham o perfil imediato das nossas vidas.

— Newton Roberval Eichemberg, físico e tradutor
do livro *Um Salto Quântico no Cérebro Global*.

Prefácio

Neste livro, tento fazer um experimento. Quero comunicar alguns conceitos de física quântica de alto nível, especialmente noções teóricas sobre o campo quântico, isto é, o campo associado às situações quânticas, para você, leitor leigo, que suponho não ter agora mais sofisticação matemática do que tinha quando cursava a escola secundária. Então, em vez de usar apenas palavras e metáforas, eu apresento um pouco de pensamento matemático de uma maneira nova e, assim espero, simples. Você não precisa ter feito cursos de matemática que ensinam esses conceitos. Precisa apenas seguir os passos que eu resumo nos boxes no texto; aqueles que quiserem se aprofundar um pouco mais podem ler as notas no fim do livro, que abordam mais detalhes matemáticos. Se você ficar preso em um conceito particular, não se desespere, apenas continue lendo. No entanto, se você for como eu, provavelmente passará muito tempo refletindo sobre os lugares em que ficou empacado. Você também pode enviar um e-mail (em inglês) para *fred@fredalanwolf.com* ou *questions@fredalanwolf.com*, e eu responderei às suas perguntas com o máximo de esclarecimentos que puder.

Neste livro, você aprenderá sobre algumas novas e surpreendentes concepções atuais sobre o tempo, o espaço e a matéria. No último capítulo, forneço algumas noções reconhecidamente fantásticas sobre como um campo mental – uma Mente de Deus – pode ser encontrado nas atuais meditações sobre a teoria quântica dos campos. Tudo o que você encontrar nos primeiros onze capítulos, tanto quanto eu sei, retrata fielmente a nossa atual compreensão a respeito desses assuntos, embora, como admito desde o início, essas ideias talvez pareçam muito loucas. Eu as baseei no pensamento atualmente aceito sobre como a matéria passou a existir. No último capítulo, forneço um resumo dos conceitos encontrados nos onze capítulos anteriores e, em seguida, apresento algumas especulações a respeito delas e que não refletem as ideias e o pensamento atualmente aceitos, mas podem levar a uma nova visão do que a mente tem de fato a ver com toda essa ciência. Dica: a mente e o tempo estão relacionados. Se as minhas ideias se comprovarem corretas, talvez a antiga divisão entre o sagrado e o profano, ou a espiritualidade e a ciência, será apagada.

Agradecimentos

Meu agradecimento inicial pode parecer um pouco estranho, pois eu gostaria de reconhecer alguém que, embora não esteja mais entre nós, continua a me inspirar, me frustrar e me manter fascinado pela física quântica, e maravilhado diante dos seus mistérios. Embora eu nunca tenha tido nenhuma interação social com Richard Phillips Feynman, ele tem exercido uma das principais influências sobre todo o meu trabalho. Como menciono neste livro, embora eu não fosse um estudante na Cal Tech durante os dias em que ele ensinava lá, fui um Howard Hughes Fellow da Hughes Aircraft Company em Culver City no fim da década de 1950 e início da década de 1960, quando obtive meus graus avançados (mestrado e doutorado em física teórica) na UCLA, e o professor Feynman, que iria ganhar o Prêmio Nobel, vinha uma vez por semana a Hughes para nos ensinar física. Fiquei imediatamente cativado pelo seu estilo de ensino e pelo seu senso de humor improvisado. Porém, mais do que tudo, o que me impressionava em Feynman era a sua intuição. Quando eu saía da sala de aula todas as semanas, estudava tudo o que ele havia ensinado para descobrir como o que parecera quase incompreensível para mim antes de uma aula de Feynman agora parecia fazer sentido. Sentido suficiente, a ponto de eu ter me dedicado a ensinar física quântica a não cientistas, e até mesmo a tentar explicar de uma maneira intuitiva, *à la Feynman*, a confusa e estranha mistura de teorias que constituem o campo. Continuo nessa tarefa até hoje. Obrigado, Richard Feynman, onde quer que você esteja.

Também gostaria de agradecer a Anthony Zee (que ainda está conosco), apesar de nunca termos nos encontrado, por seu importante livro *Quantum Field Theory in a Nutshell*. Foi uma grande ferramenta de ensino para mim e fez com que eu me interessasse pela teoria quântica dos campos, um tópico que havia rejeitado no início da minha carreira de físico porque achei que seria muito difícil de assimilar. Eu o recomendo a todos vocês que queiram apreender os feitos notáveis que compõem a teoria atual.

Em seguida, quero agradecer a algumas pessoas do Fermilab que foram bondosas o suficiente para me conceder um dia inteiro de visita juntamente com vários físicos, teóricos e experimentais. Muito obrigado a Elizabeth Clements, comunicadora sênior de ciência, Paddy Fox, teórico, William Wester e Aaron Chou, físicos, e Don Lincoln, físico que trabalha no experimento DZero, no Fermilab. Em especial, desfrutei minha conversa com Paddy Fox sobre minha "ideia maluca" segundo a qual, possivelmente, o bóson de Higgs não será descoberto porque o campo de Higgs gera lúxons temporais ziguezagueantes que aparecem sob a forma de táquions. (Para mais informações sobre o que tudo isso significa, veja o último capítulo.)

Gostaria também de agradecer ao meu editor, John Loudon, por sua edição cuidadosa, seus comentários críticos e suas sugestões úteis, e ao professor David Kaiser pela sua leitura do manuscrito e por fazer várias importantes sugestões, correções e esclarecimentos.

Finalmente, quero agradecer a todos vocês, meus leitores, ouvintes e espectadores que, ao longo de toda a minha carreira como escritor, e às vezes personalidade da TV e do cinema (como meu *alter ego*, o Dr. Quantum), líder de seminários e palestrante, têm me dado muito apoio.

Capítulo 1

Introdução

> Se eu digo que eles se comportam como partículas, dou a impressão errada, mas também darei se eu disser que eles se comportam como ondas. Eles se comportam à sua própria maneira inimitável, que, tecnicamente, poderia ser chamada de maneira quantomecânica. Eles se comportam de uma maneira que não se parece com nada que você já viu antes.
>
> – Richard P. Feynman[1]

Quero lhe contar uma história. É uma história na qual nós viemos a confiar, embora se baseie em várias persistentes ilusões. Talvez a tivéssemos aprendido quando crianças, quando nossos pais a leram para nós. Essa história, como acontece com a maioria das histórias para crianças, começa assim: "Era uma vez...". Não precisamos ir muito mais longe, pois já estamos olhando para a vida através de uma ilusão segundo a qual há coisas como *o tempo foi*, *o tempo de agora* e *o tempo será*. Leia agora mesmo o Capítulo 7, onde você verá o que Einstein tinha a dizer sobre essa ilusão.

Embora não pareça que ocorra dessa forma, nossa história sobre o tempo não pode estar completa sem incluir também a nossa história do espaço e da matéria, uma vez que o espaço, o tempo e a matéria estão intimamente relacionados. A discussão, ainda em andamento, sobre como eles estão relacionados é, em si mesma, uma história com muitas voltas e reviravoltas ao longo do caminho. Pesquisas sobre essa história foram e ainda hoje estão sendo realizadas pelos físicos. Chamamos essa história de *teoria quântica dos campos*, e os detalhes dessa história são chamados de *Modelo-Padrão.*

A história ainda vai demorar um bom tempo para ficar completa, os detalhes estão sempre mudando, e, como veremos, o tempo foi escolhido, entre outros personagens, como aquele que talvez seja o mais importante nessa história que está sempre se desdobrando. No entanto, não podemos falar sobre o tempo sem falar sobre o espaço, e então esses conceitos introduzem uma pergunta cuja resposta precisa ser comprovada: "O que preenche o tempo e o espaço?". É a matéria, e por isso nós nos defrontamos com o tripleto entrelaçado de tempo, espaço e matéria quando contamos a história. Mas, em primeiro lugar, as primeiras coisas; então, deixe-me começar com uma antiga visão do tempo — um olhar voltado para aquilo que chamamos de tempo mítico.

O tempo mítico e a física quântica

Segundo a versão védica na filosofia indiana, o Senhor Brahmâ, o engenheiro cósmico deste universo, que tem quatro cabeças, vive em um corpo sutil feito basicamente de inteligência, e tem a duração do nosso próprio universo, o equivalente a 311 trilhões e 40 bilhões de anos terrestres (311.040.000.000.000) de nossos anos, que lhe parecem equivaler a apenas cem dos seus anos. Do nosso ponto de vista, 311, 40 trilhões de anos é uma eternidade, uma vez que o nosso universo atual tem apenas cerca de 15 bilhões de anos, ou em torno disso. Mas do ponto de vista do Supremo Senhor Vishnu — a causa original da criação material e até mesmo do Senhor Brahmâ — esse é o tempo que Ele leva para exalar uma expiração. Quando Vishnu expira, todos os universos saem dos poros de sua pele em forma de sementes, as quais então se desenvolvem, e quando Ele inspira, todos os universos se fundem dentro dele. Vishnu respira lentamente, mesmo para Ele. Assim, a cada expiração exalada por Vishnu, um número infinito de Universos Paralelos aparece como *bigue-bangues* para aqueles que os habitam, e cada vez que Ele inala, todos os Universos voltam para Ele sob a forma de grandes implosões, ou *big-crunch*.[2]

Embora essa história soe bizarra ao nosso modo de pensamento treinado segundo os padrões ocidentais, ela é equiparável a uma história contada pelos físicos quânticos: nosso universo não é o único que passou a existir subitamente no evento do tudo ou nada chamado de *bigue-bangue*; muitos outros universos, talvez um número infinito deles, foram convocados à existência.

Por que algo assim pode vir a acontecer? Uma história afirma que o propósito da criação cósmica consiste em acomodar as almas que desejam assumir a posição de Krishna como o supremo desfrutador e proprietário. Ele faz isso para satisfazer a todos nós em viagens do ego! No entanto, como cada pessoa é menor do que Deus, é impossível competir com Ele. Então, Krishna fez com que o impossível se tornasse uma possibilidade, criando uma ilusão temporária chamada de mundo material, onde nós podemos esquecê-Lo, desfrutando da ilusão de que somos os controladores por algum tempo. Em resumo, o universo dos universos foi criado para que cada um de nós pudesse ter a experiência de se assemelhar ao criador.

Aqui, topamos novamente com a física quântica, com a qual entraremos em contato em breve. Ela também reconhece o universo da matéria como uma ilusão, construída de modo a dar aos indivíduos a sensação de controlá-la. Mas se ele é uma ilusão, de que maneira ele o é? De acordo com a história apresentada pela nossa atual teoria quântica dos campos, a matéria não é feita de uma substância real. Pelo que se sabe hoje, parece que a matéria é feita de luz, existente em diferentes formas, mas mesmo assim, de luz.[3] E para piorar as coisas, essa luz não se dirige para lugar nenhum e não leva nenhum tempo para fazer isso! No entanto, ela preenche o imenso universo que vemos à nossa volta e parece ocupar o seu tempo fazendo isso enquanto viaja enormes distâncias para nos mostrar como o universo é grande. Porém, até mesmo esse gigantesco *show* de luzes dentro da imensa tenda de circo do universo nunca aconteceu, e se aconteceu, terminou no instante mesmo em que começou.

"Eu sou o tempo", declara o Senhor Krishna no *Bhagavad Gita*, "o grande destruidor dos mundos. Sob minha influência e presença como tempo eterno, a manifestação cósmica que você vê ao seu redor é criada, mantida e aniquilada em intervalos regulares conforme o meu capricho." Krishna está nos dizendo que o tempo, a criação e a aniquilação são parceiros íntimos na produção do *show* de luzes cósmico. E sim, a física quântica nos diz que essa antiga intuição sobre a natureza do tempo em uma escala cósmica de 300 trilhões de anos se revela desempenhando um papel semelhante em uma escala de tempo muito menor, de 1.280 trilionésimos de um trilionésimo de segundo.

O tempo passa de maneira diferente de acordo com a situação em que alguém se encontra no cosmos. O Senhor Brahmâ vive cem anos, mas doze das suas horas consistem em mil ciclos de quatro eras chamadas Yugas: Satya, Treta,

Dwapara e Kali. Um único ciclo de Kali, o "menor" dos Yugas, corresponde a 432.000 anos solares.[4]

A duração da vida humana é de cerca de cem anos na presente era de Kali; de mil anos em Dwapara-yuga; de dez mil em Treta-yuga; e de cem mil anos em Satya-yuga. O tempo é relativo à espécie de corpo que se ocupa. Enquanto cem anos de Brahma igualam 311,4 trilhões dos nossos anos, cem anos de um inseto podem não ser mais do que um de nossos dias. E nos planetas celestes governados pelo Senhor Indra, um dia equivale a seis dos nossos meses.[5]

Para os *elétrons* e *pósitrons*,[6] a vida é ainda mais fugaz quando eles realizam a sua dança de criação e aniquilação, mantendo seu ritmo com um minúsculo metrônomo, no qual mil trilhões de um trilionésimo de segundo fazem uma batida. Essa história faz algum sentido científico? Na verdade, sim, pois na teoria da relatividade especial aprendemos que o tempo e o espaço não são mais absolutamente separados um do outro e que uma nova arena para esse *show* de luzes precisa coligar os lugares separados em um só lugar chamado espaço-tempo. No tecido do espaço-tempo, todo tempo é relativo, e, de fato, podemos provar cientificamente (isto é, oferecer uma teoria convincente que apresente consistência com todas as medições realizadas até agora) que o intervalo separando eventos observados pode ser tão longo ou tão breve quanto se poderia imaginar, dependendo de como os observadores desses eventos estão se movimentando em relação à velocidade da luz e um em relação ao outro.

O tempo controla e domina todos os seres corporificados. Todos nós podemos facilmente reconhecer que nossos corpos materiais passam por seis mudanças: nascimento, crescimento, manutenção, reprodução, decadência e morte. Quer gostemos disso ou não, cada nascer do sol e cada pôr do sol nos coloca mais perto do que parece ser a nossa morte inevitável. A ascensão e a queda de civilizações é um processo que segue o mesmo padrão, e seus Taj Mahals, Partenons, Châteaux de Versailles e Pirâmides servem como lembretes patéticos de que o tempo e a maré não esperam por ninguém, como todos nós nos tornamos dolorosamente cientes com a rápida destruição das Torres Gêmeas em 11 de setembro de 2001. Mesmo que nós não destruamos as nossas criações, o tempo o fará, como diz a canção: "As Montanhas Rochosas podem desmoronar, Gibraltar pode cair, elas são feitas apenas de barro...".

As quatro eras estão totalmente sob a influência corruptora do tempo. Embora Satya-yuga seja caracterizada pela virtude, pela sabedoria e pela religião, essas qualidades se deterioram com o passar do tempo, e quando Kali-yuga rola ao nosso redor, experimentamos principalmente conflitos, vícios, ignorância e descrença (ou ausência de religião), sendo que a verdadeira virtude praticamente não existe.[7]

Falando com Arjuna, o Senhor Krishna também disse: "Esta ciência suprema foi assim recebida por meio da cadeia da sucessão de discípulos, e os reis santos compreenderam-na dessa maneira. Mas, no decorrer do tempo, a sucessão foi quebrada, e, por isso, a ciência como ela é parece ter-se perdido". O Senhor, então, explicou essa mesma ciência novamente a Arjuna cinco mil anos atrás, e ela foi trazida até nós por meio de uma cadeia ininterrupta de mestres espirituais autorrealizados que continua atualmente.

Arjuna levantou uma dúvida a respeito da questão sobre a qual Krishna havia falado milhões de anos atrás para Vivasvan. Como Krishna poderia tê-lo instruído? O Senhor Krishna respondeu: "Por muitos e muitos nascimentos que tanto você como eu passamos. Eu posso me lembrar de todos eles, mas você não pode". Krishna se lembrava de atos que Ele havia realizado milhões de anos antes, mas Arjuna não conseguia se lembrar de nada, apesar do fato de que tanto Krishna como Arjuna são eternos por natureza. Isso acontece porque, sempre que o Senhor aparece, Ele aparece em Sua forma original transcendental, que nunca se deteriora. No entanto, uma pessoa comum transmigra de um corpo para outro. E de uma vida para a seguinte, ele se esquece de sua identidade anterior. Mas Krishna, o próprio princípio do tempo dominador, nunca está sob o controle do tempo, e, por isso, lembra-se de tudo em todos os momentos. "Ó Arjuna, como a Suprema Personalidade da Divindade, conheço tudo o que aconteceu no passado, tudo o que está acontecendo no presente, e todas as coisas que ainda estão por vir. Também conheço todas as entidades vivas; mas ninguém conhece a Mim."

O Srimad Bhagavatam compara o tempo com a afiada lâmina mortal de uma navalha. Como o tempo devora imperceptivelmente a duração da vida de todos, deve-se viver a vida de maneira cuidadosa e adequada. Uma vez que o tempo representa Krishna, usar o tempo para procurar a Verdade Absoluta é o melhor uso prático do tempo. O Narada Pancaratra aconselha: "Ao concentrarmos nossa atenção na forma transcendental de Krishna, que tudo permeia e está além do tempo e do espaço, somos absorvidos no pensamento de Krishna e então atingimos o estado beatífico de associação transcendental com Ele".[8]

O Senhor Krishna concede a Arjuna a visão divina e revela Sua forma espetacular e ilimitada como universo cósmico. Assim, Ele estabelece conclusivamente Sua divindade. Krishna explica que Sua própria forma semelhante à humana e de absoluta beleza é a forma original da Divindade. Só se pode perceber essa forma por meio de um puro serviço devocional.

Olhando para além do tempo

No *Bhagavad Gita*, conta-se uma história sobre o rei Arjuna, que teve de lutar em uma grande batalha envolvendo amigos e parentes do grande rei em ambos os lados da guerra. Na véspera da batalha, Krishna aparece a Arjuna disfarçado como o condutor da carruagem do rei e diz a ele para não se preocupar, que Ele é realmente Krishna, que tudo isso é uma grande ilusão, e que, apesar de tudo o que está para acontecer, tudo ficará bem. Arjuna, sendo cético, pede a Krishna para se mostrar a ele em Sua forma universal, não por causa de qualquer desejo pessoal de vê-lo, mas principalmente para estabelecer a sua divindade. Krishna então lhe revela que, com exceção de Arjuna, todos os soldados de ambos os lados serão mortos. Ele, portanto, exorta Arjuna para se levantar e preparar-se para o combate como Seu instrumento e promete a Arjuna que ele conquistará seus inimigos e desfrutará de um reino de florescente prosperidade.

O Senhor Krishna concedeu visão divina a Arjuna para que ele visse a forma universal brilhante e claríssima, que continha centenas de milhares de formas, como as dos semideuses, sábios e sistemas planetários. Arjuna treme enquanto oferece obediência ao deus com as mãos postas e glorifica o Senhor em êxtase. Mas, finalmente, ele pede a Krishna para retirar essa visão amedrontadora e se revelar em Sua forma original.

O Senhor, então, mostra a ele Sua forma de quatro braços e, finalmente, manifesta Sua forma de dois braços. Ao ver essa bela forma de aparência humana, Arjuna se pacifica. A forma original de Krishna, com duas mãos, é mais difícil de contemplar do que sua forma universal, pois só é possível ver o Senhor dessa maneira ao se empenhar em serviço de pura devoção.

Olhando para o espaço, o tempo e a matéria

Embora eu não possa prometer mostrar a você a glória do tempo como Krishna fez para Arjuna, talvez eu possa lhe oferecer uma percepção aguçada e esclarecedora do espaço, do tempo e da matéria, que você poderia acreditar que está além do seu alcance, especialmente se você não estudou física moderna. Em essência, é isso o que me proponho a fazer neste livro. O tempo é o primeiro elemento do tripleto que iremos explorar. O tempo é o mais simples, mas também o mais misterioso de todos.

Tempo para uma mudança

Neste livro, veremos como a natureza do tempo, do espaço e da matéria — e até mesmo o que entendemos por essas palavras — mudou no curto lapso das últimas décadas. Isso nos leva ao mundo das partículas fundamentais e nos mostra como elas podem aparecer e desaparecer e, como resultado, se mover por meio de *loops* temporais e de distorções espaciais, indo para a frente e para trás no tempo e no espaço. O resultado é o aparecimento da matéria como nós a vivenciamos — resistente aos nossos esforços para movê-la para lá e para cá, e, pelo que na realidade nos parece, inerte, mas que se compõe, apesar disso, de insignificantes partículas semelhantes às da luz, as quais, em si mesmas, não têm massa nem resistência.

O livro é escrito em um estilo popular com capítulos curtos e fáceis de ler (e alguns outros mais longos e mais detalhados), muitos subtítulos sugestivos e muitas ilustrações. É, na verdade, o estilo que eu usei em meus livros anteriores *Taking the Quantum Leap* e *Parallel Universes*. Ilustrações que recorrem a personagens no estilo de desenhos animados para ilustrar as ideias apresentadas estão distribuídas ao longo do texto. Descobri que as pessoas que começam a aprender sobre física quântica depois da faculdade, ou que estão apenas começando nesse empreendimento educacional, geralmente recebem grande ajuda de figuras e desenhos, especialmente desde que a nossa jornada pelo interior dos ingredientes do universo tem muitos *loops* e distorções que podem desconcertar e deliciar a mente.

Não vou entrar no assunto da gravidade e talvez eu o adie para outro livro. Vou limitar-me aqui ao que chamamos de *Modelo-Padrão* da física, que não inclui a gravidade. Modelos que tentam incluir a gravidade, tais como a teoria das cordas (a qual postula que as entidades físicas fundamentais que se manifestam são cordas vibrantes e não partículas punctiformes), estão aparecendo, mas, francamente, eu não os compreendo bem o suficiente para conseguir explicá-los. Apesar de seu título aparentemente nada empolgante nem sugestivo, o Modelo-Padrão está repleto de seus próprios mistérios impressionantes e suas fulgurantes e aguçadas percepções, que mantêm laboratórios como o Fermilab, nos subúrbios de Chicago, e o Grande Colisor de Hádrons do CERN, na Suíça, extremamente atarefados.

Há uma abundância de novas teorias nos dias de hoje, e mistérios como os da matéria escura e da energia escura em um universo em constante expansão realmente ainda permanecem questões em aberto. Acontece que a matéria escura e a energia escura parecem constituir cerca de 90 a 95% de toda a massa do universo, e a energia escura parece alimentar a expansão perpetuamente acelerada do universo.[9] Só o que já está acontecendo é um pleno mistério, e este livro pretende ajudá-lo, a você, que não é cientista, a apreender melhor esses mistérios.

Será que eu preciso mesmo de matemática?

Apresento neste livro alguns conceitos básicos de matemática. Isso não significa que quero ensinar a você matemática avançada, mas o faço porque ela é muito útil para podermos compreender a nossa visão atual do tecido do espaço-tempo e da matéria. Não espero que você saiba qualquer nova matemática diferente de alguns conceitos simples de álgebra e geometria do ensino médio, como o teorema de Pitágoras, que relaciona os lados a e b de um triângulo retângulo com sua hipotenusa c ($a^2 + b^2 = c^2$) ou, se você bate os olhos na equação $2x + 5 = 3$, você pode perceber que $x = -1$. Se você conhece essa matemática básica, já tem quase toda a matemática de que precisa para entender este livro.

Oh, talvez mais um conceito de matemática seja útil para você entender a física que há neste livro, um conceito que chamamos de *números imaginários*. Eles desempenham um papel fundamental na física quântica. Aqui está uma breve lição. Na verdade, não é difícil e pode ser considerado como uma espécie de truque matemático. Escolha um número, qualquer número. Digamos que você escolheu o *5*. Agora, multiplique-o por si mesmo, 5×5. Você sabe que a resposta é *25*, certo? Agora, considere a raiz quadrada de *25*. Você, naturalmente, obterá o mesmo número, *5*. Oh, a propósito, a raiz quadrada de *25* também é -5. Nada mais que isso define o que entendemos por tirar uma raiz quadrada: é o oposto de elevar ao quadrado. Assim, quando você multiplica 5×5 ou $(-5) \times (-5)$, você obtém a mesma resposta. Acontece que essa propriedade dos números é muito importante na teoria quântica dos campos : a raiz quadrada de qualquer número pode ser positiva ou negativa.

Agora, considere o número negativo -25. Tire a raiz quadrada dele. Mas, espere um pouco, você poderia me perguntar, como é possível fazer isso? A resposta não pode ser *5* novamente, e também não pode ser -5, pois qualquer um desses números elevado ao quadrado é igual a *25* positivo. Qual é o número que podemos usar e que, quando multiplicado por si mesmo, produzirá um *25* negativo? Chamamos esses números de números imaginários e usamos um símbolo, i, para termos certeza de nos lembrarmos de que eles são imaginários. Então dizemos, simplesmente, que a resposta é $i5$. Lembramo-nos de que $i5 \times i5 = -25$. Isto é, lembramo-nos de que $i \times i = i^2 = -1$. Mantenha esse truque em mente à medida que prosseguirmos. Haverá alguns outros boxes com conceitos de matemática que serão úteis à medida que prosseguirmos ao longo deste livro.

Capítulo 2

O Que é o Tempo? O Que é o Espaço?

"Ei cara, me dê um pouco de espaço."
"Desculpe irmão, eu não tenho tempo."

– ouvido por acaso em um ônibus
no Bulevar Geary em San Francisco

"O que é o tempo?" Santo Agostinho de Hipona, o grande filósofo e teólogo, certa vez fez essa pergunta a si mesmo. E respondeu: "Se ninguém me pergunta, eu sei, mas se qualquer pessoa me pedir para que eu lhe diga, eu não sei".

Para muitos de nós, se pensarmos sobre tudo isso, nossa resposta seria "Não pergunte!" Não adianta apelar para especialistas, pois eles também não sabem. O notável físico John Wheeler, segundo dizem, teria afirmado o seguinte: "Devemos estar preparados para ver algum dia uma nova estrutura para os fundamentos da física, uma estrutura que suprime o tempo?... Sim, porque o 'tempo' está em apuros".

Albert Einstein chamou a atenção para o fato de que "a distinção entre passado, presente e futuro é apenas uma ilusão, mesmo que seja uma ilusão obstinada".

A isso, Santo Agostinho poderia ter respondido (embora ele tenha dito estas palavras centenas de anos antes de Einstein nascer): "Como o passado e o futuro podem ser quando o passado já não é mais e o futuro ainda não veio a ser? Quanto ao presente, se ele fosse sempre presente e nunca mudasse para se tornar o passado, ele não seria tempo, mas eternidade".

Traçando uma linha nas areias do tempo

Talvez tenhamos sempre nos perguntado: "O que é o tempo?" Bom, como você pode ver, ninguém sabe realmente o que é o tempo. Ninguém pode explicar o que ele é em função de qualquer coisa que, em si mesma, não se relaciona com o tempo. Por exemplo, todos nós temos relógios, sejam eles digitais ou relógios de parede à moda antiga, com ponteiros de horas e de minutos, e, possivelmente, um ponteiro de segundos. Consultamos nosso relógio sempre que queremos saber que horas são. Mas o que a pergunta "Que horas são?" realmente significa? Significa que queremos comparar a posição dos ponteiros do relógio ou as indicações digitais com alguns eventos que estão acontecendo, que já aconteceram ou que acreditamos que virão a acontecer. Significa que queremos estabelecer uma relação de referência entre o indicador do relógio e nossas experiências no mundo — aquelas que têm ocorrido, que estão ocorrendo ou que acreditamos que irão ocorrer.

Você pode ver o nó impossível com o qual eu me amarro quando falo sobre o tempo. Não posso fazê-lo sem usar o próprio conceito, e já me encontro em um laço temporal de linguagem circular. Para sair desse laço, os físicos figuraram o tempo como uma dimensão do espaço. Essa ideia se popularizou logo depois, e todos nós logo aprendemos a pensar sobre o tempo da mesma maneira. Em resumo, o tempo linear ou a "seta" do tempo tornou-se a visão de senso comum da ciência e da vida modernas.

Senso incomum sobre fatos e o tempo que é espaço

Será que o tempo é realmente uma seta? Na vida cotidiana, dividimos o tempo em três partes: passado, presente e futuro. A estrutura gramatical da nossa linguagem gira em torno dessa distinção fundamental. Conjugamos verbos em conformidade com ela, como em "eu tive", "eu tenho" e "eu terei" ou "eu era", "eu sou" e "eu serei".

Nossa simples experiência de vida nos diz que a realidade está associada com o momento presente. Talvez seja melhor dizer que aquilo que entendemos por momento presente é marcado pela ocorrência de um evento consciente, um evento normalmente acompanhado por um ato de consciência percebido chamado de "fato do conhecimento". Refiro-me a tal ato como um "ato fundamental de tabulação consciente",* que eu rotulo como sendo um *fato*. Eu insiro a palavra *tabulação* para significar "colocar na forma de uma tabela" ou "colocar em uma ordem mapeável".

Para estarmos conscientes de algo, precisamos não apenas receber um *input* sensorial, mas também precisamos perceber o que é esse nosso *input*. Para ter percepção de uma coisa, também precisamos ter uma lembrança da coisa com a qual iremos compará-la. Em seguida, nós tabularemos ou colocaremos em uma ordem temporal o *input* sensorial e a coisa lembrada. Em resumo, não pode existir um *fato* objetivo a não ser que haja um fato subjetivo.

Costumamos colocar os fatos de nossa vida em uma forma tabulada que chamamos de ordem temporal, tendendo a comparar os momentos instantâneos de nossa vida com momentos que virão ou com aqueles que já se foram. O que pode não ser assim tão óbvio é a maneira como nós usamos o espaço em que vivemos para fazer isso. Por exemplo, dizemos que "estamos aqui, agora", ou então que "eu vou encontrar você lá". Como nós sabemos isso? Simplesmente porque podemos olhar ao nosso redor e reconhecer se o lugar onde estamos é o mesmo lugar, ou se é um lugar diferente, de onde estávamos ou de onde esperamos estar. Isso é o que eu entendo por fato, e agora você pode usar a palavra "fato" em um dos seus significados pretendidos, ou em ambos simultaneamente, da maneira como James Joyce usou muitas palavras em seu grande livro *Finnegans Wake*.[10]

Alguns filósofos dizem que tudo o que temos é o momento "agora" e tudo o mais não é presente, seja porque já passou ou porque ainda não ocorreu. Pensamos no passado como algo que deslizou para fora da existência, enquanto o futuro é ainda mais indistinto, e seus detalhes ainda são informes. Nessa simples figura, o "agora" de nossa percepção consciente desliza constantemente para a frente, transformando eventos que previamente estavam no futuro não formado na realidade concreta, mas fugidia, do presente, e daí relegando-os para o passado fixo.

Por mais óbvia que possa parecer essa descrição, baseada no senso comum, ela está seriamente em desacordo com a física moderna. Declaração surpreen-

* Em inglês, "*f*undamental *a*ct of *c*onscious *t*abulating", que produz o acrônimo *fact* (fato). (N.T.)

dente de Einstein, citada na epígrafe deste capítulo, a respeito da ilusão obstinada do tempo, que se origina diretamente de sua teoria da relatividade especial, a qual nega qualquer importância absoluta e universal que se poderia atribuir ao momento presente. De acordo com essa teoria, a simultaneidade é relativa, o que significa que ela depende do ponto de vista de quem a experimenta, e nada pode vencer a luz conforme ela se precipita através do universo, sempre correndo para a frente em sua velocidade única, independentemente do ponto de vista do observador (isto é, independentemente da velocidade e também da direção e do sentido que definem o caminho que o observador está percorrendo).

Quaisquer dois eventos que ocorram no mesmo instante quando observados de certo ponto de vista serão vistos ocorrendo em momentos diferentes quando observados de outro ponto de vista, contanto que esse segundo observador esteja se movendo relativamente ao primeiro. Este capítulo explica como tudo isso funciona.

A dimensão popular do tempo

Vamos considerar os eventos de nossa vida como são testemunhados de nosso próprio ponto de vista. Queremos comparar, digamos, três eventos tais que, em um sentido amplo, chamaremos de passado, presente e futuro. Como devemos comparar os três? Normalmente, precisamos colocá-los em algum tipo de ordem, um após o outro. Precisamos referenciar esses eventos a alguma coisa que todos nós consideramos real, como o senso comum nos diria: o tempo marcado em um relógio.[11] Seguindo os físicos e, especialmente, o professor de Einstein, Hermann Minkowski,[12] mapearemos esses eventos colocando-os em uma linha que chamamos de linha do tempo ou de seta do tempo.

Antes de contar a vocês sobre o tempo linear, falarei um pouco sobre Hermann Minkowski, o homem que descobriu o espaço-tempo, e sua visão. Esse conceito surgiu diretamente da geometria ensinada na escola secundária. Minkowski foi um dos professores de Einstein no Eidgenossische Technische Hochschule (ETH),[13] em Zurique, na Suíça. Apenas um ano antes de sua morte prematura, ocorrida em 1909, aos 44 anos de idade, Minkowski apresentou provavelmente a primeira palestra popular sobre a teoria de Einstein, na qual ele usou o seu agora famoso diagrama do espaço-tempo. Ele falou perante a Deutsche Naturforscher und Artzte (Sociedade de Filósofos e de

Médicos Alemães), uma corporação usada por cientistas para difundir as ideias de suas disciplinas individuais para um público mais amplo. A palestra popular de Minkowski foi simplesmente intitulada "Espaço e Tempo".[14]

Como o tempo pode ser visto como a quarta dimensão

As observações de abertura do discurso de Minkowski, proferido em 1908, ainda carregam um tom de verdade. Ele disse (em palavras traduzidas, é claro):

> Senhores, as ideias de espaço e de tempo que eu quero desenvolver perante vocês crescem do solo da física experimental. Nisso reside a sua força. A tendência de ambos é radical. De agora em diante, o espaço em si mesmo e o tempo em si mesmo precisam afundar nas sombras, enquanto apenas uma união de ambos preserva a independência.

Provavelmente ninguém mais além de Minkowski criou o mito Einstein. Ele foi, em grande medida, o responsável pela fama precoce que Einstein recebeu na Alemanha, pois as pessoas eram capazes de entender a estranha e nova teoria da relatividade especial sem precisar recorrer a equações matemáticas, mas apenas olhando para os diagramas de Minkowski. A partir desses mapas geometricamente construídos, a equação de Einstein se tornava uma série de relações geométricas simples, não mais difíceis de serem compreendidas que o teorema de Pitágoras.[15] O próprio Einstein descreveu a contribuição de Minkowski como: "A provisão de equações nas quais as leis da relatividade especial ganham uma nova forma, em que a coordenada do tempo desempenha exatamente o mesmo papel que as três coordenadas do espaço".[16]

A linha do tempo

O que significa dizer que o tempo desempenha o mesmo papel que o espaço? Significa desenhar, em uma folha de papel, pontos que representam eventos de nosso interesse, como poderíamos fazer em um mapa rodoviário para indicar onde estivemos, onde estamos e para onde estamos indo. O mapa rodoviário comum geralmente contém nomes de metrópoles e cidades ligadas por estradas e rodovias, de modo que esses pontos nos dão uma boa indicação da nossa localização enquanto viajamos de um lugar para outro.

Em um mapa espaçotemporal de Minkowski, usamos uma direção e um sentido espacial para nos referirmos a uma "direção e sentido temporal". Os físicos, especialmente aqueles que trabalham com partículas de alta energia, tendem a representar o sentido do tempo apontando para o norte ou para o topo da página de seus mapas. Apontar na direção do sul seria, evidentemente, apontar no sentido oposto – em direção ao passado – e, portanto, apontar em direção ao norte é, naturalmente, apontar para o futuro. Então, eles traçam uma seta vertical na página e a chamam de seta do tempo ou, simplesmente, a linha do tempo dos eventos envolvidos.

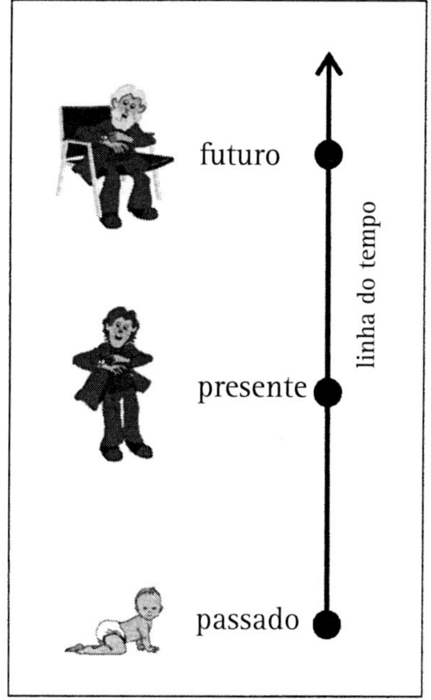

Figura 2a. Uma linha do tempo.

Para que algo se constitua em um evento, precisamos de duas coisas: de algo que esteja acontecendo e de um observador do que acontece. O mapa simples da Figura 2a mostra três desses eventos na vida de uma pessoa. Penso que todos nós concordaríamos se afirmássemos que, quando nos lembramos de nós mesmos, ou quando olhamos para nossas próprias imagens em fotos antigas, vemos alguma evidência "objetiva" de que realmente éramos como nos lembramos de nós mesmos, ou como nos vemos nessas fotos antigas. Usualmente, também nos lembramos de onde estávamos quando nos lembramos de eventos do nosso interesse.

A maioria de nós mapeia os eventos do passado, do presente e do futuro dessa maneira linear, frequentemente nos referindo a quando e a onde eles ocorrem. Em geral, comparamos eventos no passado ou no presente que nos interessam com eventos sobre os quais todos nós concordamos que ocorreram. Por exemplo, supondo que você tenha idade suficiente para se lembrar, onde você estava quando soube que o presidente Kennedy fora assassinado? Eu me lembro de onde eu estava naquele momento, apesar de não me lembrar de onde eu estava em qualquer dia uma semana antes ou depois.

Misturando espaço e tempo

Muitas vezes, nós misturamos espaço e tempo quando estamos viajando. Por exemplo, quando falamos sobre dirigir o nosso carro para o interior da metrópole ou de uma cidade para outra, muitas vezes respondemos quando nos perguntam o quão longe ela fica: "Oh, é apenas uma hora de carro" ou algo equivalente. O que queremos dizer com isso? Queremos dizer que a distância entre as duas cidades fica entre 88 quilômetros e 105 quilômetros, supondo que estamos dirigindo pela rodovia com uma velocidade entre 88 e 105 quilômetros por hora.

Em outras palavras, referimo-nos à constância ou à constância relativa da velocidade do carro quando dirigimos em uma rodovia. Quando dizemos que uma cidade está a duas horas de distância de carro, mas a apenas trinta minutos de avião, estamos nos referindo ao fato óbvio de que quanto mais depressa nos dirigimos de um lugar para outro, menos tempo precisaremos para perfazer essa distância. É claro que não estamos afirmando que a distância fica realmente mais curta quando voamos do que quando dirigimos. Por mais estranho que isso possa parecer, a experiência que o nosso senso comum nos oferece de viajar essa distância se confirmará correta de uma maneira muito inesperada. Na verdade, nós experimentamos essa distância como menor para nós quanto mais depressa nós a transpomos. E, desse modo, o tempo em que realizamos essa travessia é correspondentemente menor.

Na verdade, quando comparamos quanto tempo uma viagem durou para um objeto em movimento de acordo com nosso próprio relógio e com o relógio usado por um observador em movimento, nós também constatamos na teoria da relatividade especial que o relógio do observador em movimento aparentemente funciona mais lentamente do que o nosso.

Quero explicar isso sem usar qualquer equação, mas apenas mostrando a você alguns mapas espaçotemporais. Você pode me chamar de detalhista obsessivo, mas creio que se você for paciente consigo mesmo, ao ler todos os detalhes desse material, isso realmente o ajudará a entender a teoria da relatividade especial e a lhe proporcionar algumas novas e aguçadas percepções sobre a natureza do tempo.

Tanto a dilatação do tempo (a redução da marcha de um relógio em movimento conforme é percebida por um observador em repouso) como a contração do espaço (o encurtamento, por exemplo, de uma vara de medir em movimento conforme é percebido por um observador em repouso), embora aparentem ser um absurdo, revelam-se como fatos. Olhar para as maneiras como diferentes experiências de viagem acontecem nos permite obter uma ajuda significativa na compreensão de como surge o conceito de *espaço-tempo* e de como podemos aprender sobre o que é realmente a teoria da relatividade especial de Einstein. Ah, e por falar nisso, essa pequena lição será valiosa quando aprendermos sobre *loops* temporais, distorções espaciais, polos de energia, partículas que se comportam como postes de barbeiros e histórias torcidas nos próximos capítulos.

Na Figura 2b, vemos um mapa em que alguns eventos significativos são marcados pelo cruzamento de três linhas no evento rotulado como 0. A linha traçada verticalmente na página e orientada para cima representa a linha do tempo de uma pessoa que fica em casa, e para o qual são indicados eventos marcando seu passado, seu presente e seu futuro. Vemos aqui talvez 60 anos de sua vida desde a concepção inicial, passando por um bebê engatinhando e indo até um sujeito de cabelos grisalhos sentado em uma cadeira. Marcamos a sua história em casa como a linha do tempo *1*.

A sua linha do tempo é cruzada pela de outra pessoa – é outra seta do tempo. Essa segunda linha, que forma um determinado ângulo com a primeira linha do tempo, também marca alguns eventos, e mesmo que não corra diretamente no sentido vertical, ainda é uma linha do tempo – uma seta do tempo que rotulamos como linha do tempo 2.

O que essa linha do tempo inclinada poderia nos indicar? Para responder a essa pergunta, precisamos de outra linha de referência – uma terceira linha que percorre a página em ângulo reto com relação à primeira linha do tempo. Essa terceira linha indica eventos espalhados pelo espaço, mas acontecendo em um único momento do tempo. Nós a chamamos de *linha do agora*. Se nós colocamos essa linha no diagrama como é mostrado na figura 2b, ela indica todos os eventos que estão acontecendo no espaço precisamente no mesmo tempo – o tempo presente, que em geral é chamado de *agora*. Se colocarmos no mapa outras linhas pontilhadas e paralelas a essa linha do agora, eles representarão outros "agoras", sejam eles anteriores ou posteriores ao que corresponde à linha do agora mostrada.

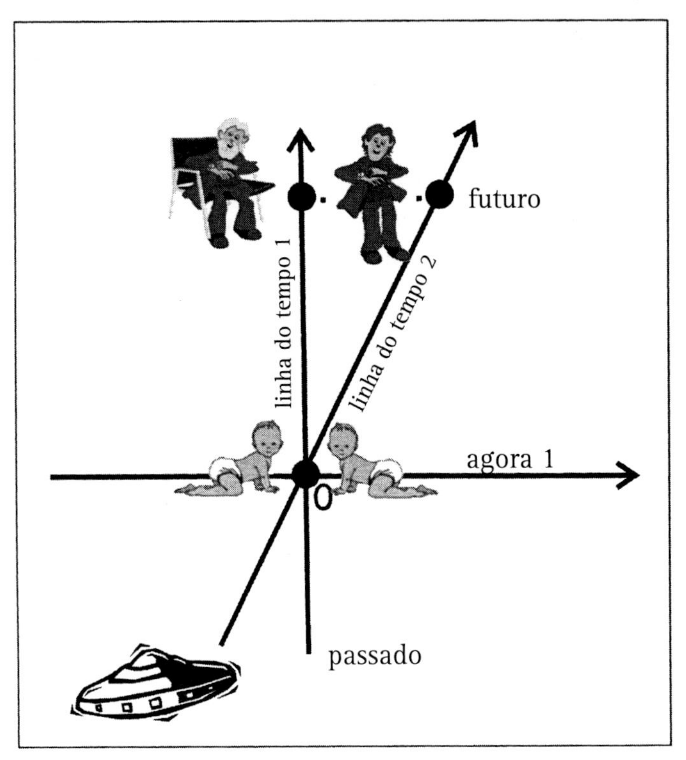

Figura 2b. Duas linhas do tempo se cruzando,
como são vistas por uma pessoa que fica em casa.

Apenas para nos certificarmos de que estamos nos referindo à noção de tempo da pessoa que fica em casa, nós rotulamos essa linha do agora como agora *1*, para indicar que é assim que a pessoa *1* "pensa" sobre o tempo e pensa sobre todos os outros eventos possíveis, que, conforme ela diria, estão acontecendo simultaneamente em seu *tempo do agora*. De maneira semelhante, a linha horizontal pontilhada indica um tempo do agora futuro, paralelo à linha do agora em traço negro, a qual se refere a todos os eventos que estão ocorrendo ao mesmo tempo como evento 0.

Esse diagrama é chamado de mapa *espaçotemporal*. Naturalmente, há três dimensões de espaço, e eu estou mostrando apenas uma delas. Por que apenas uma? Porque nós só vamos olhar para o que acontece quando a segunda pessoa se *move* com uma velocidade constante relativamente à pessoa que fica em casa — isso significa que ela se move com uma só velocidade em um só sentido. É claro que há três dimensões espaciais, mas se fôssemos incluir todas elas, fazendo com que a linha do tempo apontasse ao longo da quarta dimensão, não poderíamos colocá-las em um mapa, uma vez que esses mapas são bidimensionais. No Capítulo 9, acrescentarei outra dimensão espacial ao mapa apenas para mostrar com o que ele se pareceria.

Assim, na Figura 2b, a segunda linha do tempo, a linha inclinada, assinala eventos que estão ocorrendo em diferentes momentos, assim como também ocorre com a primeira linha do tempo, a vertical, e em diferentes locais, conforme é determinado pela pessoa que fica em casa. A única diferença está no fato de que a linha do tempo da pessoa que fica em casa marca eventos ocorridos ao longo de todo o tempo, mas sem que eles sejam acompanhados por movimentos no espaço, enquanto a segunda linha do tempo mostra eventos que acontecem em momentos diferentes e em locais diferentes e que estão em distâncias relativas à pessoa que fica em casa. Se colocarmos uma seta na segunda linha, poderemos considerar que a segunda linha do tempo indica alguém que está se movendo — uma espécie de movimento em linha reta chamado de trajetória linear.

Vamos fazer de conta que a segunda linha marca a jornada de um viajante que se movimenta rapidamente. Talvez esse viajante esteja sentado em um disco voador, como eu mostro no diagrama, ou em algum outro tipo de transporte de movimento rápido. Agora, vamos supor que a mãe do bebê — o qual nós vemos na imagem — na verdade deu à luz gêmeos e, por algum motivo bizarro, entregou um dos seus gêmeos ao capitão do disco voador no instante em que o disco e a mãe entraram em contato; esse evento é marcado por um ponto e pelo rótulo 0, que mostra o cruzamento de todas as linhas. Eu me refiro a esse evento 0 como sendo a "origem".

Desse modo, mapas espaçotemporais contêm uma história, uma história de eventos, com alguns deles ocorrendo como resultado do cruzamento de linhas do tempo e outros consistindo simplesmente em seguir uma única linha do tempo. Imagine ser o capitão do disco voador. Uma frenética mãe entrega a você o bebê dela quando você capta, em um vislumbre, uma imagem do bebê gêmeo e segue em disparada. Como tudo isso deve parecer a você? No próximo capítulo, ficaremos sabendo por que a figura na segunda linha do tempo nas figuras 2b e 2c é diferente da figura correspondente na primeira linha do tempo. Cada viajante, como veremos, vê o outro como mais jovem.

O ponto de vista do disco voador

Bem, uma vez que você esteja sentado confortavelmente em seu disco voador e se movendo em linha reta, você nem sequer saberá que está se movendo se o disco estiver se deslocando muito lentamente, sem dar nenhum tranco ou sem fazer nenhum movimento espasmódico ou acelerado e se você não consegue olhar para fora. Para dizer que você está se movendo, você precisaria olhar pela janela e ver todo o cenário passando por você. Você veria a mãe e os bebês se aproximando de você em alta velocidade e, em seguida, depois de receber um dos bebês, você veria a mãe e seu outro bebê recuarem rapidamente na distância. O ponto de vista espaçotemporal do disco voador é mostrado na Figura 2c.

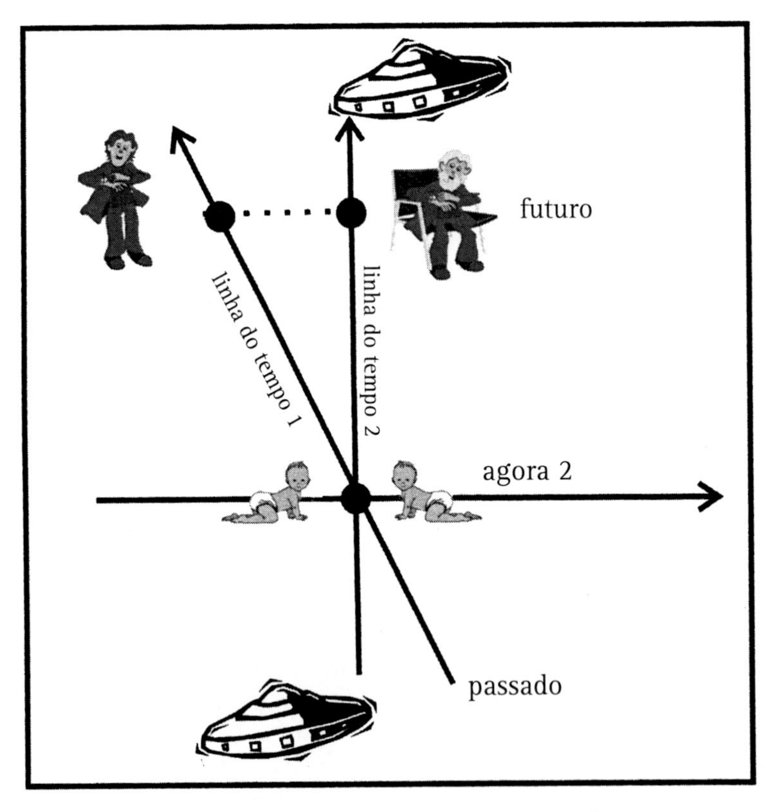

Figura 2c. Duas linhas do tempo se cruzando, como são vistas por uma pessoa no disco voador.

Ambos os pontos de vista

Vamos dar algumas direções e sentidos para o espaço nesses diagramas – exatamente porque a direita e a esquerda são tudo de que precisamos aqui. Antes de o disco voador entrar em contato com a pessoa que fica em casa, ele está fora do campo de visão desse morador em casa, à esquerda desse campo; depois, ele está visível à direita, como podemos ver ao olhar para qualquer uma das duas figuras, 2b ou 2c; vemos que os dois, o morador da casa e o capitão do disco voador, concordariam a respeito de onde cada um deles está em relação ao outro. A única diferença ocorreria se alguém soubesse quem está se movendo em relação ao outro. Na Figura 2b, a pessoa que fica em casa diz que o disco está em movimento; na Figura 2c, o capitão do disco diz que é o observador que fica em casa que está se movendo.

Será que os dois poderão estar absolutamente corretos? A relatividade é simplesmente a afirmação de que nenhum desses observadores está se movendo em um sentido absoluto, mas que cada um deles se move em relação ao outro; qual deles está se movendo, em um sentido absoluto, é algo que não pode ser discernido e, uma vez que não pode, a questão é irrelevante. Na verdade, *não existe uma coisa chamada movimento absoluto.*

O que torna a física tão atraente são afirmações como essa última. Não é uma declaração de permissão, mas de limitação. À medida que progredirmos, veremos que as limitações sobre o que pode ser tão extremamente criativas no sentido de que produzem percepções esclarecedoras sobre como e por que o universo é da maneira como ele é. Limite o que é possível e você criará o que é real. Como não há maneira de dizer qual dos observadores está em movimento absoluto, temos um princípio da democratização da física do espaço-tempo. Cada observador é capaz de dizer que o outro se move em relação a ele. Cada observador também é capaz de dizer que as leis da física deveriam prevalecer independentemente de qual observador está se movendo – que as leis da física são imutáveis do ponto de vista de qualquer um dos observadores, em comparação com seu próprio ponto de vista. Nós usamos uma palavra para isso: dizemos que as leis da física são *invariantes*.

O que aconteceu com o agora?

Mas espere um pouco. E quanto ao tempo? Será que eles concordam com o fato de que aquilo que o capitão do disco voador chama de agora (o agora *2*) é a mesma coisa que o morador da casa chama de agora (o agora *1*)?

O senso comum diz que ambos os agoras são o mesmo, mas os diagramas parecem mostrar que eles não podem ser o mesmo. Por exemplo, ao olhar para a Figura 2b, vemos que a linha do tempo *1* do morador de casa é perpendicular à linha do agora *1*, mas a linha do tempo *2* (que é a linha do tempo do capitão) não é. E então? Bem, se traçarmos a linha agora *2* e fizermos o mesmo que o agora *1*, ela não seria perpendicular à linha do tempo *2*, seria?

Mas olhe para a Figura 2c. Vemos que a linha agora *2* é perpendicular à linha do tempo *2*. Então, onde deveríamos desenhar a linha agora *2* na Figura 2b para que tudo isso faça sentido?

Podemos adivinhar que ela deveria ser traçada em ângulo reto com a linha do tempo *2*, que a faria apontar para baixo, para o passado do observador que fica em casa. Mas vamos considerar o mesmo problema do ponto de vista do capitão a bordo do disco voador, como é mostrado na Figura 2c. Se também insistirmos em que o agora *1* é perpendicular à linha do tempo *1*, o agora *1* apontaria para cima, em direção ao futuro do capitão do disco voador. Então, onde deveríamos desenhar essas linhas do agora do ponto de vista da outra pessoa? Para descobrir isso, precisamos fazer alguns raciocínios lógicos e acrescentar a ideia contraintuitiva que está no cerne da teoria da relatividade especial de Einstein, a saber, que a velocidade da luz é a mesma para ambos os observadores.

O meu "agora" é o mesmo que o seu?

Como e por que a velocidade da luz é invariante talvez constituam um mistério quando você pensa nisso pela primeira vez. Vimos que as duas linhas do agora não podem ser as mesmas, em absoluto, e podemos perguntar por quê. A resposta, como se pode verificar, é surpreendente. É porque a velocidade da luz não é infinita. Bem, esse fato nós poderíamos ter adivinhado; no entanto, o que isso tem a ver com o tempo que chamamos de agora – as linhas do agora de nossa vida – não está claro. No entanto, mesmo que ainda não esteja claro, verifica-se que se a velocidade da luz é realmente infinita, como parece ser quando a confrontamos com nossa vida cotidiana normal, as duas linhas do agora de fato coincidem, como mostrarei no Capítulo 4.

A principal razão de as linhas do agora não coincidirem está no fato de que não apenas a velocidade da luz é finita como também, estranhamente, ela não se altera para os dois observadores independentemente da velocidade com que qualquer um deles se mova em relação ao outro. Será que existe uma maneira de derivar de uma física mais profunda o fato de que a velocidade da luz é invariante? Até agora, não descobrimos nenhuma maneira de fazer isso. Einstein não o fez, e por isso ele corajosamente postulou que é assim. Cada experimento feito até agora confirma o postulado — a velocidade da luz é invariante no vácuo. Naturalmente, a luz pode diminuir sua velocidade em um meio como o vidro ou a água; uma experiência comum de dobrar ou refratar a luz, que torna possíveis os óculos de leitura, confirma essa diminuição de velocidade e essa flexão da luz. Agora, tudo isso poderia não parecer estranho à primeira vista, mas vamos pensar nisso por alguns momentos e fazer o que Einstein costumava chamar de "experimento de pensamento".

O experimento é simples. Acenda, por alguns instantes, uma lâmpada a certa distância de um espelho e marque o tempo que a luz leva para atingi-lo e, em seguida, o tempo que ela leva para voltar até certa distância fixa. Sabemos que a luz, em última análise, consiste em partículas chamadas fótons. Poderíamos perguntar o que aconteceria se um feixe de fótons fosse enviado no instante em que as duas linhas do tempo na Figura 2b se cruzassem — o ponto 0. Cada um dos observadores veria o fóton se afastar dele. Uma vez que o observador *1*, que fica em casa, está em repouso, ele não veria nada de estranho quando medisse para onde ele foi. É apenas quando consideramos esse mesmo experimento do ponto de vista do capitão do disco voador que a teoria da relatividade especial aparece.

Um rápido parêntese sobre unidades

Uma unidade de medida é a medida de uma unidade — um número que significa "uma medida de". Uma unidade de alguma coisa poderia significar mais de uma unidade de outra coisa. Por exemplo, um copo (unidade) pode conter cerca de 227 g de água. Para tornar as coisas mais simples e não levar por aí um símbolo para a velocidade da luz, vamos supor que o fóton parte do ponto 0 com a velocidade de uma unidade e depois incida no espelho e então retorne para o emissor com, é claro, a mesma velocidade. A velocidade igual a um? O que isso significa? Significa apenas que um observador está usando a luz para medir o quão longe o fóton vai exatamente da mesma maneira como você usa seu carro para medir o quão longe ele está da próxima cidade. Até que ponto a luz irá com uma velocidade de um? Isso, por sua vez, depende da unidade de tempo que nós usamos para calibrá-la. Se usarmos um segundo de tempo, a luz percorrerá, nesse tempo, 300.000 quilômetros. Se usarmos um nanossegundo de tempo (um nanossegundo é um bilionésimo de segundo), a luz percorrerá cerca de 30,5 centímetros!

Então, nós chamamos 300.000 km de um segundo-luz de distância. Da mesma forma, podemos chamar cerca de 30,5 centímetros de um nanossegundo-luz de distância. Então, agora você sabe o que é um ano-luz. Sim, isso mesmo, é a distância que a luz percorre em um ano.[17] Então, dependendo da maneira como calibramos o tempo, nós usamos um calibre correspondente para o espaço, a fim de tornarmos a velocidade da luz igual a apenas uma unidade para o fim que quisermos por um período de tempo de uma unidade com uma distância espacial correspondente de uma unidade.

E voltando ao experimento

Agora, estamos de volta ao nosso experimento de pensamento. Primeiro, vamos considerar o que a pessoa que fica em casa está vendo. Ainda não vamos considerar o ponto de vista do disco voador — isto é, vamos deixar de lado a linha do tempo 2 e os personagens de desenho animado. Vamos colocar o espelho, a linha de tempo da luz original, chamada de *linha da luz*, e sua linha da luz refletida na figura. Ela se parecerá com o desenho na Figura 2d.

O que há de diferente nesse mapa? A principal diferença é que há uma linha do tempo associada com o espelho. Sim, tudo o que existe tem linhas do tempo.

Às vezes, chamamos essas linhas do tempo, especialmente quando estamos nos referindo a observadores, linhas de universo ou trajetórias espaçotemporais. Uma coisa de grande importância que precisamos perceber aqui é que a linha do tempo do espelho é paralela à linha do tempo da pessoa que fica em casa. Por quê? Porque o espelho não está se movendo em relação a esse observador. Eles permanecem separados por uma distância fixa.

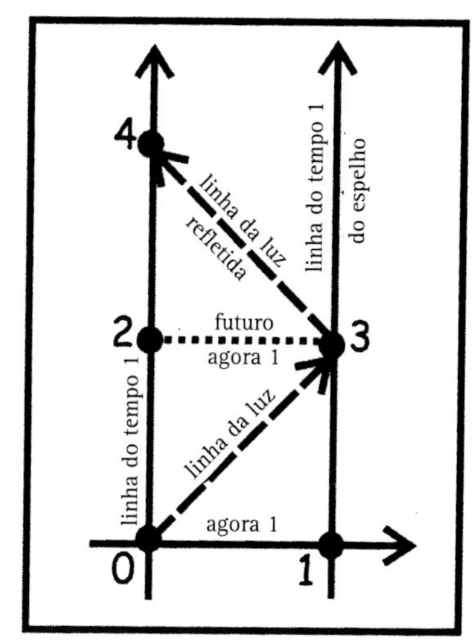

Figura 2d. Uma linha da luz e seu reflexo no espelho estacionário como são observados do ponto de vista da pessoa *1*.

Quão distantes estão eles um do outro? Essa pergunta aparentemente simples exige alguma reflexão. Precisamos considerar de que maneira poderíamos medir essa distância. Suponha, por exemplo, que o espelho está a uma distância de um segundo-luz, isto é, 300.000 quilômetros. Nós não temos réguas tão grandes assim. Então, precisaríamos usar a luz e, em seguida, enviar um feixe de luz para o espelho, deixá-lo refletir, e depois esperar que ele retorne, observando o nosso relógio. Isso é exatamente o que estamos fazendo nesse experimento.

Lembrem-se, no espaço-tempo, nós nos referimos a eventos como pontos em um mapa espaçotemporal. Há quatro eventos marcados na Figura 2d. O evento *0* que já conhecemos. O evento *1* marca a posição do espelho no momento em que a pessoa que fica em casa diz que enviou o feixe de fótons. O intervalo *0-1* marca a distância entre a pessoa que fica em casa e o espelho, pelo menos onde a pessoa que fica em casa acha que o espelho foi colocado. Essa é exatamente a distância que queremos medir no experimento.

Em seguida, avançamos para o evento *2*, que é um evento futuro para o nosso observador. Embora nada esteja realmente acontecendo com o nosso observador nessa situação, o evento *2* é significativo para ele. No momento do evento 2 (isto é, simultaneamente a ele), a luz atinge o espelho, marcando o evento *3*, e, em seguida, essa luz se reflete de volta para o nosso observador onde, e quando, ela chega, marcando o evento *4*.

Por que o evento *2* é significativo? Não é muito difícil "descobrir" que o evento *2* ocorre exatamente no ponto médio da linha do tempo *1*. Isto é, o evento *2* bissecta[18] o intervalo de tempo *0-4*. Claramente, isto é verdade: uma vez que a luz, para voltar ao emissor, leva a mesma quantidade de tempo que levou para ir até o espelho, os eventos *2* e *3* são, portanto, simultâneos.[19] Vemos que os eventos *2* e *3* são simultâneos simplesmente porque a linha pontilhada que os liga é paralela ao agora *1*.

A seguir, vamos adicionar a linha do tempo *2*, do disco voador, à figura e indagar como o seu capitão veria o mesmo experimento, como é mostrado na Figura 2e. Há dois eventos adicionais de interesse, o evento *2'* e o evento *4'*. Uma vez que o disco está indo em direção ao espelho, não é de se surpreender que o evento *4'* ocorra antes do evento *4*, do ponto de vista da pessoa que fica em casa. O feixe de luz refletido e o disco voador estão em rota de colisão, aproximando-se um do outro, de modo que a distância entre eles está se fechando. O observador *1* diria que o intervalo de tempo ou o comprimento *0-3* é claramente mais longo que a distância *3-4'*, mas é igual à distância *3-4*.

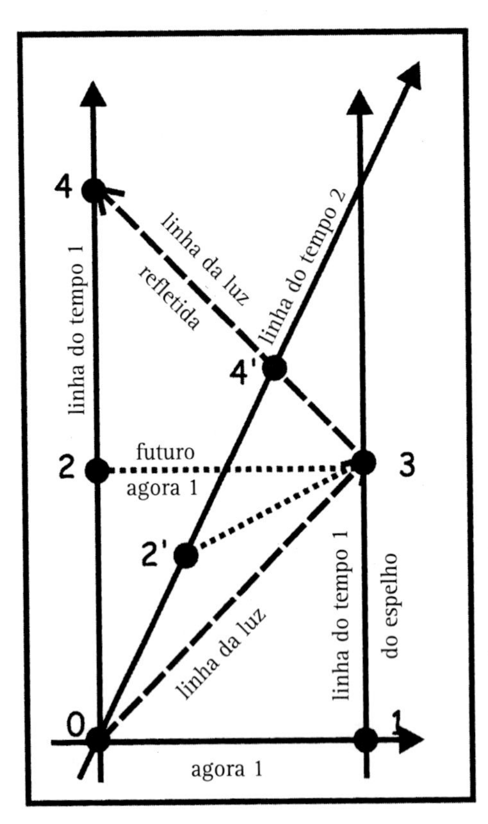

Figura 2e. Uma linha da luz e seu reflexo no espelho estacionário com o acréscimo da pessoa 2.

Se adicionarmos o evento *2'*, que está no ponto médio entre os eventos *0* e *4'* na linha do tempo *2*, poderemos perguntar se ele marca o que o capitão pensaria que está acontecendo ao mesmo tempo em que ele diz que o evento *3* acontece. Em outras palavras, será que a linha pontilhada que liga *3* e *2'* marca eventos simultâneos para o disco voador?

Embora isso certamente não seja óbvio do ponto de vista da

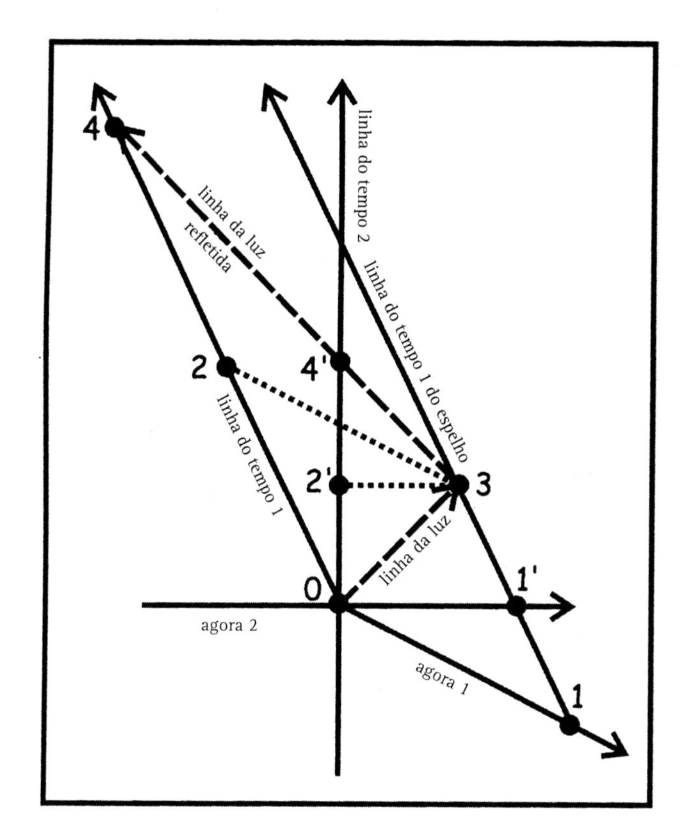

Figura 2f. Uma linha da luz e seu reflexo no espelho em movimento como são observados do ponto de vista da pessoa *2*.

pessoa que fica em casa, vamos considerar o ponto de vista do capitão. Lembre-se, de acordo com a teoria da relatividade especial, a velocidade da luz é a mesma para ele e para a pessoa que fica em casa. Assim, o tempo que leva para o feixe de luz viajar do evento *0* até o evento *3* deve ser igual ao tempo em que ele viaja do evento *3* até o evento *4'*. Em seguida, o capitão poderia raciocinar que o evento *3* deve ter ocorrido no ponto médio da linha do tempo *2* no evento *2'*. Em outras palavras, ele diria que os eventos *2'* e *3* são simultâneos.

Para entender como ele raciocina, precisamos desenhar um novo mapa espaçotemporal, como é mostrado na Figura 2f. O capitão não vê as mesmas coisas que a pessoa que fica em casa, uma vez que, para ele, tanto a pessoa que fica em casa como o próprio espelho estão se movendo para a sua esquerda, como é mostrado na Figura 2f. A linha do tempo *1* e a linha do tempo *1* do espelho são linhas paralelas. Todos os eventos na Figura 2e estão marcados e um novo evento *1'* foi acrescentado.

É evidente que o evento *2'* é simultâneo ao evento *3* e que a linha pontilhada *2'-3* é paralela à sua linha do agora *2*. Então, uma vez que o evento *2* divide a linha do tempo *1* nos intervalos iguais *0-2* e *2-4*, deve ser verdade que a pessoa que fica em casa vê a linha pontilhada inclinada que liga os dois eventos como ocorrendo simultaneamente. O agora *1* da pessoa que fica em casa precisa ser paralelo a *2–3* e precisa estar no passado do capitão. Desse modo, o evento *1*, que ocorreu ao mesmo tempo que o evento *0* para a pessoa que fica em casa, agora ocorre no passado para o capitão.

Vamos discutir o *show* de luzes

Einstein, quando criança, conseguiu imaginar um cenário semelhante ao nosso *show* de luzes em movimento e se perguntou o que ele veria em um espelho se estivesse se movendo na velocidade da luz. Se o disco voador estivesse se movendo na velocidade da luz, as duas linhas do tempo – a linha do tempo *2* e a linha da luz – seriam a mesma linha. Elas não são as mesmas, mas o que as torna diferentes? Nessas figuras, vemos que a diferença está no ângulo entre as duas linhas. Se você considerar a linha acima do agora *1* e paralela a ela, como na Figura 2g, perceberá que ela é uma linha do agora *1* futuro como viria a ser experimentada pelo observador que fica em casa. Observe que a linha pontilhada do agora *1* futuro cruza a linha da luz à direita de onde ela cruza a linha do tempo *2* do disco. Isso significa que a luz se moveu mais para a frente no espaço do que o disco na mesma quantidade de tempo constatada pelo observador que fica em casa. Essa é outra maneira de dizer que a luz se movimentou mais depressa do que o disco.

Observe que a linha da luz – nosso velocíssimo fóton – sai em disparada segundo um ângulo de 45 graus do ponto de vista da pessoa que fica em casa. Em outras palavras, ele abocanha, para cada nanossegundo de tempo, exatamente um nanossegundo-luz de distância, ou se quiser, para cada ano de tempo, ele viaja um ano-luz. É sempre um para um. Assim, no diagrama, a linha da luz precisa bissectar[20] o ângulo reto formado pela linha do tempo *1* e pela linha do agora *1*. Certamente, isso faz sentido. Ao tomar qualquer ponto sobre a linha da luz e, em seguida, desenhar uma linha pontilhada horizontal paralela ao agora *1*, marcando o evento *2*, e outra linha pontilhada vertical, paralela à linha

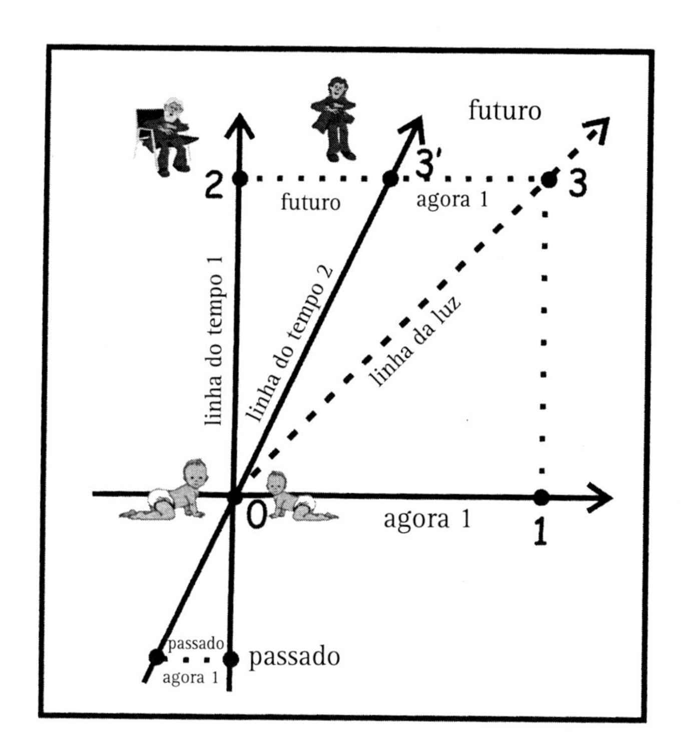

Figura 2g. Uma linha da luz e a linha do tempo *2* como são observadas do ponto de vista da pessoa *1'*.

do tempo *1*, marcando o evento *1*, vemos que as duas distâncias *0-2* e *0-1* são iguais. As duas linhas pontilhadas cruzam os eixos da linha do tempo e da linha do agora em distâncias iguais ao longo de cada eixo. De fato, é isso o que significa uma bissetriz.

Mas com o que essa situação se pareceria do ponto de vista do nosso disco voador? Vamos desenhar a linha da luz de como o capitão a veria, com a pessoa que fica em casa, do ponto de vista do disco, correndo em disparada para a sua esquerda (ver Figura 2h). Seria a mesma linha da luz que é vista pela pessoa que fica em casa, e do ponto de vista do capitão do disco voador, a linha da luz também bissectaria seu ângulo reto formado por sua linha do tempo (a linha do tempo *2*) e sua linha do agora (o agora *2*). Em outras palavras, a luz é invariante – é a mesma, independentemente de qual é o observador que a mede.

Um fato é um fato, não importa quem o vê, desde que alguém o veja. Aqui chegamos a Einstein, que diz: vamos fazer de conta que a velocidade da luz para a pessoa *2* é também a mesma unidade de velocidade, assim como foi para a

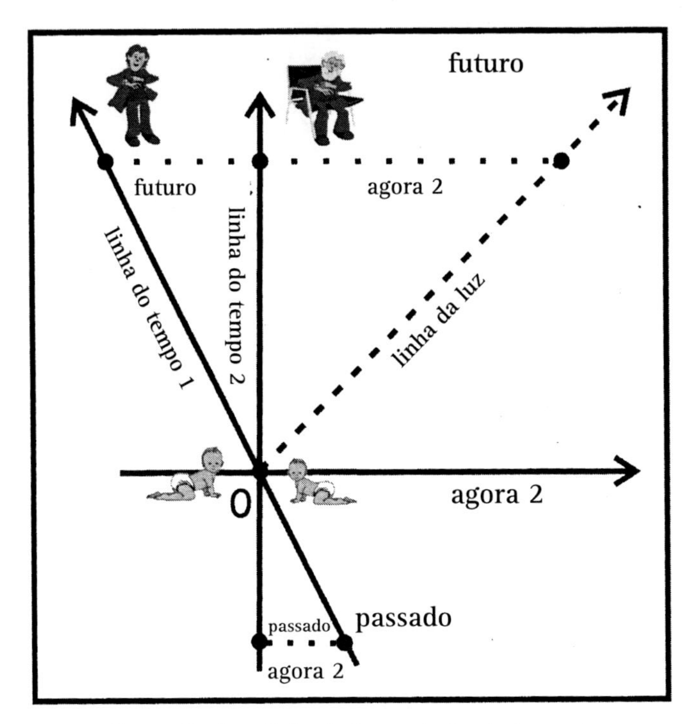

Figura 2h. Uma linha da luz e a linha do tempo *1* como são observadas do ponto de vista da pessoa *2'*.

pessoa *1*. Mais do que uma mera fantasia, quando os físicos dizem: "Vamos fazer de conta", eles estão dizendo: "Vamos supor que isso seja um fato". Então, e daí? Bem, então, a linha da luz invariante também precisa bissectar o ângulo reto formado pela linha do tempo *2* e pela linha do agora *2*, como na Figura 2h.

Isso parece bastante razoável, mas, como veremos, muda tudo. Os dois observadores não podem compartilhar as mesmas linhas do agora. O que um deles pensa tratar-se de eventos que ocorrem agora é muito diferente daquilo que é agora para o outro, dependendo da velocidade relativa de ambos.

A partir das figuras 2g e 2h, podemos obter um bom palpite a respeito de como a linha do agora do disco voador, o agora *2*, deve parecer do ponto de vista da pessoa que fica em casa. Ela não pode simplesmente se estender ao longo da mesma linha do agora *1*, mas precisa estar inclinada para cima formando um ângulo, como é mostrado na Figura 2i.

Como sabemos que a inclinação para cima está correta? Ao olhar para a Figura 2h, vemos que a linha da luz precisa bissectar o ângulo formado pela linha do tempo *2* e pela linha do agora *2*. Isso também deve estar correto na

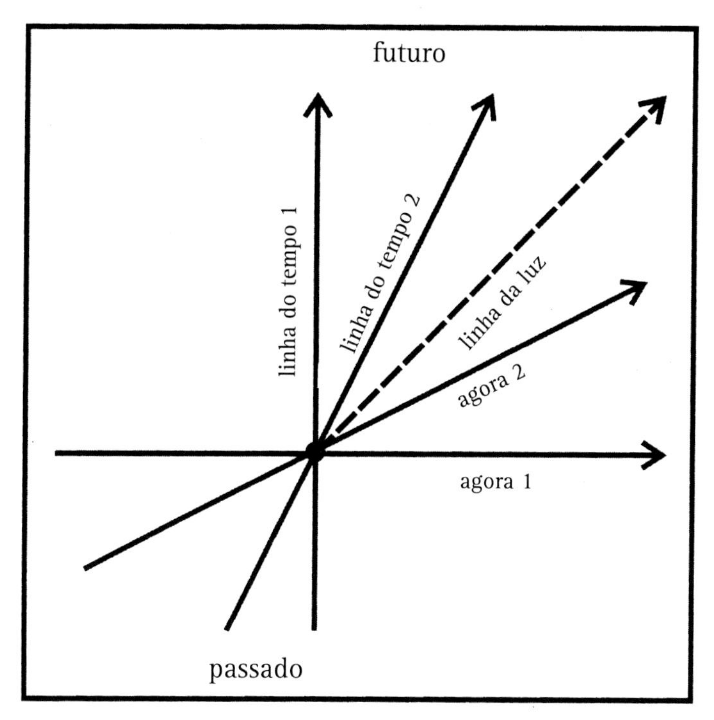

Figura 2i. Uma linha do agora *2* e uma linha do tempo *2* como são observadas do ponto de vista da pessoa *1'*.

Figura 2i. Em consequência, vemos que aquilo que o observador em movimento chama de agora é uma progressão de eventos que estão em momentos diferentes, no passado e no futuro, para o nosso observador que fica em casa. Por que não temos o caso "inclinado para baixo"? Porque, se fosse assim, a linha da luz não bissectaria mais o ângulo entre a linha do tempo *2* e a linha do agora *2*, e isso não estaria correto.

Seguindo uma linha de pensamento semelhante, obtemos a Figura 2j, na qual você pode ver que a linha da luz também precisa bissectar o ângulo formado pela linha do tempo *1* e pela linha do agora *1*, como é visto pelo observador 2. Desse modo, o agora *1* precisa estar inclinado para baixo, como mostra a Figura 2j. Assim, os desenhos das figuras 2i e 2j são consistentes e praticamente nos dizem sobre tudo de que trata a teoria da relatividade especial.

Vamos olhar para a relação entre a linha do tempo *2* e a linha do tempo *1* como se pode ver nas figuras 2i e 2j. Vemos que as linhas do tempo fazem o mesmo ângulo uma com a outra em ambas as figuras. O que o ângulo nos diz? Sabemos que a partir de cada um dos respectivos pontos de vista, a outra

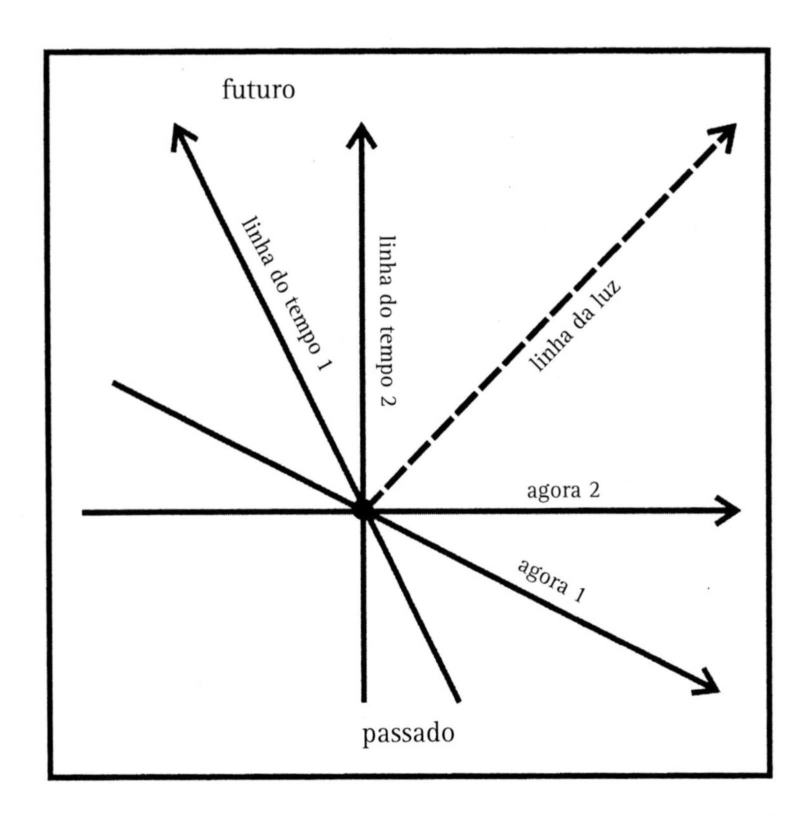

Figura 2j. Uma linha do agora *1* e uma linha do tempo *1* como são observadas do ponto de vista da pessoa *2'*.

pessoa está se movendo, e por isso poderíamos suspeitar que o ângulo diz algo sobre esse movimento. Também sabemos que a outra pessoa está se movendo com velocidade constante, e em uma direção e sentido constantes, dependendo do ponto de vista que estamos considerando. Uma vez que a linha da luz é apenas outra linha do tempo em qualquer uma das figuras e uma vez que isso significa que a luz está se movendo com a velocidade de uma unidade para a direita, seria evidente que a partir do ponto de vista de cada observador, a linha do tempo do outro precisa descrever a velocidade do outro, e uma vez que o ângulo é menor que o ângulo de 45 graus formado pela linha da luz, essa velocidade precisa ser correspondentemente inferior à velocidade da luz, que é igual a uma unidade.

Lembre-se, no entanto, de que cada observador é, com relação à sua própria linha do tempo, nada mais que um relógio marcando unidades de tempo e indicando para si mesmo sua presença em repouso seja na sua própria casa

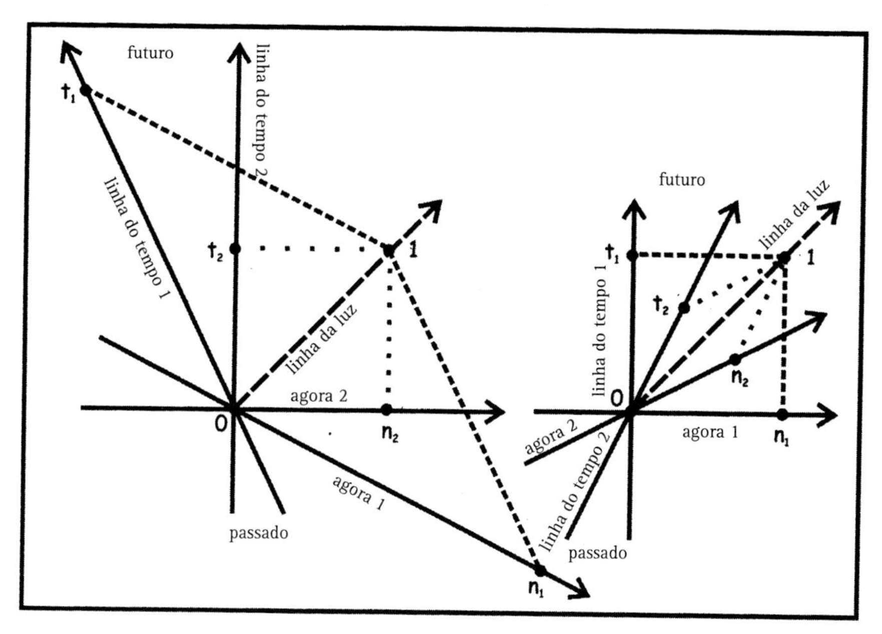

Figura 2k. Um olhar para a viagem da luz do ponto de vista de cada pessoa.

ou no disco voador, enquanto observa o outro observador passar voando por ele. Então, precisamos marcar unidades nas linhas do tempo. Mas como faremos isso? Cada unidade deve ter o mesmo comprimento sobre cada linha do tempo? Os comprimentos da unidade – os intervalos de tempo – marcados sobre a linha do observador em movimento deverão ser os mesmos que os comprimentos da unidade marcados sobre a linha do tempo do observador em repouso?

Como veremos, as unidades não podem ter os mesmos comprimentos ou os mesmos intervalos de tempo que as vistas pelo outro observador caso devam ser consistentes consigo mesmas! Por quê? Porque as unidades do observador em movimento são mais longas que as do observador em repouso. Ou, para expressar isso literal e figurativamente, linhas do tempo inclinadas com relação a qualquer linha do tempo vertical estendem-se, conforme se inclinam, como gatos preguiçosos no seu sofá. A mesma coisa acontece com as linhas do agora, que estão inclinadas ou reclinadas com relação a qualquer linha do agora horizontal. Para entender o porquê disso, precisamos fazer algumas reflexões sobre as linhas do agora para diferentes observadores e como elas se relacionam com a linha da luz. Vamos examinar a Figura 2k.

O tecido do espaço-tempo é uma caixa de biscoitos em forma de treliça, alongada e sombreada com linhas cruzadas

Na Figura 2k, vemos um feixe de luz viajar ao longo de uma curta distância, partindo do ponto 0, o lugar e o momento em que ocorre a entrega do bebê, e chegando a um ponto simplesmente rotulado de *1*. Consideramos que a pessoa que fica em casa mede a chegada do fóton no evento *1*, viajando com a velocidade de uma unidade, para percorrer apenas uma unidade de espaço marcada pelo evento n_1 sobre a sua linha do agora *1* (por exemplo, digamos, uma hora-luz) em apenas uma unidade de tempo (naturalmente, uma hora), como é medido pelo seu relógio, ou seja, o relógio que fica em casa, e marcado em sua linha do tempo como sendo o evento t_1. Suas medições são indicadas pelos eventos n_1 sobre a linha do agora *1* e t_1 sobre a linha do tempo *1*.

A inspeção e o senso comum nos dizem que o observador em movimento mediria o evento *1* como se tivesse acontecido antes e mais próximo como é indicado pelos pontos t_2 na sua linha do tempo e n_2 na sua linha do agora. Por quê? Porque ele está se movendo na mesma direção e no mesmo sentido que o feixe de luz e com uma velocidade muito boa. No desenho, baseado no tamanho do ângulo formado pela linha do tempo *1* e pela linha do tempo *2*, eu dei a ele uma velocidade de 0,6 unidade, o que significa que ele se move com uma velocidade igual a 60% da velocidade da luz; a inclinação de sua linha do tempo relativamente à linha do tempo da pessoa que fica em casa na verdade mede essa velocidade — quanto maior for o ângulo, maior será a velocidade do disco voador.[21] Então, quando o capitão determina o quão longe o fóton se afastou dele, ele não o vê como se viajasse uma hora-luz completa em uma hora. Ele realmente o vê mais perto dele, apenas meia hora-luz de distância e, portanto, tendo viajado apenas meia hora.

Mas a luz é a luz, e até onde isso diz respeito a ela, a luz se dirigiu do evento de cruzamento, 0, até o evento *1* independentemente de quem a viu, de até onde ela pareceu ir, ou de quanto tempo ela levou para fazer a viagem. Para marcar os eventos 0 e *1*, tudo de que precisamos é um observador a partir do qual podemos comparar quaisquer outros. A única questão é: "Quando e onde o evento *1* ocorreu"? Então, bem aqui nós temos a teoria da relatividade especial de Einstein, que, em poucas palavras, pode ser enunciada assim: a velocidade da luz é uma unidade, independentemente de quem vê a luz, mas a distância que a luz viaja e o tempo que ela leva para fazer essa viagem dependem das velocidades relativas mútuas dos observadores.

Então, como você pode ver na Figura 2k, as distâncias e os tempos reais medidos para o evento *1* podem ser muito diferentes dependendo de quem é o ponto de vista que estamos considerando. Note como, a partir do ponto de vista do disco voador (mostrado no lado esquerdo da Figura 2k), t_1 e n_1 parecem estar alongados. Enquanto do ponto de vista da pessoa que fica em casa (no lado direito da figura), t_2 é um tempo mais curto assim como n_2 é uma distância menor — eles estão comprimidos.

Esse é o cerne da dilatação do tempo e da contração do espaço. O capitão do disco diria que a distância que a luz viajou foi de apenas metade de uma hora-luz e que o tempo gasto pela luz para percorrer essa distância correspondeu a apenas 30 minutos. Suponha que a velocidade do disco foi aumentada ainda mais. Isso faria com que a linha do tempo *2* e a linha do agora *2* se aproximassem ainda mais da linha da luz à medida que cada linha girasse correspondentemente em torno do ponto 0, diminuindo o ângulo bissectado pela linha da luz. Imagine que a linha do tempo *2* e a linha do agora *2* são espremidas até ficarem tão perto da linha da luz que ambas quase tocassem a linha da luz que bissecta o ângulo entre ambas. À medida que você faz isso, os pontos n_2 e t_2 se aproximam cada vez mais do evento 0, e isso significa que o tempo e a distância que o capitão mede encolhem cada vez mais para perto do 0. Se nós agora imaginarmos que o disco está se movendo com a velocidade da luz, constataremos que a distância é exatamente 0 e o tempo também é exatamente 0. Isso é algo que desafia a nossa lógica — isto é, que na velocidade da luz não existe o tempo e não existe o espaço! Para o capitão que se move com a velocidade da luz, o instante em que ele deixou o evento 0 e o instante em que ele chegou coincidiriam. Ele não teria ido a lugar algum e nenhum tempo teria se passado. Para a luz, não há tempo nem espaço. Isso revelou ser uma pista muito importante para uma nova compreensão do espaço e do tempo.

Como o tempo e o espaço se alongam quando nos movemos com grande velocidade

Os intervalos de tempo e os intervalos de espaço para os observadores em movimento "esticam" quando comparados com esses mesmos intervalos medidos por um observador em repouso, como é mostrado na Figura 2l. Nesta, eu marquei na linha do tempo *1* e na linha do agora *1* dois eventos, t_1 e n_1, respectivamente, cada um deles medindo uma unidade em relação ao evento 0. Com base no que descobrimos na Figura 2k, podemos constatar claramente que as unidades associadas aos eventos para o nosso capitão, marcadas por t_1' e n_1', ocorrem posteriormente e a uma distância maior do que essas mesmas unidades quando medidas pelo observador *1* em repouso. Quando o disco acelera adquirindo velocidade ainda maior, vemos que as unidades associadas aos eventos para o nosso capitão, que agora marcamos como t_1" e n_1", ficam ainda mais alongadas.

As duas linhas finas pontilhadas constituem *curvas formadas pelos lugares geométricos das unidades* (*unit locus curves*). A curva formada pelos pontos t_1, t_1' e t_1" mostra o quão alongada uma unidade de tempo vai ficando à medida que o disco voador vai adquirindo velocidade até se aproximar da velocidade da luz. E a curva formada pelos pontos n_1, n_1' e n_1" mostra o quão alongada uma unidade de espaço vai ficando à medida que o disco voador vai ganhando velocidade até se aproximar da velocidade da luz.

Também marquei sobre a linha do tempo *1* os eventos adicionais t_2 e t_3, correspondentes às duas velocidades possíveis para o disco mostradas no gráfico. Para a velocidade mais lenta (linha do tempo 2), quando o gêmeo *2* atingir a idade de uma unidade de tempo, os eventos t_2 e t_1' serão simultâneos do ponto de vista do gêmeo *1*. Para a velocidade mais rápida (linha do tempo 3), quando o gêmeo 2 atingir a idade de uma unidade de tempo, os eventos t_3 e t_1" serão simultâneos do ponto de vista do gêmeo *1'*. Uma vez que, como podemos ver, t_3 é posterior a t_2, e este, por sua vez, é claramente posterior a t_1, o gêmeo *1* precisa ser mais velho no tempo t_3 ou no tempo t_2 do que o seu irmão. No diagrama, se o gêmeo *2* tem 1 ano de idade, o gêmeo *1* seria mais ou menos um ano e três meses mais velho, como é mostrado pelo tempo t_2, ou teria quase 2 anos de idade como é visto pelo tempo t_3. Isto é chamado de *dilatação do tempo* – é

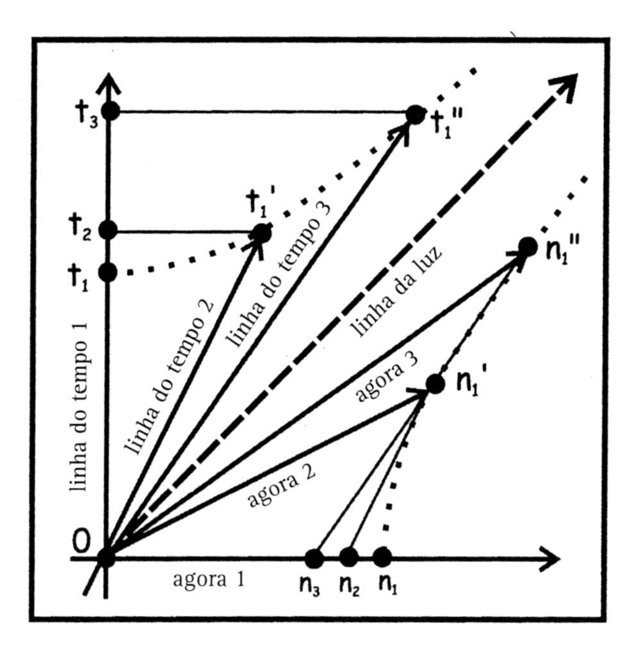

Figura 21. Um olhar que evidencia como a unidade se alonga com o aumento da velocidade relativa.

como se cada unidade de tempo no disco voador em movimento fosse de alguma forma estendida ao longo de sua própria linha do tempo.

Também marquei sobre a linha do agora *1* os eventos adicionais n_2 e n_3. Vamos supor que, viajando junto com o gêmeo *2* há uma longa vara que o gêmeo *2* usa para medir uma unidade de comprimento. O evento n_1' marca esse comprimento da unidade conforme o gêmeo *2* o vê: ele vê as extremidades da vara simultaneamente marcadas sobre a sua própria linha do agora *2* como os eventos *0* e n_1'. De maneira semelhante, o evento n_1" marca esse comprimento da unidade conforme o rapidíssimo gêmeo *2* a vê: ele vê as extremidades da vara simultaneamente marcadas sobre a sua própria linha do agora *3* como os eventos *0* e n_1".

Como o gêmeo *1* – o gêmeo que fica em casa – vê essas distâncias? Para o gêmeo *1*, a vara está se movendo juntamente com o gêmeo *2*. No tempo *0*, ambos os gêmeos concordam a respeito de onde e quando essa extremidade da vara está localizada, a saber, no evento *0*. O gêmeo *1* vê a outra extremidade da vara ao mesmo tempo em que vê o evento *0*, ou seja, no evento n_2 ou então no evento n_3, se ele está se movendo mais depressa. Claramente, os comprimentos *0*-n_2 e *0*-n_3 são mais curtos do que *0*-n_1, de modo que o comprimento em movimento, como é medido por uma pessoa que fica em casa, sempre acaba se revelando mais curto, e ainda mais curto se a vara em movimento estiver se acelerando. Isso é chamado de *contração do espaço* — é como se as unidades de distância transportadas pelo observador em movimento também se alongassem em comparação com as nossas. Por mais estranho que isso possa parecer, independentemente de quão rápido alguém esteja se movendo, essa pessoa mediria o comprimento da sua vara de medida e obteria o mesmo valor que o obtido por nós.

O que é o tempo?

Então, o que esse exercício nos ensinou? Vimos que o tempo e o espaço podem ser alongados — que não existe um intervalo temporal absoluto nem um intervalo espacial absoluto. Dois eventos podem ser medidos como fenômenos que ocorrem no tecido do espaço-tempo. As medidas comparativas desses eventos dependem dos pontos de vista dos observadores que tomam essas medidas, ou seja, precisamos considerar, quando comparamos as unidades de tempo e de espaço, a velocidade relativa entre os observadores. Descobrimos também que não pode existir um agora absoluto. O agora de uma pessoa é, simultaneamente, o futuro e o passado de outra, desde que uma delas esteja simplesmente se movendo em relação à outra. Desse modo, podemos concluir que o tempo e o espaço em si mesmos e por si mesmos são sombras de algo muito mais misterioso e elástico chamado espaço-tempo. Vamos explorar o tecido do espaço-tempo mais profundamente no próximo capítulo, conhecer outro papel desempenhado pela luz para determinar o que entendemos por tempo, e descobrir o que acontece quando as coisas caminham mais depressa do que a luz.

Capítulo 3

Até o Dia de São Nunca

A partir de agora, o espaço em si mesmo e o tempo em si mesmo estão condenados a desaparecer como meras sombras, e apenas uma espécie de união dos dois preservará uma realidade independente.

— Hermann Minkowski[22]

Uma simples afirmação – a velocidade da luz é invariante[23] – impõe uma limitação que estabelece toda uma série de inevitáveis conclusões e leis do universo. Ela muda a compreensão que o senso comum tem a respeito do tempo e a maneira como o passado, o presente e o futuro estão relacionados entre si. Desde o início da experiência humana, temos feito essencialmente a mesma coisa, até mesmo bem antes que inventássemos dispositivos para medir o tempo, quando precisávamos voltar os olhos para o futuro. Por exemplo, queríamos saber quando deveríamos levar as vacas para o seu descanso noturno. Observávamos a posição do sol no céu como um lembrete. Quando o sol começava a se aproximar da paisagem ocidental, íamos buscar nossos preciosos animais. Ou, se quiséssemos cultivar nossas plantações no solo arenoso junto ao rio, esperávamos até que o sol indicasse que o equinócio da primavera havia ocorrido, uma vez que no equinócio o rio sempre inundava suas margens, trazendo a umidade necessária para o crescimento. Em nossa mente, nós conectamos novos eventos, que eram importantes para nós, com eventos nos quais podíamos confiar. Em seguida, procuramos um dispositivo de nossa própria fabricação, um dispositivo tal que, quando a ele recorrêssemos, nos lembraria da ação que precisaríamos tomar. Naturalmente, esse dispositivo era o relógio.

O tempo do relógio adquiriu importância vital para nós em muitos sentidos, mas também nos levou a ingressar em uma espécie de fantasia. Viemos a acreditar que o tempo passa, que o tempo segue sempre em frente em linha reta do agora para o futuro, e que o tempo voa como uma flecha. O que veio como uma surpresa completa foi o fato de que a regulação do tempo pela nossa percepção consciente dos eventos não segue o tempo do relógio, a não ser que permitamos que os ponteiros do relógio corram para trás de vez em quando.

De volta ao agora

Ainda mais surpreendente é o fato de que aquilo que chamamos de *agora* não é sempre o mesmo em um sentido universal ou absoluto. No entanto, as coisas não param por aí. Eu ainda preciso unir alguns fios das linhas do tempo do capítulo anterior. Isso por um motivo: eu o deixei com algumas figuras misteriosas de bebês e de homens jovens e velhos nas figuras 2a, 2b, 2c, 2g e 2h. Com certeza, a linha do tempo na Figura 2a parece suficientemente simples e direta. A história de cada um de nós, bebê-jovem-velho, segue esse caminho, caso não ocorra nenhum infortúnio ao longo de cada uma das nossas linhas do tempo. Mas o que acontece com os gêmeos? Lembre-se de que um deles disparou para longe a bordo de um disco voador. Os dois irmãos parecem ter envelhecido inconsistentemente ao longo das suas respectivas linhas do tempo quando vistos a partir dos pontos de vista opostos.

Dê uma olhada na Figura 3a. Com certeza, não há discordância sobre o que acontece com os gêmeos no evento 0. Do ponto de vista da pessoa que fica em casa (mostrada na metade direita da figura), o gêmeo 2 parte para as corridas espaciais. Suponha agora que estamos olhando para o nosso gêmeo *1*, que fica em casa, quando ele estiver com 60 anos de idade sentado em sua cadeira (mostrado no lado direito da figura), que é o instante agora *1* futuro como ele o vê. Qual será a idade do gêmeo *2* quando o gêmeo *1* estiver com 60 anos? Bem, como eu lhe mostrei no capítulo anterior, os intervalos temporais nas linhas do tempo inclinadas se alongam em comparação com o mesmo intervalo nas linhas do tempo verticais. Assim, ele não será tão velho como poderia parecer. No lado direito da Figura 3a, descobrimos que, no momento marcado pelo gêmeo *1* como 60 anos, o gêmeo *2* vivendo no disco voador estará realmente mais jovem. Para

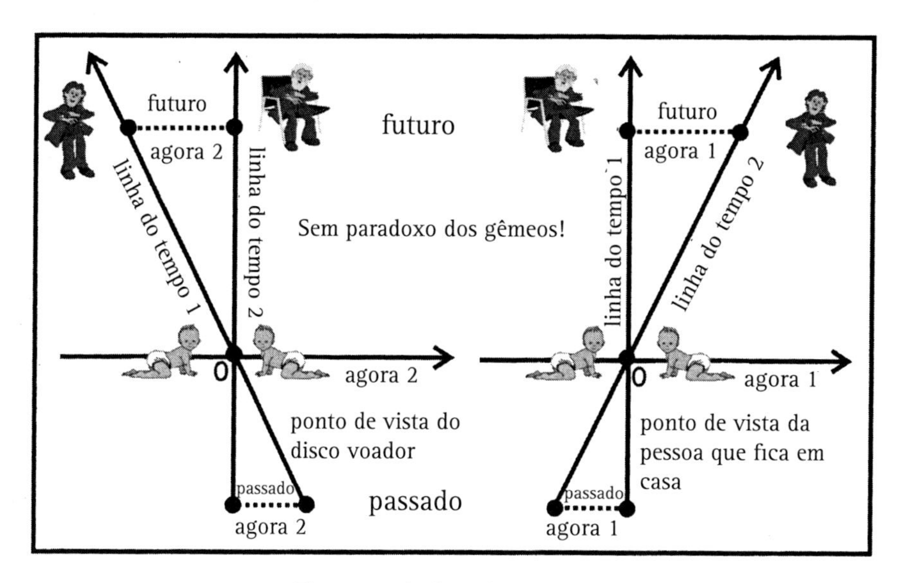

Figura 3a. Onde está o paradoxo?

os números que eu usei anteriormente, baseados na suposição de que a velocidade do disco seria de 0,6 unidade (isto é, 6% da velocidade da luz), verifica-se que gêmeo *2* terá 48 anos de idade. Em outras palavras, quando o gêmeo *1* tiver 60 anos de idade no agora *1* futuro, seu irmão no espaço, o gêmeo *2*, terá 48 anos de idade.

Considere agora a mesma coisa a partir do ponto de vista do gêmeo *2*, mostrado no lado esquerdo da Figura 3a. O gêmeo *1* que fica em casa é visto se movendo para a esquerda do disco e, portanto, sua linha do tempo é alongada. Agora, quando o gêmeo *2* atinge 60 anos de idade no agora *2* futuro, ele chegará à mesma conclusão: seu irmão gêmeo tem apenas 48 anos de idade. Tudo isso faz todo o sentido quando você reconhece que os dois gêmeos têm diferentes pontos de vista com relação ao que cada um deles entende por agora. O agora *2* não é o mesmo que o agora *1*.

Que haja luz de velocidade infinita

E se a velocidade da luz aumentasse até o infinito? Considere a Figura 3b. Olhe para a linha do tempo *2*, que marca como o disco voador se move em relação à pessoa que fica em casa. Lembre-se, tudo foi determinado fazendo-se a velocidade da luz igual a uma unidade; consequentemente, o disco voador estará se movimentando com uma velocidade igual a certa fração dessa velocidade unitária da luz (60% na figura). Lembre-se também de que quanto maior for a velocidade do disco com relação à velocidade da luz, maior será o ângulo que a linha do tempo *2* fará com a linha do tempo *1*.

Mas aqui se supõe que ocorra a condição oposta. A velocidade da luz aumenta enquanto a velocidade do disco permanece a mesma. Desse modo, à medida que a velocidade da luz torna-se maior, a velocidade do disco voador relativamente à velocidade da luz torna-se menor (a porcentagem fica menor do que 60%).

Este parágrafo e o seguinte podem exigir um pouco mais de raciocínio sobre frações. A velocidade do disco voador é medida em relação à velocidade da luz, como a razão entre a velocidade efetiva do disco dividida pela velocidade da luz. Assim, em nosso exemplo, a velocidade do disco era de 180.000 quilômetros por segundo, enquanto a velocidade da luz é de 300.000 quilômetros por segundo. Portanto, a razão entre ambas é igual a 180.000 dividido por 300.000 ou, fazendo o cálculo, é igual a 0,6 ou 60%. Se nós duplicarmos a velocidade da luz para 600.000 quilômetros por segundo, essa razão diminui para 0,3 unidade ou 30%. Então, se a velocidade da luz aumentasse para o dobro do seu valor normal, a fração que especificaria a razão entre a velocidade do disco e a velocidade da luz diminuiria, por consequência, para metade do seu valor anterior. Então, o ângulo formado entre a linha do tempo *2* e a linha do tempo *1* também diminuiria, e a linha de tempo *2* giraria no sentido anti-horário, como quando você está atrasando em uma hora os ponteiros do seu relógio, e aproximando-se da linha do tempo *1*, até que, com uma velocidade infinita da luz, a linha do tempo *2* coincidiria com ela.

A propósito, a razão entre as duas velocidades diminuiria se a velocidade da luz aumentasse ou se o disco voador desacelerasse – o resultado seria o mesmo.[24] Assim, deixando de lado a velocidade da luz e supondo que a velocidade do disco seja de 90.000 quilômetros por segundo, obteremos o mesmo resultado, uma vez que 90.000 dividido por 300.000 também é 30%. Portanto, quando digo que fazer coisas em velocidades muito mais lentas que a velocidade da luz é o mesmo que considerar infinita a velocidade da luz, eu realmente quero dizer a mesma coisa.

Uma vez que sabemos que a linha da luz precisa bissectar o ângulo entre uma linha do tempo e sua correspondente linha do agora, a linha do agora

2 (lembre-se, essa linha contém todos os eventos que acontecem simultaneamente em lugares diferentes conforme são vistos pelo gêmeo 2) também precisa girar, em conjunção com a linha do tempo, no sentido horário em direção à linha do agora *1*, mantendo a simetria à medida que a velocidade da luz aumenta ou que a velocidade do disco voador diminui pela mesma razão que a linha do tempo *2* gira no sentido anti-horário em direção à linha do tempo *1*.

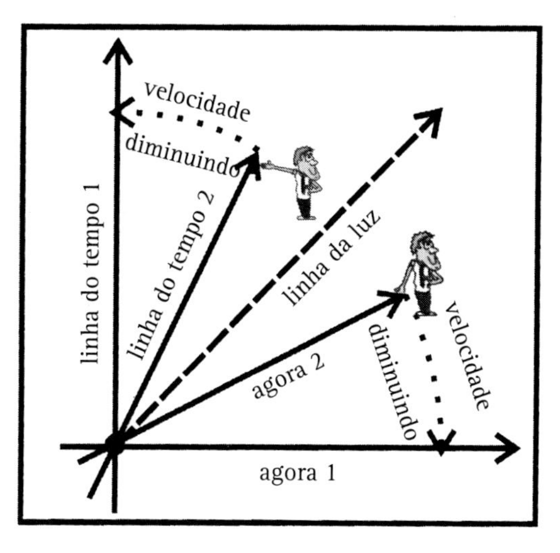

Figura 3b. E se a velocidade da luz fosse infinita?

Em outras palavras, a dilatação do tempo e a contração do espaço diminuiriam com o aumento da velocidade da luz, ou com a diminuição da velocidade do disco voador, até que, na velocidade infinita da luz ou na velocidade zero do disco, elas não mais ocorreriam. Você pode pensar sobre o aumento da velocidade da luz de duas maneiras equivalentes: da maneira como eu acabei de explicar ou, simplesmente, imaginando que a velocidade do disco voador está diminuindo. O resultado é o mesmo: a linha do agora *2* e a linha do tempo *2* girariam correspondentemente em direção às respectivas linha do agora e linha do tempo da pessoa que fica em casa. Isso também explica por que, praticamente, não observamos a contração do espaço ou a dilatação do tempo em nossas experiências cotidianas do mundo, uma vez que, para todos os propósitos práticos, consideramos a velocidade da luz infinita simplesmente porque nos movemos com velocidades extremamente baixas em relação a ela.[25]

Quão depressa o agora passa voando?

Examinamos a relação entre a linha do tempo *2* e a linha do tempo *1* e percebemos que, embora ambas sejam linhas do tempo, elas não podem ser idênticas. Do ponto de vista de qualquer um dos observadores, o outro observador aparece como alguém que se move em relação a ele. As suas trajetórias no tecido do espaço-tempo são suas linhas do tempo. O ângulo que uma das linhas do tempo faz com a outra é uma medida da velocidade relativa entre os dois observadores. Vamos pensar a respeito desse ângulo. Se ele for de 0 grau, então as duas linhas do tempo coincidirão e a velocidade também seria igual a 0. Se o ângulo fosse de 45 graus, fazendo com que a linha do tempo *2* coincidisse com a linha da luz, a velocidade seria a velocidade da luz ou a velocidade de uma unidade.

O que acontece se aumentarmos a velocidade do disco voador para uma velocidade maior que a unidade, isto é, maior que a velocidade da luz? Aqui não estamos aumentando a velocidade da luz, mas apenas a velocidade do disco. Mais adiante, examinarei se isso é pelo menos possível. Por enquanto, peço-lhe apenas um voto de confiança. Pode-se ver, com clareza, que a linha do tempo *2* continuará a girar no sentido horário, aumentando o seu ângulo para além de 45 graus e mergulhando abaixo do ângulo de 45 graus formado pela velocidade da luz.

Nós já temos uma linha assim desenhada na Figura 3b. É a linha do agora *2*. Na verdade, temos duas linhas como essa, com ângulos superiores a 45 graus com relação à linha do tempo *1*: o agora *2* e o agora *1*. Olhe para a linha do agora *2* na Figura 3b e em seguida olhe para a Figura 3c. Na Figura 3b, o agora *2* forma claramente um ângulo maior que 45 graus com relação à linha do tempo *1*. O pensamento lógico e a comparação da Figura 3b com a Figura 3c nos diz que o agora *2* pode descrever algo que se move mais depressa do que a luz. Em outras palavras, o que é considerado como sendo o agora, conforme é visto por um observador em movimento que se desloca com velocidades inferiores a uma unidade (o agora *2* da Figura 3b), também pode descrever a trajetória no espaço-tempo de uma partícula que se move com uma velocidade superluminal (linha do tempo *2* na Figura 3c).

Pode uma linha do agora realmente significar algo que esteja se movendo com uma velocidade superior à da luz? A resposta é sim. No entanto, você já pode observar que se alguma coisa estivesse se movendo mais depressa do que a luz, isso seria estranho. Deixe-me explicar. Suponha que o gêmeo *2* esteja voando com uma velocidade superior à da luz, deslocando-se ao longo da linha do agora *2*. A pessoa que fica em casa não veria nada de muito estranho nisso

— o gêmeo *2* ainda envelheceria mais lentamente do que o gêmeo *1*, mas quão mais lentamente?

Por isso, o que acontece com a linha do agora *2* do gêmeo *2* se este está se movendo com uma velocidade superluminal? Se nós fizermos de conta que o gêmeo *2* está se movendo com uma velocidade superluminal de 167% da velocidade da luz, a linha do tempo *2* do gêmeo *2* estaria onde sua linha do agora *2* costumava estar quando ele mudou para a velocidade subluminal de 60% da velocidade da luz.[26] Isso também significa que a linha do agora *2* do gêmeo *2* é o lugar onde sua linha do tempo *2* costumava estar. Há algumas consequências surpreendentes disso que ficaram bem conhecidas durante um bom tempo, mas que foram previamente descartadas como não sendo reais na física. Hoje, essas linhas do tempo representando situações mais rápidas do que a luz estão sendo novamente levadas em consideração e parecem estar se tornando muito importantes em várias situações experimentais.

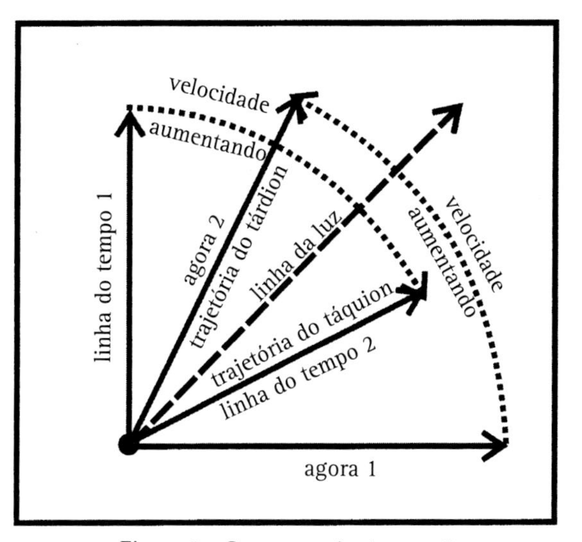

Figura 3c. Como um táquion voa?

A Figura 3c mostra justamente o exemplo de uma troca súbita de uma linha do tempo por uma linha do agora. Como a luz é tão especial na física e, usualmente, nós referenciamos todas as velocidades a ela, temos um nome especial para partículas que viajam mais lentamente do que a luz e também para aquelas que viajam mais depressa do que ela. Chamamos as partículas mais lentas de *tárdions* ou *brádions*. Prefiro a palavra "tárdion" porque ela diz o que ela é — sempre um pouco "tarda", sinônimo de "vagarosa", que demora para chegar, não se apressando nem um pouco em ir de um lugar para outro, pois ela não pode chegar antes de ter sido enviada e não pode viajar tão depressa como a luz. Chamamos as partículas mais rápidas do que a luz de *táquions*.[27] Também gosto dessa palavra, pois ela transmite a ideia de movimento rápido. Elas são chamadas de táquions por causa da palavra grega *tachy*, que significa "rápido". As palavras *tacômetro* (instrumento usado para determinar a velocidade) e *taquicardia* (batimentos cardíacos excessivamente rápidos) também derivam dessa raiz grega. Físicos estão há muito tempo fascinados por esses tipos de partículas.[28] Se você quiser um pouco de fantasia, poderá chamar as partículas que se movem com a velocidade da luz de *lúxons*. Também vou usar essa palavra ao longo de todo o livro porque, como veremos no próximo capítulo, podemos considerar as partículas materiais como se elas fossem capazes de se mover com a velocidade da luz.

São os táquions que eu quero explicar para vocês aqui, pois eles são muito bizarros e mudam o nosso pensamento sobre o tempo. Na verdade, veremos que eles desempenham um papel significativo quando, nos próximos capítulos, entrarmos em *loops* temporais e em histórias onde o espaço é distorcido.

Por que você não pode se deslocar mais depressa do que a luz se já está se movimentando mais lentamente do que ela

Uma olhada rápida de volta no capítulo anterior e na Figura 2k nos conta a história. Como vimos anteriormente, a bordo do disco, conforme ele aumentava a sua velocidade, seus intervalos de tempo e de espaço encolhiam. Como o tempo e o espaço seriam vistos por um observador voando no disco lúxon? Acontece que esse processo de encolhimento se intensificou tanto que o nosso capitão lúxon não experimentaria, em absoluto, a passagem do tempo, nem veria a si mesmo percorrendo qualquer distância que fosse. Também vimos que, conforme a velocidade do disco voador aumentava, aproximando-se da velocidade da luz, os intervalos de tempo e de espaço a bordo do disco se alongavam em comparação com os intervalos de tempo e de espaço medidos por uma pessoa que está em casa. Quão grandes seriam os alongamentos se o disco chegasse efetivamente a atingir a velocidade da luz? Nessa situação, eles se estenderiam ao infinito.

Há, nisso, uma pista segundo a qual ir de uma velocidade subluminal a uma velocidade superluminal não é apenas uma questão de se aumentar a velocidade. Significa atingir uma situação na qual o espaço e o tempo estendem-se até dimensões infinitas. Uma vez que na física nós medimos tudo em função de espaço e de tempo, o que isso faria com a energia da partícula que realizasse a transição? O raciocínio habitual tem a ver com a massa, que determina a inércia do objeto – sua capacidade para resistir a qualquer alteração no seu movimento – e a sua energia. Você experimenta a inércia de um objeto quando o apanha e o levanta do chão ou de uma mesa. Você chama essa experiência de "peso" do objeto. Acontece que a inércia de um objeto que passa por uma mudança que o leva de uma velocidade subluminal para uma velocidade superluminal também deve aumentar, o que acaba por levá-lo a adquirir inércia infinita ou massa infinita, assim como o espaço e o tempo se estendem até os valores associados a eles aproximarem-se do infinito. Desse modo, uma partícula que começa com uma determinada massa – um tárdion – não consegue atingir a velocidade da luz porque seria necessária uma energia infinita para levá-lo a essa condição.

No caso de você estar curioso, se tivéssemos um tárdion em repouso, com uma massa de uma unidade, e se fôssemos aumentar sua velocidade para 0,6, sua massa aumentaria para 1,25 unidade. Em 0,99, sua massa seria de sete unidades. Em 0,9999, ela seria de setenta unidades.

Coisas que vão colidir na noite

A velocidade da luz desempenha um papel muito especial na física moderna. Ela é o limite superior, a velocidade mais alta que pode ser atingida no universo atualmente conhecido. Na verdade, pode-se dizer que toda matéria, luz e radiação eletromagnética está limitada a velocidades que nunca excedem a velocidade da luz. Você pode conceber isso imaginando que está trancado atrás de uma parede de luz.

Se, por exemplo, eu aumento a energia de uma bola golpeando-a fortemente com o meu punho toda vez que ela passar por mim (como na bola do tipo da de vôlei pendurada em um poste no jogo do *tetherball*), a bola mostrará um aumento de velocidade. É preciso energia para acelerar qualquer objeto. No caso das bolas de *tetherball* comuns, nas bolas de beisebol, e até mesmo nas balas de rifle, a energia é sempre incorporada ao objeto aumentando sua velocidade, contanto que esse objeto não esteja se movendo com velocidades muito próximas à velocidade da luz. Porque se ele se move muito depressa, algo estranho começa a acontecer: o objeto não continua mais a aumentar sua velocidade quando recebe mais energia. Em vez disso, ele aumentará sua massa! Como disse Einstein: "Velocidades maiores que a da luz não têm... nenhuma possibilidade de existir"[29] porque seria necessário fornecer a uma partícula uma quantidade infinita de energia para acelerá-la até a velocidade da luz.

Mas e se, já de início, houvesse partículas que tivessem velocidades maiores que a da luz?[30] Então essas partículas táquions não precisariam ser aceleradas de uma velocidade subluminal para uma velocidade superluminal; elas simplesmente existiriam, zumbindo ao nosso redor com velocidades superluminais.

Os táquions, se existissem, virariam de cabeça para baixo o nosso mundo de causa e efeito. Esse fato tem a ver com a teoria da relatividade especial de Einstein. Vejamos um exemplo simples. Suponha que um rifle dispara um tiro contra um alvo. É óbvio que a bala teve de deixar a espingarda e chegar ao alvo depois. Mas suponha que você passou voando em um jato supersônico no instante em que o rifle dispara o tiro. Sua velocidade quase igualaria a velocidade da bala. Na verdade, você quase poderia voar lado a lado com a bala e observá-la pela janela da cabine do seu jato. Do seu ponto de vista, a bala pareceria estar quase parada. Mas, naturalmente, ela está voando precipitadamente até o alvo. É possível que você pudesse voar tão depressa que a bala não só ficaria parada do lado de fora de sua janela, mas também passaria a se movimentar para trás?

Se você for um cinéfilo, então você já viu esse efeito muitas vezes. Basta se lembrar das velhas cenas das rodas dos vagões em qualquer *western* "velho, mas ótimo". As rodas parecem se mover para trás, especialmente se o vagão está indo devagar. Esse efeito acontece porque a velocidade de avanço da película ao passar diante do projetor é maior do que a velocidade de rotação das rodas. Mas, ainda assim, o vagão está indo para a frente. Desse modo, parece que não importa o quão rápido possamos voar, a bala de rifle continuará a avançar na direção do alvo, mesmo que, do nosso acelerado ponto de vista, ela poderia parecer estar viajando para trás.

A teoria da relatividade confirma essa observação aparentemente óbvia. Mas algo estranho começaria a acontecer se a bala pudesse ser disparada com uma velocidade maior que a da luz. Por exemplo, suponha que aconteceu de a bala estar se movendo com o dobro da velocidade da luz. Nós não notaríamos nada de incomum no que se refere ao disparo se estivéssemos voando com qualquer velocidade inferior à metade da velocidade da luz. Mas no instante em que atin-

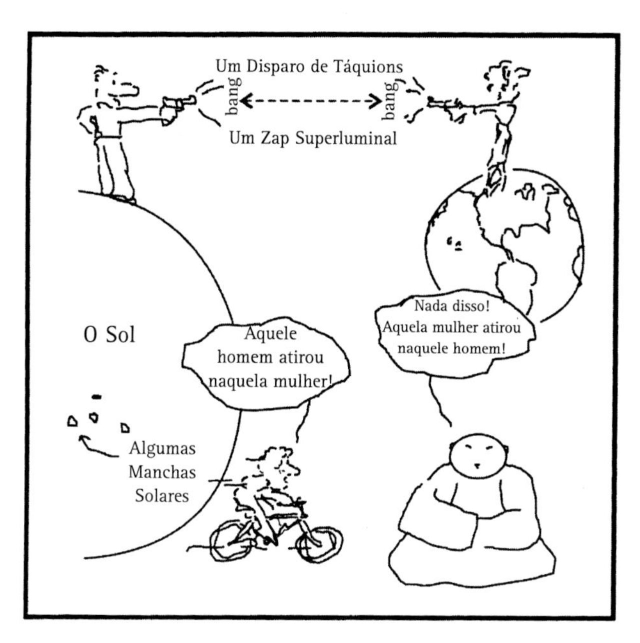

Figura 3d. Uma violação da causalidade:
o que veio primeiro, o tiro do Sol ou o tiro da Terra?[32]

gíssemos metade da velocidade da luz, testemunharíamos o rifle disparando e a bala atingindo o alvo ao mesmo tempo, ou seja, no mesmo instante! Ainda mais estranho é o fato de que, assim que estivermos voando com velocidades maiores do que metade da velocidade da luz, veremos toda a cena como se fosse um filme rodando para trás, o alvo iria explodir, enviando a bala e todos os seus gases de volta ao rifle, onde eles, ordenadamente, iriam recolher-se no estreito cano do rifle e viajariam cano acima até o pequeno cilindro vazio do cartucho, até que todo o seu conteúdo fosse reembalado em uma descarga não disparada.

Uma vez que a relatividade prevê com sucesso os resultados das observações, passamos a confiar nela. Assim, concluiríamos que os táquions não podem existir por causa do exemplo na Figura 3d. Esse exemplo ilustra uma *violação da causalidade*, isto é, nele a causa vem depois do efeito.[31]

Violações da causalidade são crimes graves em um universo ordenado e obediente a leis. Sair correndo mais depressa do que a luz será sempre visto por alguns observadores como uma violação da causalidade. Eles se defrontarão com eventos que, ao longo do rastro do objeto em alta velocidade, estarão acontecendo em ordem inversa. É claro que nem todo observador terá de se defrontar com essa “trapaça”. Se todos nós observássemos a mesma violação da causalidade, não pensaríamos nada disso. Simplesmente diríamos que o efeito foi a causa e que a causa foi o efeito. Rodar filmes para trás faz sentido se nunca os rodamos para a frente.

Mas nem todos nós veremos a mesma coisa. O mundo pareceria bizarro a observadores que estivessem se deslocando com uma velocidade igual a qualquer fração da velocidade da luz, mesmo a 1.000 quilômetro por hora, que é apenas um milionésimo da velocidade da luz. Por exemplo, se um táquion que estivesse se deslocando em direção ao oeste estivesse voando com uma velocidade de pouco mais de um milhão de vezes a velocidade da luz, deixando um rastro atrás de si enquanto voasse, observadores na Terra iriam vê-lo dirigindo-se para o sol. Mas as pessoas em um avião voando a cerca de 1.000 quilômetro por hora veriam o táquion encaminhando-se para o leste, afastando-se do sol. Sutilezas de discos voadores!

Qual seria a verdade? Onde é que o táquion se originou? No leste ou no oeste? Com violações da causalidade, a verdade se dissolveria em uma confusão de superstições. Sem dúvida, Einstein deve ter sentido isso instintivamente, embora nunca tenha considerado os táquions uma realidade. Ele não precisava. Sua teoria da relatividade especial parecia livrar a ciência de tais objetos bizarros, pois tudo estará muito bem com a causalidade para objetos que se movam com velocidades menores que as da luz. Nesses casos, ninguém poderia jamais observar uma violação da causalidade. Coisas que voam para o leste sempre voam para o leste.

A ordem do tempo

Nosso mundo normal é feito de tárdions e lúxons. Os tárdions têm massa e compõem quase tudo o que podemos ver — os corpos maciços que chamamos de mundo. Os lúxons são apenas outra maneira de descrever as partículas que se movem com a velocidade da luz. O lúxon com o qual estamos mais familiarizados é o fóton: a partícula associada com a luz. Vemos fótons sempre que vemos qualquer coisa. Eles impactam nossas retinas e nos fornecem o sentido da visão. Também usamos fótons sob a forma de raios X quando temos os nossos dentes radiografados. No Capítulo 5, vamos considerar outro tipo de lúxon

— um elétron ziguezagueante! Os lúxons não têm massa no sentido comum da palavra, mesmo que eles tenham vigor ou *momentum* e possam causar danos à pele ou até mesmo furar buracos queimando e atravessando metais.

Todos os átomos e moléculas que compõem o universo se movem mais lentamente do que a luz e proporcionam a solidez e a inércia que todos nós sentimos no mundo material. Os lúxons fornecem a luz que todos nós vemos e a radiação eletromagnética que usamos para tudo, desde aquecer a nossa casa com o calor infravermelho até o vasto espectro de ondas utilizadas no rádio, na televisão, nos raios X e na ressonância magnética que escaneia o nosso corpo. Nós nos tornamos mestres do nosso destino eletromagnético, ou do nosso destino lúxon, e, à medida que avançamos para os domínios minúsculos da matéria atômica e subatômica e também para os vastos domínios das constelações galácticas e supergalácticas, mestres também do nosso universo material.

No entanto, à medida que nos afastamos dos espectros normais das nossas experiências humanas, e rumamos para as sub-regiões e super-regiões do tecido do espaço-tempo, descobrimos que a nossa maneira normal de pensar sobre o mundo muda. Precisamos fazê-lo com o objetivo de compreendermos onde estamos, quando estamos, quem somos e o que somos. Esse processo em andamento da expansão da percepção envolve a investigação contínua sobre o significado de tudo, inclusive da matéria, do espaço e do tempo. Qualquer nova maneira de organizar o nosso pensamento requer uma nova ordem — um remapeamento lógico —, que mostra uma visão mais abrangente de como as coisas se comportam e fornece novas metáforas úteis para explicar a nova visão com base em nossas experiências cotidianas passadas. Essa é a tarefa da ciência — não apenas fornecer novos aparelhos para brincarmos, mas também nos instruir sobre novas descobertas, que poderiam incluir aquelas que ainda não foram realizadas e também aquelas que não poderiam ter sido realizadas usando nossas velhas tecnologias. Na física quântica, viemos a perceber que nossas ações ao fazermos tais descobertas revelam aspectos da natureza que dependem de nossas capacidades mentais, bem como de nossa perícia tecnológica, isto é, daquilo que nós pensamos ou acreditamos que é real, mesmo que não possamos efetivamente observá-lo por causa de sua natureza aparentemente subjetiva.

Com as descobertas realizadas do início até meados do século XX, tivemos de mudar até mesmo a visão do que entendíamos por espaço e por tempo, fundindo-os em uma coisa única, o *tecido do espaço-tempo*. Com essa mistura, encontramos novos limites dentro do espaço-tempo que tiveram de lidar com a maneira como os tárdions e os lúxons se comportavam. Como vimos no capítulo anterior, quando alguma coisa começa a se mover muito depressa e, eventualmente, tão depressa que se aproxima da velocidade da luz, precisamos considerar como o espaço-tempo aparece para os observadores que estejam se movendo junto com o que quer que esteja fazendo essa mudança que vai do subluminal para se aproximar da velocidade luminal e comparar a visão do espaço-tempo em movimento com uma visão estacionária.

De um ponto de vista estacionário, vimos que os intervalos de tempo e de espaço se alongam tanto que a mais insignificante fração de tempo, como é experimentada por um observador em movimento, torna-se para nós, em casa, um grande éon (dilatação do tempo), e o comprimento de qualquer distância medida por aquele que se movimenta com grande rapidez encolhe até se transformar em uma fração desse comprimento como nós o vemos em casa (contração do espaço). Mova-se com rapidez suficiente e um microssegundo torna-se um milênio enquanto um ano-luz (que é, lembre-se, uma medida de distância) se transforma em um mícron (um milionésimo de metro).

As barreiras nos fascinam. Quando a velocidade do som era uma barreira, antes de construirmos aeronaves supersônicas, ninguém acreditava que alguém pudesse quebrar a barreira do som. As ondas sonoras construíam uma barreira — uma zona de onda de choque à frente de qualquer coisa que se movesse com uma velocidade supersônica. Agora vimos que a luz também ergue a sua barreira. Será que a física quântica, com todos os seus saltos fantásticos, não poderia lançar alguma nova luz sobre isso? Será que nós não poderíamos, de alguma maneira, fazer com que um pedaço de matéria, um tárdion, acelerasse até que, efetivamente, atingisse uma velocidade superluminal? Será que não poderíamos transformar um tárdion em um táquion? Ou será que a velocidade da luz é uma parede de luz que nenhum tárdion jamais poderá escalar e transpor? Existe algum encantamento mágico de física quântica que permita transformar tárdions em táquions, como nos contos de fadas que falam sobre a transformação de sapos comuns em príncipes?

Nos Capítulos 9 e 10, vamos dar outra olhada na possibilidade de transpor em um salto a parede da luz.

Capítulo 4

O Que é Matéria?

Postes de Barbeiro,* Fases, Mãos e Distorções – Tudo é Feito de Espelhos

Todos os sistemas da física que vigoraram anteriormente... caíram no erro de identificar as aparências com a realidade; eles confinaram sua atenção às paredes da caverna, sem jamais estarem conscientes da existência de uma realidade mais profunda além delas. A nova teoria quântica mostrou que precisamos sondar o substrato mais profundo da realidade antes que possamos compreender o mundo das aparências.

– *Sir* James Jeans[33]

Neste capítulo, explico o que faz as ondas ondularem (é o que se chama de sua *fase*), como os relógios mantêm o seu compasso (permanecendo em fase), e o que significa fase em seus muitos aspectos (você não está contente por ter perguntado?). A partir daí, vamos conversar sobre vários temas estranhos, por exemplo, o de como o universo é um tanto ambidestro durante parte do tempo, e canhoto durante outra parte do tempo, e de como tudo isso nos leva a reconhecer um sentido no tempo. Ele parece preferir seu lado canhoto quando decai na interação fraca, mas recorre igualmente a ambas as mãos na interação forte. Mais adiante, explicarei como esta última frase é mais que uma metáfora.

Pense em um poste de barbeiro dos velhos tempos – o tipo que apresentava listras vermelhas e brancas que enrolavam em torno dele, que costumava

* No original, *barber poles*, que são postes pintados com listras helicoidais coloridas e usados para indicar a presença de uma barbearia. Em Portugal, são conhecidos como "polo do barbeiro". (N.T.)

girar, e que ficava parado na frente da barbearia que o seu avô frequentava. Geralmente, o poste ficava envolvido por um cilindro de vidro transparente para impedir que os dedinhos das crianças fossem pegos. Na Figura 4a, vemos dois postes desse tipo, sendo que o da esquerda é uma imagem de espelho (a linha vertical da figura, separando os postes, atua como um espelho) do poste do lado direito (ou vice-versa). As setas brancas curvas indicam o sentido em que se imagina que o poste esteja girando, e você pode imaginar as listras nos postes movendo-se para cima em conformidade com isso.

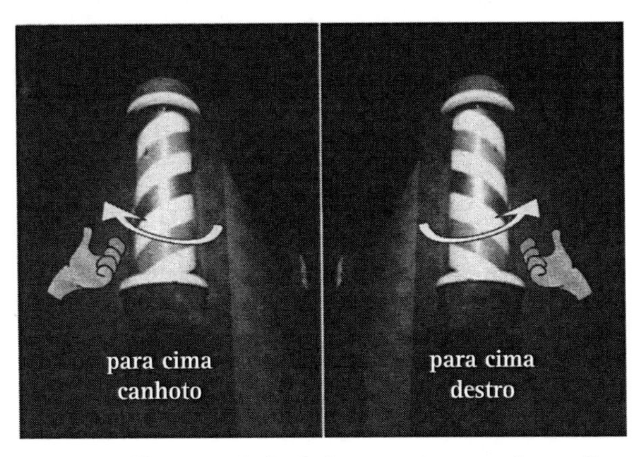

Figura 4a. Um poste de barbeiro e sua imagem de espelho.

À medida que o poste destro no lado direito da figura gira com uma frequência temporal (*time-vibe*) constante no sentido anti-horário (quando estamos bem acima do poste e olhamos para baixo), as listras de fato parecem estar subindo pelo poste. Chamamos um poste que gira dessa maneira de poste destro, porque se você segurar nele com a mão direita de modo que o polegar aponte para cima, seus outros dedos, ao rodearem o poste, apontarão no sentido em que ele gira.

A imagem de espelho desse poste destro aparece no lado esquerdo da figura e, é claro, tudo se inverte; mas, da mesma maneira como se comporta uma imagem de espelho de um poste destro, as listras continuarão a exibir o movimento aparente de subir pelo poste, combinando assim com o movimento aparente das listras no poste da direita. Você pode imaginar que qualquer um dos postes é o poste real, e o outro seria a sua imagem de espelho. Se você segurar com sua mão esquerda o poste do lado esquerdo da figura, seus dedos, ao rodearem esse poste, apontarão no sentido horário, com seu polegar esquerdo apontando para cima. Portanto, temos aqui dois postes, sendo qualquer um deles a imagem de espelho do outro – e mesmo que eles girem em sentidos opostos, as listras em qualquer um deles se moverão aparentemente para cima, assim como o poste da barbearia do seu avô costumava fazer.

No entanto, os postes são claramente diferentes, pois eles giram em sentidos opostos e suas listras também têm inclinações opostas. Para ser capaz de descrever suas diferenças, precisamos adotar alguns descritores úteis. Claramente, a rotação do poste tem algo a ver com o sentido de movimento das listras. Uma vez que esses postes giram em sentidos opostos, precisamos esclarecer isso de alguma maneira. Na física quântica, a rotação de um objeto em torno de seu eixo, como a de um poste de barbeiro, é chamada de *spin* do objeto.

Usualmente, indicamos o *spin* por uma seta que aponta ao longo do eixo de rotação e no sentido do movimento das listras. Isso funciona bem para o poste destro, mas não para o poste canhoto. Aqui nós temos o poste canhoto girando no sentido oposto ao do poste destro, e queremos ser capazes de rotular essa distinção mesmo que as listras "subam" pelo poste em ambos os casos. Puramente por convenção, vamos chamar a rotação do poste destro de *spin para cima* e indicar isso por uma seta apontando para cima, e, em seguida, por convenção lógica, à rotação do poste canhoto no sentido oposto chamaremos de *spin para baixo*, e indicaremos essa situação por meio de uma seta apontando para baixo. Então, o poste destro tem as suas listras se deslocando no mesmo sentido que o de seu *spin*, enquanto as listras do poste canhoto se dirigem no sentido oposto ao de seu *spin*.[34]

Se o poste destro girasse no sentido oposto, seu *spin* apontaria para baixo e as listras também pareceriam estar descendo pelo poste. Uma reversão semelhante poderia ocorrer para o poste canhoto; se ele revertesse o sentido da sua rotação, seu *spin* estaria apontando para cima, enquanto suas listras pareceriam se mover para baixo.

Assim, a primeira regra para os postes em rotação é simples: nos postes destros, as listras avançam no sentido do seu *spin*; nos postes canhotos, elas avançam no sentido oposto ao de seu *spin*. Para descobrir o que está acontecendo, você simplesmente tem de segurar um poste com seus dedos rodeando-o no sentido da rotação do poste e olhar para onde aponta o seu polegar. Se as listras estiverem se movendo no sentido apontado por ele, então você usou a mão correta. Se as listras se moverem no sentido oposto ao indicado pelo seu polegar, mude de mão.

Também damos um nome para a maneira como as listras estão inclinadas. Observe que as listras do poste canhoto estão inclinadas em oposição às listras do poste destro. Chamamos essa inclinação das listras de *helicidade* do poste, e rotulamos um poste canhoto com helicidade negativa e um poste destro com helicidade positiva. E, sim, esse nome vem da palavra *hélice*.[35] O que eu mostro aqui não é mais estranho do que aquilo que você encontrará em um *kit* de ferramentas de um faz-tudo, quando você considera parafusos canhotos e destros. Você sabe aparafusá-los na madeira girando parafusos destros no sentido horário e parafusos canhotos no sentido anti-horário (relativamente à posição em que olhamos para baixo e para o topo da cabeça do parafuso).

É apenas uma fase

Vamos voltar às reflexões daqui a pouco. Mas agora quero explicar como o movimento das listras sobre os postes nos diz algo sobre o que chamamos de *fase*. A palavra *fase* é bem conhecida por você, se você tem um filho que está passando pelos "terríveis 2 anos", quando ele manifesta birras e bruscas mudanças de humor. Você diz que é apenas uma fase pela qual ele está passando, certo? Observamos, também, as fases da Lua porque a Lua e a Terra orbitam o Sol, e a Lua e a Terra orbitam-se mutuamente.

Pelo fato de a massa da Lua equivaler a cerca de 1,23% da massa da Terra, as duas, na verdade, orbitam ao redor de um eixo situado a cerca de três quartos da distância do centro da terra à sua superfície. Não percebemos que estamos orbitando ao redor desse eixo estando dele separado por um curto braço de *momentum*, mas notamos que a Lua orbita ao nosso redor separada desse eixo por um braço de *momentum* mais longo – cerca de 388.000 quilômetros. A Lua parece girar em torno de nosso planeta com sua face que nunca muda porque gira ao redor de seu próprio eixo com a mesma velocidade de rotação com que orbita ao redor de nós (ver Figura 4b). Em outras palavras, ela mantém sua rotação

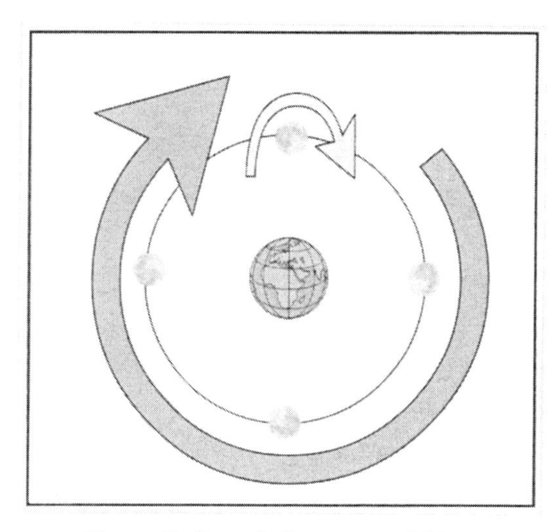

Figura 4b. Fases da Lua em sua órbita.

orbital em *fase* com sua rotação em torno de seu próprio eixo (ou *spin*), de modo que nós sempre vemos a mesma face – de onde a história do "homem na lua".

Podemos calcular um número associado com a fase para nos mantermos informados sobre ela em nossos postes de barbeiro. Eis a maneira como fazemos isso. Primeiro contamos o número de vezes que uma das listras (vermelha ou branca) aparece em um determinado comprimento que se estende ao longo do poste e que mede uma unidade espacial. Esse número é chamado de *número de onda* ou *frequência espacial* (*space-vibe*). Ele nos diz com que frequência nós encontramos a listra vermelha (ou a branca) à medida que nos movemos ao longo do poste. Se medimos, digamos, uma unidade de comprimento ao longo de cada poste e contamos o número de vezes que uma listra da mesma cor atravessa essa distância particular, medimos sua *fase espacial*.

Com os postes em rotação, se você fixar seus olhos em um determinado ponto, poderá contar quantas vezes uma determinada listra passa girando por essa posição, à medida que cada poste gira ao redor do seu eixo. Dessa maneira, você determina sua *fase temporal*. Naturalmente, se os postes girassem mais depressa, você contaria um maior número de listras passando pelo seu ponto de referência. O número de listras que você vê passando à sua frente em uma unidade de tempo é chamado de *frequência temporal* (ou *time-vibe*).[36]

Uma vez que, para qualquer um dos postes, você sabe que na verdade não há listras que se movem sobre ele, então o que de fato nós estamos vendo se mover? Certamente não são as listras, embora pareça que são elas as culpadas. Mas nós sabemos que nada sobre o poste vai a lugar nenhum porque nada está realmente se movendo ao longo do poste; o poste, simplesmente, está girando.

O que você está realmente observando é o movimento de fase das listras, ao se manter atento à relação constante entre elas. Se nenhum dos postes estivesse girando, o seu olho simplesmente exploraria as listras sobre eles como se elas estivessem na sua relação estacionária constante umas com as outras. Quando qualquer um dos postes está girando, você observa essa mesma relação estacionária, e para acompanhá-la, você precisa mover sua visão mental para cima ou para baixo com certa velocidade, dependendo do sentido de rotação do poste. A velocidade do seu olho mental, por assim dizer, é a velocidade de fase. Ao manter o seu olho fixado sobre esse "movimento" de fase, ele tem de "varrer" o poste para cima ou para baixo e se manter em compasso com ele.

Tudo é feito de espelhos – Inversão no espaço, no tempo e na matéria

Vamos resumir o que reunimos até agora: postes de barbeiro giratórios têm fases móveis que dependem de como eles giram e da maneira como as listras estão inclinadas. Há dois tipos de postes, os destros e os canhotos, e suas fases se movem em sentidos opostos em relação aos seus sentidos de rotação; isto é, a fase de um poste destro se move no mesmo sentido que o seu *spin*, ao passo que a fase de um poste canhoto se move no sentido oposto ao de seu *spin*.

Apenas com essas informações já podemos aprender muito sobre as partículas fundamentais e também sobre a razão pela qual o tempo parece estar seguindo por uma rua de mão única. Para fazer isso, precisamos analisar como esses postes são refletidos em três diferentes tipos de espelhos e como as imagens desses postes, que se refletem correspondentemente, aparecem invertidas em conformidade com essa reflexão. Os espelhos são chamados de espelhos de reflexão do espaço (direita se reflete em esquerda, o que está em cima se reflete embaixo), de reflexão do tempo (tempo que corre para a frente e para trás) e de reflexão da matéria (inversão da carga de uma partícula de mais para menos e vice-versa). Cada uma dessas três maneiras de formar imagens de espelho desses postes conta uma história diferente. Tenha tudo isso em mente enquanto eu lhe mostro como podemos usar a analogia com o espelho para ilustrar alguns mistérios, que frequentemente não se discute, relacionados à maneira como nosso universo de matéria e energia se comporta. Na verdade, temos diferentes nomes para esses reflexos de espelho, e, por mais estranho que isso possa parecer, cada um desses espelhos "reflete" um tipo particular de simetria. Como os físicos verificam, a história do universo é criada quebrando-se aparentemente um ou mais desses espelhos ou simetrias como se você quebrasse o espelho que proporciona a simetria.

O primeiro espelho de inversões – A inversão no espaço, a inversão de frente e fundo

Agora imagine que você segura cada um dos postes da Figura 4a com a mão apropriada e simplesmente, em um piparote, os faz girar em 90 graus, com seus lados voltados um para o outro de modo que os seus polegares também apontem um para o outro, mantendo a simetria. Veremos, então, uma imagem como a da Figura 4c. As setas cinzentas estreitas mostram o sentido em que as listras parecem estar avançando, ao passo que setas cinzentas largas indicam o sentido do *spin*. Os postes estão agora girando no mesmo sentido – para cima – e o estado destro ou canhoto de cada poste é a mesmo que na Figura 4a, só que agora as listras estão avançando nos sentidos opostos indicados pelos polegares, como é mostrado, enquanto que os sentidos do *spin* dos postes são os mesmos.

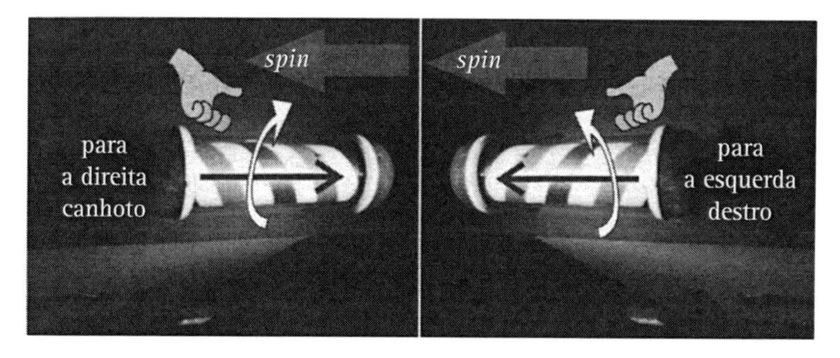

Figura 4c. Um poste de barbeiro em rotação e o seu reflexo no espelho.

Mostro isso a vocês para indicar uma das primeiras simetrias importantes que parecem existir na natureza — a inversão espacial. Ela é chamada de *paridade*. A paridade se refere à reflexão em um espelho real para todas as três direções do espaço: comprimento, largura e altura. No que se segue, vamos considerar apenas uma direção espacial, a saber, a direção do espaço perpendicular ao espelho nas figuras seguintes.

Agora, uma reflexão que conserva a paridade não é aquilo que poderia vir à sua mente como uma reflexão comum no espelho, pois na paridade nós consideramos as reflexões em todas as direções do espaço. Embora, com a simetria de paridade, a mão direita ainda reflita a mão esquerda e os postes sejam de fato imagens de espelho um do outro, o espelho reflete apenas uma direção — a direção perpendicular ao plano do espelho. Portanto, os postes agora apontam em sentidos opostos — os espelhos invertem apenas as posições frente e fundo, de modo que ambos ainda giram no mesmo sentido.

Você poderia se perguntar por que os físicos estão interessados por tais simetrias. Acontece que as equações da física — pelo menos aquelas sobre as quais podemos dizer que são as mais fundamentais — parecem sugerir que as leis da física são simétricas no tempo e no espaço. Se o poste da direita estivesse se movendo para a esquerda, e também girando para a esquerda, veríamos o poste da esquerda movendo-se para a direita, assim como uma imagem de espelho o faria. Com um espelho refletor de paridade, ou de espaço, se olhássemos apenas para os movimentos para trás e para a frente que vemos todos os dias no espelho, poderíamos, por algum tempo, achá-los estranhos. Logo, porém, não veríamos realmente nada de estranho acontecendo, a não ser coisas aparecendo como se mãos direitas fossem mãos esquerdas, carros sendo dirigidos ao longo do lado esquerdo da estrada (em vez do lado direito), como se faz no Japão e na Inglaterra (usualmente com o volante do motorista do lado direito do carro ao invés do esquerdo), e outras coisas imóveis, tais como as letras do nosso alfabeto parecendo invertidas como elas o fazem em um espelho. Pelo menos algumas das nossas letras pareceriam invertidas. Outras são simétricas e pareceriam as mesmas. Por exemplo, a palavra "MOM" (mamãe) é a mesma em um espelho. Ela é simétrica de frente para trás.

Eu me lembro de quando os maços de cigarros Camel tinham a palavra "CHOICE" (escolha) escrita na lateral em letras maiúsculas. Se você olhar para essa palavra em um espelho, ela aparecerá a você como se estivesse virada de cabeça para baixo. Experimente fazer isso. Inverter a direita e a esquerda como em um espelho produz o mesmo resultado que inverter, nas suas posições, o que está em cima e o que está embaixo. Se você, em seguida, virar a palavra de cabeça para baixo e olhar novamente no espelho, a palavra, por assim dizer, "voltará ao normal". A palavra parecerá a mesma quando você a refletir ao longo de duas dimensões espaciais – invertendo o que está em cima com o que está embaixo, e o que está à esquerda com o que está à direita.

A figura 4d mostra todas as possíveis mudanças de inversão espacial com postes destros e canhotos, indicando que em um espelho que mantém a paridade, embora os sentidos que apontam da posição frontal para a posição traseira estejam invertidos, os sentidos de rotação dos *spins* permanecem o mesmo – isso significa que as imagens de espelho giram no mesmo sentido. Para o par que ocupa a posição de cima, os *spins* apontam para a direita, enquanto para o par na posição de baixo, eles apontam para a esquerda. No entanto, os movimentos de fase são invertidos.

Você poderia se perguntar por que eu mostro quatro desses postes. Deixarei isso claro no próximo capítulo. Por hora, vamos supor que cada poste representa uma orientação possível com relação ao seu *spin* e à sua helicidade. Repare que os postes estão frente a frente um do outro como o fariam se fossem imagens de espelho reais um do outro e que também giram como se fossem imagens

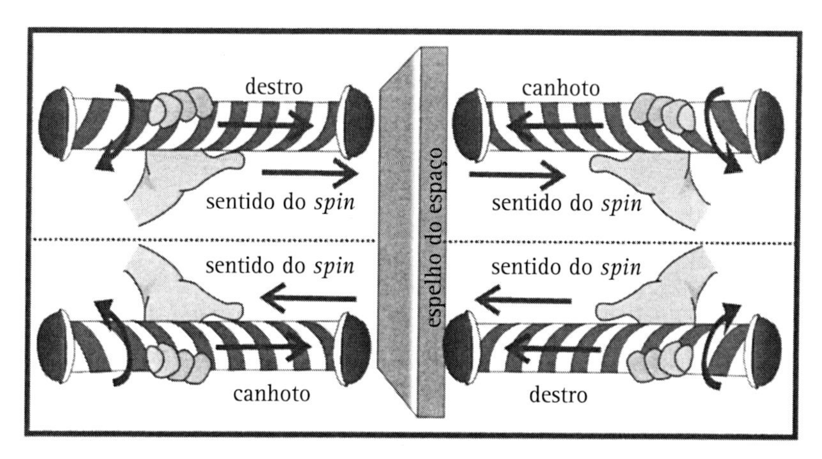

Figura 4d. Um poste de barbeiro destro e um canhoto, refletidos em um espelho que mantém a paridade – o *spin* não muda de sentido, mas algo chamado de helicidade muda.

de espelho mútuas. Note também que uma das simetrias de reflexão – a saber, os *spins* – não ocorre. Os postes destro e canhoto especularmente opostos estão ambos rodopiando no mesmo sentido, de modo que seus *spins*, medidos ao longo de um eixo de rotação que é o mesmo para ambos, também apontam no mesmo sentido.

O segundo espelho – Inversão do tempo

Na Figura 4e, vemos o desenho de outro tipo de simetria de reflexão, com os dois postes destros na parte de cima da figura girando em sentidos opostos um de cada lado do espelho. Como você pode ver, esse espelho não reflete da mesma maneira que a mostrada na Figura 4d. Em vez disso, ele é um espelho que inverte o tempo, ou seja, tudo o que você observa nele corre para trás no tempo.

Você pode considerar o poste de cima à esquerda (que permanece destro) como uma imagem com o tempo invertido do poste superior à direita, ou vice-versa. Da mesma forma, você pode considerar o poste inferior à esquerda (que permanece canhoto) como uma imagem do poste inferior à direita na qual o tempo está invertido, ou vice-versa. Em outras palavras, pense nos postes do lado esquerdo como se você estivesse assistindo a um filme dos postes do lado direito rodando para trás através do projetor – voltando atrás no tempo.

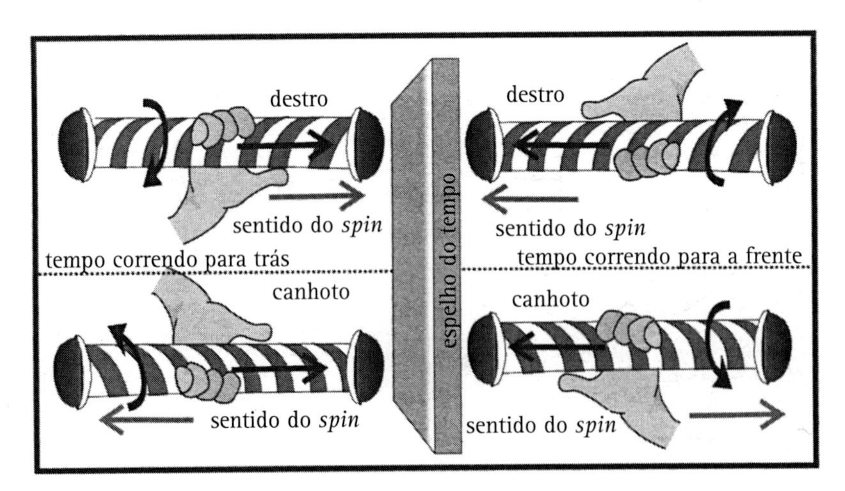

Figura 4e. Um poste de barbeiro destro e um canhoto, refletidos em um espelho do tempo – as qualidades destra e canhota não mudam.

Claramente, com a inversão do tempo, vemos tudo o que se move inverter os sentidos ao longo dos quais eles se movem. Aqui, o único movimento era a rotação dos postes, de modo que a inversão do sentido de movimento é fácil de entender.

Naturalmente, se os postes do lado esquerdo se moverem em direção ao espelho, os postes do lado direito também se moverão em direção ao espelho, mas no sentido oposto. Note também que uma das simetrias de reflexão, isto é, a qualidade destra ou a canhota – não aparece. Os postes do lado direito têm a mesma qualidade destra ou canhota que os postes do lado esquerdo.

Se você segurar qualquer um dos postes de cima com a mão esquerda de modo que os seus dedos circundem o poste nos sentidos indicados pelas setas curvas, você não terá o seu polegar apontando no sentido correto. Apenas a sua mão direita será capaz de fazer isso. E apenas o seu polegar direito apontará no sentido segundo o qual as listras parecem estar se movendo quando os postes estão girando.

Você poderia perguntar por que isso acontece. Se você usar a sua imaginação, poderá ver que, ao segurar qualquer poste destro em sua mão direita e simplesmente girá-lo no sentido oposto de modo que o eixo de rotação se inverta, a orientação das listras não muda. Portanto, a qualidade destra ou canhota do poste continua a mesma. Certamente, a inversão do *spin* faz com que as listras também se movam no sentido oposto, de modo que você precisará inverter o seu modo de segurar, mas não precisará mudar de mão.

Como devemos pensar sobre a inversão do *spin*? Agora que o poste no lado superior esquerdo do espelho do tempo está girando para baixo – para trás no tempo se a rotação do poste do lado direito estiver se dirigindo para a frente no tempo. À medida que o poste do lado esquerdo gira, as listras parecem se mover para a direita, como é indicado pelo polegar direito. Assim como se estivéssemos assistindo a um filme no sentido contrário, nós podemos chamar isso de rotação com frequência temporal negativa se dirigindo para a frente no tempo ou de rotação com frequência temporal positiva se dirigindo para trás no tempo. Em ambos os casos, o resultado é o mesmo. Na realidade, esse poste está simplesmente girando e nenhuma listra está se movendo ao longo dele.

Um filme correndo para trás no tempo diante do projetor mostra a inversão do tempo simplesmente girando no sentido contrário ao normal. Naturalmente, sabemos que algumas coisas que podemos assistir em um filme que corre no sentido contrário jamais acontecem na vida real. Nós nunca vemos um ovo quebrado, com todo o seu conteúdo espalhado pelo piso da cozinha, com sua casca rachada e em pedaços, voltar a ser unir para formar um ovo intacto depois de saltar do chão para a nossa mão estendida. Humpty-Dumpty* nunca voltará a ficar inteiro novamente.

Humpty-Dumpty poderia reagrupar seus pedaços? Isso é impossível? Não, em absoluto. É apenas muito, muito improvável que ocorra. Quero dizer, é tão pequena a probabilidade de que isso ocorra que, em comparação, a probabilidade de um raio atingir o topo do Taj Mahal, monumento em Agra, na Índia, à mesma hora, todos os dias, durante cem anos, é muito, muito maior. Por isso, vemos que a inversão do tempo tem algo a ver com a nossa experiência de vida. Assim como não vemos todos os dias ovos quebrados saltando do chão e voltando a ficar inteiros, reconstituindo-se dentro de nossas mãos, podemos dizer com segurança que as experiências cotidianas não parecem temporalmente simétricas, pois não incluem inversões temporais. Quando tal coisa acontece na física – uma determinada simetria não aparece – dizemos que houve uma *quebra de simetria*, como quando se tem um espelho quebrado. Abordarei mais sobre questões relacionadas com o tempo e simetrias quebradas mais adiante neste livro.

O terceiro espelho – Inversão da matéria

Em física, a operação de paridade é apenas esta: ela inverte cada uma das três dimensões espaciais. A operação de inversão do tempo também é apenas o que parece. Tudo o que se move caminha apenas no sentido oposto ao normal, seguindo para trás no tempo, como um filme que roda ao contrário. No entanto, há algo essencialmente diferente a respeito dessas duas reflexões. A paridade é um conceito estacionário – podemos aplicá-lo mesmo com tudo permanecendo em repouso –, mas a inversão do tempo não pode ser aplicada dessa maneira, pois depende da mudança (transição de uma coisa para a seguinte).

Finalmente, há uma terceira simetria, que podemos ilustrar com os nossos postes, chamada de *conjugação de matéria* ou *conjugação de carga*. Ela considera

---

* Humpty Dumpty é um personagem de uma rima enigmática infantil de Mamãe Gansa na Inglaterra. Ele é retratado como um ovo com rosto, braços e pernas.

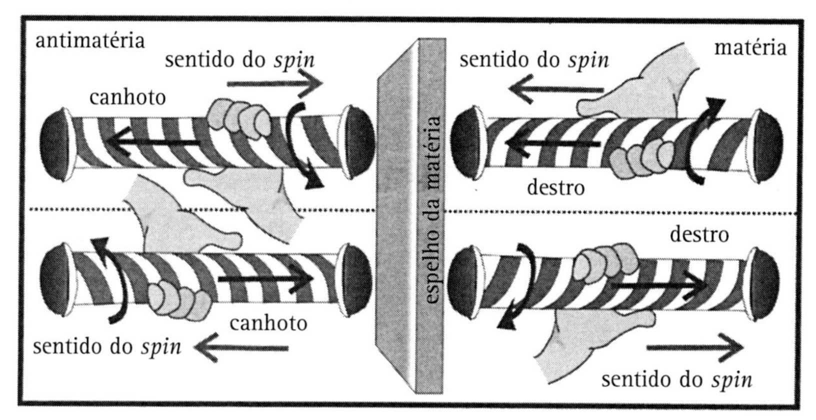

Figura 4f. Um poste de barbeiro destro e um canhoto, refletidos em um espelho da matéria – o movimento da fase não muda.

o que acontece quando você inverte as cargas elétricas das partículas do universo. Mas se você fizesse isso, toda a matéria se transformaria em antimatéria. Uma partícula de antimatéria parece ser a mesma que uma partícula ordinária, exceto pelo fato de que, quando ela interage com sua imagem de espelho, sua gêmea de carga oposta a ela, essa partícula tende a se aniquilar juntamente com a sua gêmea. Como veremos posteriormente, agora sabemos por que isso acontece: uma antipartícula é a mesma coisa que uma partícula dirigindo-se para trás no tempo! Por mais estranho que isso possa parecer, uma partícula de antimatéria existe para cada partícula de matéria no universo simplesmente porque ela é uma partícula de matéria comum deslocando-se para trás no tempo, e por isso parece haver aqui uma simetria perfeita.

Agora olhe para a Figura 4f. Repare que os polegares correspondentes à antimatéria e à matéria apontam no mesmo sentido, e isso quer dizer que a fase de um poste de carga invertida se move no mesmo sentido. Mas o que isso significa? Se o poste da matéria, do lado direito, estava realmente se movimentando em direção ao espelho, precisamos perguntar: "O que o poste do lado esquerdo estaria fazendo"? Ele também estaria se movimentando no mesmo sentido para a direita. Repare que esses postes não são como as imagens de espelho da Figura 4d ou da 4e. Volto a enfatizar isto – suas listras se movem no mesmo sentido, mas, claramente, elas refletem uma simetria estranha, uma simetria que poderíamos pensar que jamais veríamos realmente na natureza. Mas, às vezes, a Mãe Natureza nos prega peças, como mostrarei no próximo capítulo.

O que é estranho no que se refere a essas três simetrias é o fato de que elas parecem estar conectadas. Um universo feito de matéria que tenha sido submetida à inversão do tempo, à inversão do espaço e à inversão da carga seria o mesmo que o nosso universo. Em física, nós rotulamos a inversão do tempo com a letra *T*, a inversão do espaço (isto é, a paridade) com a letra *P*, e a inversão da carga (isto é, conjugação de carga ou inversão de antimatéria) com a letra *C*. Então, o universo aparenta ser o mesmo depois que todas as três operações são realizadas em qualquer ordem que se deseje. Dizemos que ele é invariante (imutável) com relação a *TCP*. Ao refletir a matéria em um espelho do espaço, e em seguida a mudar em antimatéria tudo do universo refletido nesse espelho do espaço, e por fim em inverter o fluxo do tempo, é produzido um universo exatamente semelhante ao nosso. Por que o universo teria sido criado dessa estranha maneira? E o que aconteceria se cada uma dessas operações de simetria fosse executada separadamente? Vamos dar uma olhada.

Caixas mágicas e uma tabela verdade

As transformações *T*, *C* e *P* que acabamos de examinar com atenção graças à ajuda de postes de barbeiro giratórios revelam uma verdade da natureza que choca e assombra os físicos. Essas transformações, pelo que parece, estão inter-relacionadas e desempenham papéis importantes e aparentemente mágicos na construção do processo de como a matéria passou a existir. Por que a natureza no nível mais fundamental da realidade deveria brincar com tais truques de simetria?

Ainda mais surpreendente é o fato de que qualquer uma dessas transformações pode ter o mesmo efeito sobre a natureza que o produto das outras duas. Em outras palavras, há uma regra de simetria que diz: $T = CP$ ou $C = TP$ ou $P = CT$.

Para ver como isso funciona, imagine o seguinte: Você tem duas caixas, *A* e *B*. A caixa A está do lado esquerdo de uma sala e a B do lado direito. Em cada caixa, há duas partículas, sendo que uma delas tem uma carga positiva e a outra uma carga negativa. Uma vez que cada caixa tem uma quantidade igual de carga positiva e negativa, cada caixa não tem nenhuma carga resultante. Suponha agora que você tire a carga negativa da caixa *A* e a envie para a caixa *B*, onde ela chega pouco depois. Apenas para tornar a situação um pouco mais detalhada, suponha que a carga viaje com velocidade constante da caixa *A* para a *B*; digamos, inclusive, que ela viaja com uma velocidade igual à metade da velocidade da luz. E suponha que as duas caixas estejam separadas por um segundo-luz de distância. Lembre-se, essa é uma distância muito grande, e, portanto, você precisa imaginar que sua sala é imensa. Se quiser usar uma sala de tamanho normal, digamos, com 10 metros entre lados opostos, a luz chegará na caixa *B* em um tempo correspondente a dois decâmetros-para-a-luz — o dobro do tempo que a luz precisa para percorrer um decâmetro (10 metros), que é de cerca de 67 bilionésimos de segundo. Desse modo, trabalhando com unidades em que a distância é medida em decâmetros, a luz viaja com a velocidade de um decâmetro de distância dividido por um decâmetro-para-a-luz de tempo, e nossa velocidade é apenas a metade disso. Vamos então rotular o tempo de chegada como de dois decâmetros-para-a-luz mais adiante. Vamos chamar isso simplesmente de número 2. Também vamos chamar a distância de número 1. Percebeu a matemática?

Se não percebeu, isso não é realmente necessário. Apenas lembre-se de que a partícula negativa leva duas unidades de tempo para ir da caixa *A* para a caixa *B*. Agora, o que acontece com as caixas? Em primeiro lugar, a caixa *A* está agora carregada positivamente e a caixa *B* está carregada negativamente.

Agora, suponha que realizamos o mesmo processo a partir do zero, mas agora invertemos a paridade, de modo que agora a partícula viaja da caixa *B* para a caixa *A*. E suponha também que nós invertemos a carga, de modo que a carga que vai da caixa *B* para a caixa *A* seja carregada positivamente. Com o que ficamos? Claramente, a caixa *B* termina com uma carga negativa e a caixa *A* termina com uma carga positiva. Então, se olharmos para as caixas algum tempo depois que duas unidades de tempo, encontraremos as caixas na mesma condição, como se nunca tivéssemos feito a inversão de paridade ou a de carga. Na verdade, mesmo que as caixas reagissem a partir do envio ou da recepção da carga, elas reagiriam da mesma maneira. A única diferença estaria no momento em que a reação ocorreu. No primeiro caso, *A* reagiria primeiro, e, em seguida, B reagiria. Enquanto que no segundo caso, ocorreria exatamente o inverso — *A* reagiria depois de *B*.

Se olharmos agora para um terceiro caso, onde apenas invertemos o tempo no experimento, obteremos exatamente o mesmo resultado que obtivemos quando invertemos tanto a carga como a paridade no experimento. Isso porque agora veríamos *A* reagindo depois de *B* com o mesmo resultado de *B* agora sendo positivamente carregado e *A* carregado negativamente. Assim, se não soubéssemos de nada, a inversão do tempo dá o mesmo resultado que reter o universo em um espelho (inversão de paridade) e trocar toda carga positiva por uma negativa.

Acontece que no assim chamado *Modelo-Padrão* da física quântica das partículas, essa lei ainda é verdadeira. No entanto, há também outros tipos de cargas, chamadas cargas fracas e cargas fortes, e outros tipos de partículas chamadas *quarks*, das quais há seis. Acontece que os elétrons também se apresentam em duas variedades: destros e canhotos, e qualquer um deles pode estar girando no sentido horário ou no anti-horário. Na verdade, há uma família de seis dessas partículas chamadas *léptons*. A palavra *lépton* vem do grego para "leve". Os léptons também têm opostos, e têm a mesma simetria *TCP*.

Como exercício, você pode brincar com essas caixas imaginárias e tentar fazer o experimento com outro par de simetrias. Você verá que, ao aplicá-las uma após a outra em qualquer ordem, você obterá exatamente o mesmo resultado que a terceira simetria lhe dará.

A Tabela 4a resume uma lista ordenada dessas inversões. A segunda, a terceira ou a quarta coluna em qualquer fileira nos mostra uma resposta sim ou não à pergunta apresentada. Para ver como as coisas mudariam, você pode procurar na tabela cada mudança possível. Por exemplo, olhe para o movimento de fase, que é a mesma coisa que o movimento das listras. Se tivéssemos um poste (ou, como veremos no próximo capítulo, uma partícula) e o refletíssemos em um espelho de inversão de carga, nenhuma mudança ocorreria no movimento das listras. Se nós, então, refletíssemos o poste de carga invertida em um espelho de paridade, as listras inverteriam o seu movimento. Mas se agora continuássemos e refletíssemos o poste da carga e da paridade invertida no tempo, a fase se revelaria ser a mesma com a qual começamos. Podemos ver a mesma coisa quando consideramos o *spin* ou a qualidade destra ou canhota.

Há uma mudança no(a)...

	...movimento de fase?	...*spin*?	...qualidade destra ou canhota?
Reflexão da matéria, C	Não	Sim	Sim
Reflexão do espaço, P	Sim	Não	Sim
Reflexão do tempo, T	Sim	Sim	Não

Tabela 4a. Uma tabela verdade para mudar o universo.

Percebo que essas considerações podem parecer um pouco trabalhosas; porém, como você verá, ao manter a ideia dos postes de barbeiro e das fases em sua mente, isso se somará à sua compreensão da física quântica, mostrando-lhe por que *loops* temporais e histórias torcidas emergem, e como eles são considerados importantes.

Acontece que as partículas fundamentais parecem se comportar como se fossem minúsculos postes de barbeiros. Pelo menos, essa é uma maneira de entender a física quântica e seus ingredientes: energia, *momentum*, tempo e espaço. No próximo capítulo, examinaremos os elétrons (e suas partículas de antimatéria chamadas pósitrons) como se eles fossem postes de barbeiro e aprenderemos algumas coisas sobre o sentido do tempo e o que isso tem a ver com esse estranho conjunto de propriedades de simetria de todas as partículas. Em resumo, o universo foi construído a partir de elementos que se distorcem no espaço e formam circuitos fechados no tempo.

Capítulo 5

Distorções Espaciais, Zigue-zagues, Inversões Temporais e Energia Negativa

Conceitos físicos são criações livres da mente humana, e não são, por mais que possam parecer, determinados unicamente pelo mundo exterior.

— Albert Einstein

A física quântica é, em definitivo, um assunto fantástico. É surpreendente que qualquer um de nós possa lidar com suas peregrinações e suas torções de conceitos que todos nós pensávamos que entendíamos em laços (ou nós) de novos significados que ninguém realmente entende. Apesar da falta de um conhecimento realmente efetivo a respeito do que está acontecendo no universo, os físicos podem calculá-lo, apresentar previsões e medi-lo, e, assim, fazer descobertas instigantes, capazes de virar de cabeça para baixo tudo o que sabíamos até então. No mundo moderno, vemos à nossa volta coisas que se movimentam e colidem com outras coisas. Elas podem ser tão pequenas quanto partículas subatômicas ou tão grandes quanto caminhões de 10 toneladas colidindo contra outro veículo infortunado que esteja descendo por uma rua na contramão.

Temos teorias sobre tais coisas. Sabemos de nossas teorias e da experiência prática que um caminhão de 10 toneladas que esteja se movendo a 15 quilômetros por hora faz mais estragos quando atinge um carro estacionado do que uma bicicleta de dez marchas que esteja fazendo a mesma coisa. É claro que o caminhão de 10 toneladas tem mais massa do que a bicicleta, e tem algo mais em maior abundância, algo que chamamos de *momentum* — o produto de sua massa pela sua velocidade. Tem também mais energia, contanto que não esteja se movendo com uma velocidade próxima à da luz, energia essa que é calculada dividindo-se o quadrado do seu *momentum* pelo dobro de sua massa. Se você fizer as contas, verá que a energia é exatamente igual à metade de sua massa vezes o quadrado de sua velocidade. Você não precisa se preocupar se isso não fizer o menor sentido.

Energia e *momentum* que persistem

Energia e *momentum* são os dois principais ingredientes que contribuem para nossa compreensão das partículas, sejam elas grandes ou pequenas. A energia mede a tendência para realizar ações e para mudar situações, para fazer coisas se moverem e para acelerá-las ou reduzir suas velocidades até pará-las. O *momentum* fornece vigor a todas essas mudanças e nos diz como as coisas mudarão e em que sentido nós podemos esperar a ocorrência dessas mudanças quando nos voltamos para elas.

Como o *momentum* tem um sentido, ele pode ser positivo ou negativo, o que dependerá convencionalmente de ele se mover para a frente ou para trás em qualquer sentido. Na física quântica, usamos frequentemente esse fato para inferir onde as coisas deverão aparecer se sabemos onde elas estavam no início. Em todas as reações de coisas, fazemos a nossa contabilidade ao perceber que seja qual for o *momentum* que avaliamos para as coisas antes que elas colidam umas com as outras, devemos ter a mesma quantidade dele depois que a colisão ocorreu. Dizemos então que o *momentum* é conservado.

Momentum *angular – Um movimento que torce*

Há um terceiro ingrediente, chamado *momentum angular*, que também precisa ser levado em consideração e que não muda em uma colisão; embora, em geral, ele possa mudar quando torques são aplicados, como quando você usa uma chave inglesa para enroscar um parafuso no cubo da roda de um carro. Há dois tipos de *momentum* angular. O primeiro tipo é o que seria de se esperar e pode ser retratado quando uma coisa se move em relação a um ponto fixo chamado de centro. Nós o chamamos de *momentum* angular orbital. Pense em um ioiô. Quando você o gira em torno da sua cabeça, o ioiô adquire *momentum* angular orbital.

Na física quântica, quando lidamos com partículas em colisão, encontramos uma segunda forma de *momentum* angular, que chamamos de *spin*. Tendemos a pensar em sua ocorrência, no caso de uma partícula, como a de algo semelhante a um ioiô rodopiando em torno de seu próprio eixo na extremidade do barbante. Embora pensemos no *spin* dessa maneira, na verdade ele é um tanto mais misterioso. Parece que ele é um tipo fundamental de torção do tecido do espaço-tempo que Chubby Checker (o inventor do *twist*, uma dança da moda da década de 1960) iria adorar. Diferentemente do *momentum* angular orbital, o *spin* não pode ser desacelerado nem acelerado, embora possa mudar a direção e o sentido do seu eixo de rotação.

Juntos, o *momentum* angular orbital e o *momentum* angular do *spin* se somam, e quando fazemos a contabilidade das partículas em uma reação ou simplesmente quando estão se movendo por si mesmas, descobrimos que o momento angular total também é conservado. Dizemos que esse total é um "bom número quântico". É claro que se uma partícula estiver em repouso, seu *momentum* angular orbital é inexistente e assim o seu *spin* é um bom número quântico por si mesmo. Porém, se a partícula estiver se movendo, o *spin* pode deixar de ser um bom número quântico. Ele está sujeito a mudanças, dependendo da direção em que a partícula se move em comparação com o sentido do eixo do seu *spin*. No entanto, se o seu *spin* estiver apontando no mesmo sentido que o do seu *momentum* ou no sentido oposto ao dele, o *spin* emergirá novamente como um bom número quântico – ele se conservará conforme a partícula se mova. Porém, essa história tem mais coisas significativas a nos dizer, pois algo surpreendente acontece quando uma partícula está se movendo com a velocidade da luz, ou com uma velocidade muito próxima à da luz. Voltarei a falar sobre esse assunto mais adiante.

Fases, energias, frequências temporais, frequências espaciais e momenta

Primeiro, precisamos relembrar um breve período da história da física quântica.[38] Nos seus primeiros dias, entre 1905 e 1930, quando a física quântica estava dando seus primeiros passos, Max Planck e Louis de Broglie mostraram que havia ondas associadas com todas as partículas da matéria, inclusive com a luz. Elas foram posteriormente chamadas de funções de onda quânticas e tinham fases assim como as fases em um poste de barbeiro, como já discutimos no capítulo anterior. O inesperado foi descobrir que a fase de uma onda de natureza quântica continha informações sobre a energia da partícula e o seu *momentum*. Essa descoberta levou a uma nova constante fundamental da natureza chamada *constante de Planck* – um número minúsculo, simbolizado pela letra *h*.[39] O que Planck descobriu foi que a energia de uma partícula era igual ao produto de *h* pela frequência temporal da onda. Mais tarde, de Broglie descobriu que o *momentum* da partícula era igual ao produto de *h* pela frequência espacial da onda.[40]

Vamos resumir: uma partícula na física quântica é representada por uma onda. A fase dessa onda consiste em duas partes, uma parte espacial e uma parte temporal. O *momentum* da partícula é dado pela constante de Planck *h* multiplicada pela frequência espacial da fase da onda associada. A energia da partícula é dada pela constante de Planck *h* multiplicada pela frequência temporal da fase da onda associada. Uma vez que a fase espacial pode ser positiva ou negativa, a frequência espacial também pode ser positiva ou negativa. Isso não é nenhum problema uma vez que o *momentum* de uma partícula também pode ser positivo ou negativo. No entanto, como uma fase temporal pode ser igualmente positiva ou negativa, a frequência temporal também pode ser positiva ou negativa. Isso, no entanto, leva a um problema, pois a energia de uma partícula pode ser igualmente positiva ou negativa. Exatamente o que isso significa é algo que pode ter consequências de longo alcance.

Agora, o que torna tudo isso muito interessante para um físico é que ele conecta um conceito imaginal abstrato, a fase de uma função de onda associada a uma manifestação quântica, com uma partícula real efetiva. No entanto, ele faz isso de maneira bizarra, uma maneira que até hoje nós não entendemos bem. Não me interpretem mal, pois nós, de fato, entendemos bem a física quântica na medida em que ela é uma ferramenta que nos permite fazer previsões e novas descobertas sobre o mundo subatômico. Mas por que precisamos usar ondas e fases de ondas para compreender o mundo subatômico ainda é um mistério profundo. O que parece verdadeiro é o fato de que há, com relação ao mundo físico, uma conexão entre o que sabemos e o que podemos saber e o que observamos e o que podemos observar, a qual parece ser governada pelo *princípio da incerteza*. Este princípio diz simplesmente que nós não podemos conhecer o mundo atômico da mesma maneira como, aparentemente, conhecemos o mundo clássico do nosso senso comum. A função de onda que governa um fenômeno quântico incorpora essa falta de conhecimento. Ela confirma que o mundo, antes que nós o observemos, consiste em ondas quânticas (*quantum waves*) correndo pelo universo.

Tome o exemplo mais simples: uma única partícula. Suponha que ela não está girando, ou, no jargão da física, que ela é uma partícula de *spin* 0. Uma vez que não sabemos onde ela está, o que podemos prever a seu respeito? Acontece que, apesar de não sabermos nada sobre onde ela está, podemos dizer algo sobre como ela está se movendo – isto é, sobre o seu *momentum*. Na verdade, podemos dizer que ela tem um *momentum* imutável e que está se movendo em um sentido definido. Podemos dizer que sua função de onda quântica é um tipo de função particularmente direta – o tipo mais simples que podemos criar. Vou chamá-la de onda-*momentum*. Uma onda-*momentum* tem uma única frequência temporal, uma única frequência espacial e uma fase definida, dada pela sua fase espacial, px, que é o produto de seu *momentum* p pela posição x que localiza a onda no espaço, menos sua fase temporal, Et, que é o produto de sua energia E pelo tempo t em que a onda está presente. Assim, a fase dessa onda é simplesmente dada pela diferença: a fase espacial menos a fase temporal, $px - Et$. Voltaremos a esse assunto no Capítulo 10.

Energia que torce

Quero me focalizar um pouco na energia. A energia também é algo sobre o qual nós precisamos fazer anotações e manter registros. Ela também não muda quando as coisas colidem, contanto que verifiquemos todos os cantos e fendas onde a energia poderia se esconder depois de uma reação. O ponto vital é simples: o objeto, seja ele um caminhão, uma moto ou uma partícula, tem energia positiva. Pode seguir por qualquer direção, e percorrê-la em qualquer sentido, para a frente ou para trás, e por isso dizemos que ela tem um *momentum* positivo ou negativo, ou pode se retorcer com *spin* positivo ou negativo – apontando no sentido em que ele se move ou no sentido oposto com energia positiva, mas nunca com energia negativa. Pelo menos é assim que as coisas funcionam no mundo cotidiano em que vivemos.

No entanto, a física quântica tende a alterar o nosso pensamento, tanto que nos vemos obrigando conceitos muito estimados a dar voltas em torno de suas próprias cabeças. Uma dessas mudanças que transtornam as coisas tem a ver com a energia: constata-se que ela pode ser tanto negativa como positiva. Por que alguém iria pensar, antes de tudo, em uma fantasia como esta, a da criação de energia negativa? Então, como é que isso acontece? Se uma partícula começou com alguma energia positiva e poderia eventualmente atingir energia negativa, não seria possível aproveitar a energia que a partícula emite? Algo parece estar muito errado com essa ideia.

É verdade que há algo de errado na suposição de se ter uma partícula com energia negativa, mas vamos, por brincadeira, supor que ela tenha e ver o que acontece. Darei uma pequena dica: isso tem algo a ver com os postes de barbeiro e com o movimento de fase que discutimos no capítulo anterior.

Bem, há várias diferentes maneiras de visualizar a física quântica, dependendo da rapidez das partículas que detectamos. Da maneira usual, quando as partículas tendem a se mover em velocidades muito menores, o tempo e o espaço não desempenham um papel significativo para a determinação do que está acontecendo com elas. O espaço-tempo é apenas uma arena na qual as partículas jogam o jogo do universo. Ninguém jamais pensaria em atribuir uma energia negativa a uma partícula. Nesse mundo da física quântica mais simples, chamada *física quântica clássica* ou *física quântica não relativista*, pode-se olhar para o que acontece com esses objetos minúsculos como se a velocidade da luz fosse infinita, de modo que a luz não desempenha nenhum papel nas peregrinações da partícula.

Porém, na física quântica, sabemos que uma partícula se move como uma onda e tem uma fase. Então, quando falamos sobre uma partícula que se move com um *momentum* p, nós realmente estamos nos referindo ao movimento de fase da onda que representa a partícula. (Nós usamos p como um símbolo para o *momentum*, em vez de m, que significa massa. É apenas uma convenção.) Então, voltando por um momento ao poste de barbeiro, vemos que o *momentum* corresponderia ao movimento das listras ao longo do poste à medida que ele gira.

As coisas ficam ainda mais retorcidas quando as partículas se movem com velocidades próximas da velocidade da luz. Pense a respeito da fase como você pensaria nos ponteiros de um relógio. Como uma onda se move ao longo de um caminho definido por um sentido para a frente (como o poste da direita da Figura 4a na página 66), sua fase espacial e sua fase temporal aumentam na mesma quantidade, com a fase total permanecendo equilibrada pela sua diferença. Lembre-se, a fase total é $px - Et$. À medida que a onda se move ao longo do seu caminho no sentido retrógrado (como o poste esquerdo na Figura 4a), a fase espacial diminui e a fase temporal aumenta, com a fase total permanecendo equilibrada pela soma de ambas porque a fase dessa onda é simplesmente $px + Et$.

Se você se lembra, em um capítulo anterior, eu expliquei como a luz, se ela se movesse com uma velocidade infinita, simplesmente ocasionaria o desacoplamento entre o espaço e o tempo. Em consequência disso, não encontraríamos nada que se assemelhasse à dilatação do tempo (onde o tempo se distende) e à contração do espaço (onde os comprimentos dos objetos em movimento de comprimem). Também não constatamos que o agora de um homem é, simultaneamente, o passado, o presente e o futuro de outro, como fizemos na situação em que as coisas se moviam com velocidades que eram frações consideráveis da velocidade da luz. Nesse domínio não relativista, as partículas se movem com velocidades relativamente baixas. Tomando a velocidade da luz como unidade, essas velocidades (embora possivelmente todas elas sejam velocidades grandes em comparação com nossas velocidades da era do jato) seriam, todas elas, muito pequenas em comparação com a velocidade da luz. Em outras palavras, suas velocidades seriam, em unidades, em que a velocidade da luz é igual a uma unidade, minúsculas frações da unidade.

Mas quando nos movemos no âmbito do que chamamos de domínio relativista da física quântica, as coisas ficam mais estranhas do que nesse domínio "clássico" da física quântica. Agora, a fusão do espaço e do tempo no tecido do espaço-tempo muda tudo, como resultado de coisas que se movem mais depressa, e acabamos nos defrontando com o espaço-tempo dançando o *twist* de Chubby Checker e com a energia ficando de ponta-cabeça — entrando, por assim dizer, em um *spin* negativo.

Os elétrons ziguezagueantes de Dirac

Um dos primeiros físicos a notar quão profundamente a relatividade mudou tudo na física quântica foi Richard Feynman. Falarei mais sobre ele e suas ideias ao longo deste livro. Primeiro, quero falar um pouco sobre Paul Adrien Maurice Dirac, físico ganhador do Prêmio Nobel, que Feynman considerava como seu herói.[41] Dirac entrou na história no início do jogo porque foi o primeiro a perceber que, com a teoria da relatividade especial, a física quântica mudaria drasticamente. Verificou-se que ela introduziria alguma torção no espaço-tempo.

Tanto quanto sabemos, a física quântica governa o comportamento dessa estrutura atômica cheia de vácuo e que consiste em partículas nucleares estreitamente ligadas umas às outras e elétrons subatômicos em movimento ou não,[42] dependendo de como você quer pensar a respeito deles, nos espaços imensos que circundam os núcleos. Apesar de minúsculas e muito leves, essas partículas subatômicas são capazes de levantar montanhas, acionar ônibus e carros e enviar sinais daqui para Marte. Na verdade, constituem a principal fonte de energia em nosso mundo atual. Sem elas, você não seria capaz de respirar; na verdade, a única razão pela qual você inala moléculas de oxigênio é que você usa a capacidade delas para transportar elétrons pelo seu corpo. Você exala tanto oxigênio quanto você inspira. A única diferença é que a molécula de oxigênio exalada fica presa a um átomo de carbono, formando uma molécula de dióxido de carbono. Os elétrons são muito abundantes em nosso mundo cotidiano. Cada um deles tem uma massa minúscula, igual a cerca de 0,00055 da massa de um próton. Eles são tão pequenos e leves que mesmo o mais ínfimo cutucão eletromagnético faz com que se movam tão depressa que é preciso levar em consideração a relatividade de Einstein para descrever suas viagens no espaço-tempo.

Tem sido muito difícil imaginar qual seria a aparência dos elétrons ou como eles se movem. Embora tenhamos feito algumas descobertas notáveis sobre os elétrons no campo chamado de *eletrodinâmica quântica* e no que é chamado de teoria *eletrofraca*, a eletrodinâmica quântica ainda tem os seus problemas.[43] Os processos eletrofracos ocorrem sempre que um núcleo de um átomo decai por meio da radioatividade. Todas essas descobertas começaram com a teoria de Paul Dirac, que foi o primeiro a casar a relatividade e a física quântica ao lidar com esses elétrons fugazes. Como disse Richard Feynman: "Dirac, com sua equação relativista para o elétron, foi, como ele mesmo dizia, o primeiro a unir a mecânica quântica e a relatividade... A ideia fundamental necessária para isso... era a existência das antipartículas".[44]

Chegaremos em breve às antipartículas. Dirac começou a considerar o elétron em 1928, quando não havia muito mais o que considerar. Apenas três partículas eram conhecidas na época: o elétron, o próton e o fóton.[45] Entre elas e o Modelo-Padrão que temos agora, os físicos propuseram a existência de cerca de quatrocentas ou mais formas exóticas de matéria, que habitariam os recantos do espaço subnuclear. Sabemos hoje que todas elas são construídas com seis *quarks* (rotulados como *top* (topo), *bottom* (fundo), *up* (para cima), *down* (para baixo), *strange* (estranho) e *charm* (charme), seis *léptons* (rotulados como elétron, neutrino do elétron, tau, neutrino do tau, múon e neutrino do múon), e seis *bósons* (rotulados como fóton, bóson W, bóson Z, glúon, bóson de Higgs e, possivelmente, gráviton, embora esses dois últimos não tenham sido observados).* São essas as partículas que compõem o chamado *Modelo-Padrão*. Falarei mais sobre a partícula de Higgs no último capítulo. Dirac estava tentando construir uma estrutura matemática que nos permitisse lidar com o elétron se movimentando com uma velocidade próxima à da luz, como era forçado a fazer quando passava pelas proximidades de um núcleo de número atômico elevado. Quando você junta a relatividade e a mecânica quântica, as equações que você obtém são, com frequência, muito complicadas e não têm nenhum significado claro. O interesse de Dirac era construir uma equação esteticamente simples e matematicamente simétrica que descrevesse um único elétron — algo que ele chamou de "beleza" da equação.

Essa expressão, agora chamada de equação de Dirac, mostra que *todos* os elétrons têm um comportamento surpreendente e inesperado. Eles não se movem apenas com qualquer velocidade, que poderia ir quase até a velocidade da luz, sem incluir esta, como esperaríamos que partículas materiais o fizessem; em vez disso, eles seguem caminhos denteados, movendo-se na velocidade da luz! Esse movimento de dança extravagante ou em zigue-zague produz a ilusão de que os elétrons se movem mais lentamente do que a luz porque, em vez de viajar

* Os pesquisadores que trabalham no Grande Colisor de Hádrons anunciaram, em 4 de julho de 2012, a provável detecção do bóson de Higgs. Em 14 de março de 2013, anunciou-se que as análises realizadas até então apontavam para a confirmação da descoberta. (N.T.)

em linha reta de qualquer ponto para qualquer outro ponto, eles precisam flutuar continuamente e, por isso, deixar de seguir o caminho mais curto. Isso aumenta o seu tempo de voo e torna sua velocidade aparente mais lenta que a velocidade da luz. Isso também lhes dá inércia no processo – em outras palavras, lhes dá massa.

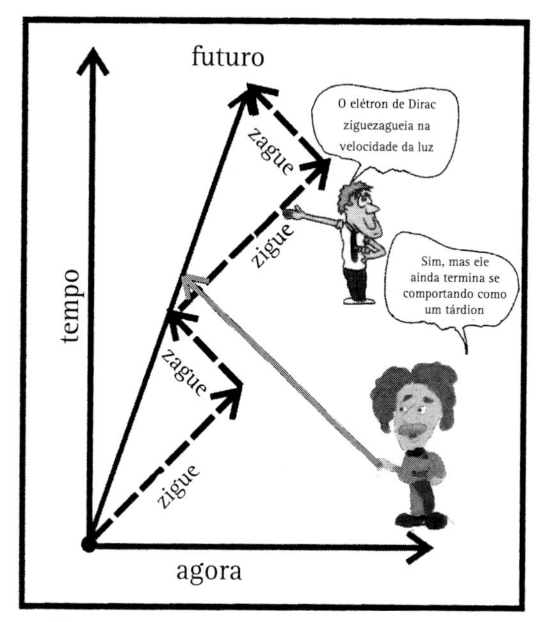

Figura 5a. O elétron ziguezagueante de Dirac no espaço-tempo.

Na Figura 5a, podemos ver o que Dirac tinha em mente.[46] Nela, vemos um elétron se movendo em zigue-zague na velocidade da luz (lembre-se, nos capítulos anteriores, vimos como as linhas da luz são sempre desenhadas formando ângulos de 45 graus com relação à linha do tempo). No entanto, o elétron muda a sua velocidade em súbitos espasmos descontínuos, em situações aparentemente aleatórias. Exatamente como e por que ele faz isso, vamos descobrir posteriormente. (Uma sugestão: a partícula de Higgs pode ser a culpada.) Vamos chamar uma partícula que se dirige para a direita de *partícula zigue* e uma que se dirige para a esquerda de *partícula zague*. Assim, na Figura 5a, tanto no caso da partícula que vai para cima e para a direita como no caso daquela que vai para cima e para a esquerda lembre-se de que esse é um diagrama espaçotemporal, no qual "para cima" significa no sentido do tempo crescente. O movimento real pareceria com o que é mostrado na Figura 5b (não é uma representação estritamente verdadeira porque estaria se dirigindo para a frente e para trás na mesma linha; para sugerir esse movimento, acrescentei um pequeno movimento de deriva para cima com relação ao movimento, como mostra a figura).

Na verdade, um elétron poderia se mover na velocidade da luz e mesmo assim não ir a lugar nenhum. Imagine que você está correndo tão depressa quanto lhe é possível correr em uma rua movimentada para pegar um ônibus que

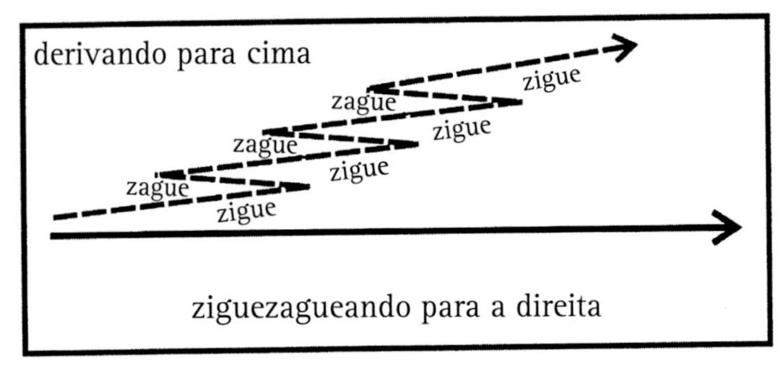

Figura 5b. O elétron ziguezagueante de Dirac no espaço com um movimento de deriva para cima por motivos de clareza.

começa a andar logo à sua frente. Chegar ao seu destino seria simples e oportuno se não houvesse obstáculos em seu caminho. Se você pudesse correr em linha reta, sua velocidade facilmente lhe permitiria pegar o ônibus antes que ele partisse. Porém, tendo de mudar de direção várias vezes por causa de vários obstáculos presentes ao longo do seu caminho, podendo mesmo ter de correr de volta e na direção por onde você veio por causa de uma multidão à sua frente, você não apenas perde o ônibus como acaba voltando ao ponto de partida de sua perseguição.

Nas figuras 5a e 5b, vemos a partícula percorrendo zigues mais longos do que os zagues, resultando em seu movimento para a direita. Isso se deve inteiramente à teoria da relatividade especial. Se você olhar novamente para a Figura 2d na página 37, verá a aparência que esse zigue-zague tem para um observador em repouso com relação à partícula. Na Figura 2e, vemos como tudo isso aparece quando a partícula está ziguezagueando, conforme é visto em um referencial móvel mostrado como o ponto de vista do disco. A porção zague da trajetória é, como podemos ver, mais curta do que a porção zigue que vemos na Figura 5a.

Há mais coisas nessa história, como iremos descobrir. Na verdade, a partir dessa discussão, poderemos vislumbrar uma profunda relação entre o tempo e a matéria, e por que, afinal, a matéria existe. Mas primeiro eu preciso explicar o que Dirac descobriu.

Energia positiva, energia negativa e postes de barbeiro ziguezagueantes

A equação de Dirac teria sido satisfatória se descrevesse apenas um elétron, mas não o fez. Ela descrevia mais três e isso era preocupante. A equação não tinha apenas uma solução, mas quatro. Para ilustrar essas soluções notáveis da equação de Dirac, preciso voltar à nossa analogia do poste de barbeiro. Na Figura 5c, estendo horizontalmente quatro postes de barbeiro, cada um deles correspondendo a uma das soluções da equação de Dirac. Eu girei os postes na direção lateral por um motivo que ficará claro em um momento. Também acrescentei algumas mãos segurando os postes. Se você se lembrar, quando lhe falei pela primeira vez sobre os postes de barbeiro, expliquei que eles podiam girar em qualquer sentido, com uma frequência temporal positiva ou negativa. Se os postes da figura estivessem realmente girando nos sentidos indicados pelos dedos de cada mão que os envolvem, você veria as listras se movendo no sentido apontado pelo polegar. Chamamos esta regra prática (literalmente falando)* de sentido da *helicidade* dos postes.

Cada poste descreve um elétron girando ao redor de um eixo como um poste de barbeiro e se movendo na velocidade da luz. Assim, no que se segue, quero que você imagine um elétron como um poste de barbeiro luxônico (que se move com a velocidade da luz)! Essa imagem pode parecer ridícula à primeira vista, mas eu só lhe peço que tenha um pouco de paciência comigo. Uma objeção que você poderia levantar é a seguinte: "Como um elétron poderia se mover com a velocidade da luz? Você não acabou de dizer que nenhuma partícula material pode atingir a velocidade da luz? Se os elétrons têm massa eles não estariam condenados a ser tárdions"? Boa pergunta – e logo veremos como uma nova compreensão da simetria do tempo e da energia pode esclarecer essa estranha realidade.

Para tornar as coisas aparentemente ainda mais ridículas, devemos fingir que esses elétrons se comportam exatamente como elétrons normais com uma carga elétrica negativa, exceto pelo fato de que eles não têm massa. Manteremos

* Referência a um trocadilho intraduzível, pois "regra prática" é *rule of thumb*, literalmente "regra do polegar", que, no caso da helicidade, indica justamente o sentido de rotação. (N.T.)

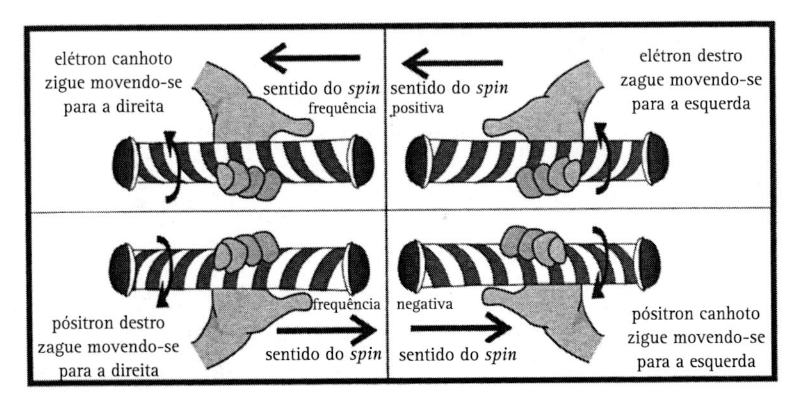

Figura 5c. Soluções de Dirac: postes de barbeiro canhotos e destros ziguezagueantes.

sua carga elétrica. Veremos mais adiante como uma propriedade do espaço-tempo lhes dá a sua massa!

Se você olhar para a Figura 5c, poderá constatar do que se tratam todas as quatro soluções de Dirac. Lembre-se de que cada poste está girando com a velocidade da luz. O par superior tem frequências temporais positivas (por convenção) e ambos os postes se movem em oposição um ao outro, mesmo que estejam girando no mesmo sentido, enquanto os componentes do par inferior têm frequências temporais negativas (pela mesma convenção) e também estão se movendo em oposição um ao outro, e girando no mesmo sentido, embora o façam no sentido oposto ao do par superior.

Se Dirac tivesse descoberto as duas soluções positivas das frequências temporais do topo da Figura 5c, ele poderia facilmente ter respondido pelo tipo de comportamento que esperamos de tais partículas. Em seguida, a sua explicação seria satisfatória na medida em que ela se referisse ao nosso entendimento comum do mundo. Mas seriam, efetivamente, as soluções negativas da frequência temporal mostradas na parte de baixo da Figura 5c os objetos de argumentação, e também foram elas que puderam proporcionar uma nova, profunda e aguçada percepção sobre várias simetrias fascinantes que aparecem no universo e que lidam com o espaço, o tempo e algo mais. Vamos dar uma olhada em todas elas e depois voltaremos para ver o que acontece quando quaisquer duas soluções passam a realizar uma dança em zigue-zague, movendo-se para a frente e para trás.

A simetria do espaço – Paridade

Coloquei uma linha vertical separando os postes do lado direito dos do lado esquerdo, e uma linha horizontal separando os postes superiores dos inferiores. Imagine que essas linhas sejam espelhos. Se você olhar cuidadosamente para os postes, verá que o espelho vertical mostra que cada poste da direita é, na verdade, uma imagem de espelho de um poste da esquerda, e vice-versa. Uma simetria semelhante se evidencia, por meio do espelho horizontal, entre os dois postes de cima e os dois de baixo.

Vamos agora examinar a simetria vertical. Note que as listras do poste superior destro (rotulado como um zague) têm declividade ascendente e dirigida para a direita, enquanto as listras do poste canhoto (zigue) têm declividade ascendente e dirigida para a esquerda. Se você colocar suas mãos ao redor dos postes, com sua mão esquerda segurando o poste superior esquerdo e com sua mão direita segurando o poste superior direito, como é mostrado na Figura 5c, seus dedos circundarão os postes no mesmo sentido, o sentido anti-horário, como se pode ver a partir da esquerda. Se deixarmos os postes girarem no sentido apontado pelos nossos dedos, veremos as faixas do poste direito girarem no sentido apontado pelo nosso polegar direito e vice-versa para o poste canhoto da esquerda. Cada uma das duas soluções do topo e do fundo se confirma como destra ou canhota.

Uma simetria semelhante pode ser vista entre os dois postes da parte de baixo da figura. Essas simetrias refletidas verticalmente são chamadas de *paridade* ou reflexão espacial na física. O que é comum aos postes do topo (ou aos postes do fundo) é o seu mesmo sentido de rotação, anti-horário ou horário. Ambos os postes do topo giram com frequência temporal positiva, enquanto ambos os postes inferiores giram com frequência temporal negativa.

Agora, vou lhe mostrar isso. Lembre-se, expliquei antes neste capítulo que, na física quântica, descobrimos que as frequências temporais das coisas móveis correspondem diretamente às suas energias. Em outras palavras, um poste giratório com frequência temporal positiva corresponde diretamente a um elétron de energia positiva e, você adivinhou, uma frequência temporal negativa corresponde a um elétron de energia negativa. Mais adiante neste capítulo explicarei resumidamente como os pioneiros da física quântica descobriram essa paridade.

Como vemos na Figura 5b, um elétron "zigueante" se move, digamos, para a direita, e um elétron "zagueante" se move para a esquerda, no sentido oposto ao de um elétron "zigueante". Também ocorre que eles se movem (embora na velocidade da luz) com energia positiva, e eles rodopiam (como minúsculos dançarinos giratórios de patinação no gelo) no mesmo sentido. Uso as palavras "zigue" e "zague" para me referir aos movimentos para a frente e para trás da partícula.

Desse modo, a primeira solução de Dirac descreve um elétron canhoto "zigueante" (movendo-se para a direita) com seu *spin* no sentido anti-horário, e a segunda solução descreve um elétron destro "zagueante" (movendo-se para a esquerda) com seu *spin* no sentido anti-horário. Porém, há mais duas soluções. A terceira solução descreve um elétron destro "zagueante" movendo-se para a direita, enquanto a quarta solução descreve um elétron canhoto "zigueante" movendo-se para a esquerda. Então, tendemos a pensar no zigue como canhoto e no zague como destro.

Os postes superiores correspondem às duas soluções zigue e zague "normais" da equação de Dirac. Mas Dirac descobriu mais duas soluções, que correspondem aos dois postes da parte inferior da figura, que são imagens de espelho dos postes da parte de cima. Esses postes também correspondem a um par "zigue-zague" e, praticamente, se parecem exatamente com os dois postes superiores; mas não são eles. Ambos giram no sentido oposto ao deles e, portanto, têm frequências temporais negativas. O que isso significa? Significa que o próprio tempo pode virar do avesso. Isso tem consequências de longo alcance e é disso que este livro trata.

Os postes do topo giram no sentido anti-horário com uma frequência temporal positiva. Os postes de baixo giram no sentido horário com uma frequência temporal negativa. Sei que observar com atenção as frequências temporais positivas e negativas talvez pareça desnecessário, excessivamente complexo e podendo até mesmo dar um pouco de nó em nossa cabeça. Veremos que ela desempenha um papel significativo na compreensão do como e do por que surgem os *loops* temporais e as histórias torcidas. Assim como fazem os dois postes de cima, de frequência temporal positiva, essas duas soluções de frequência temporal negativa representam uma partícula com *spin* para cima ou para baixo – uma partícula zigue ou uma partícula zague (de helicidade positiva ou negativa) –, mas com energia negativa! O que isso poderia significar?, perguntou Dirac, e agora somos todos nós que também perguntamos.

Afogando-se no mar de energia negativa

A questão da energia negativa pode não parecer um problema. Mas, na verdade, ela o é, pois ninguém jamais observou uma partícula saltando livremente pelo espaço-tempo (mesmo fazendo zigue-zagues) com energia negativa.

Para lidar com a energia negativa, Dirac imaginou um vácuo como um mar de matéria potencial – partículas que têm, cada uma delas, energia negativa – e um elétron real como uma gota evaporada desse oceano, a qual emerge, com energia positiva, no ar acima desse mar. Embora cada elétron tenha energia positiva, ele poderia voltar a cair no mar de energia negativa tão facilmente quanto um livro pode cair de uma prateleira no chão. Elétrons que caem perdem na queda toda a sua energia emitindo um poderoso fóton de luz, desde que uma bolha no mar esteja disponível para que eles caiam dentro dela. Imaginou-se que todos os elétrons atômicos comportam-se dessa maneira sempre que se encontram em estados de energia excitados ou elevados. O resultado de sua queda de um estado excitado para um estado de energia mais baixa produziria uma luz característica, como se vê, por exemplo, em lâmpadas de néon e *lasers*.

Dirac se perguntou por que, se houvesse estados de energia negativa em um vácuo, cada elétron de energia positiva simplesmente não cairia de volta nesse mar do nada, desistindo de sua energia liberando-a como luz. Em outras palavras, por que, afinal de contas, existem elétrons? Por isso mesmo, se a equação de Dirac também pudesse ser aplicada a outras partículas, então por que existem partículas no universo? Acaso todas elas não deveriam cair de volta no mar, liberando toda a sua energia no processo? Se isso acontecesse, o universo não poderia conter qualquer matéria, mas apenas radiação.

Aqui Dirac ficou perplexo até se encontrar com o físico Wolfgang Pauli. Antes disso, Pauli havia chamado a atenção para um novo princípio da física, que mais tarde seria chamado de *princípio da exclusão de Pauli*, o qual explicou uma propriedade peculiar de um elétron: ele – vamos chamá-lo de elétron A – não pode cair em um estado de energia mais baixo se esse estado já é ocupado por outro elétron, o elétron B, a não ser que B tenha um *spin* cujo sentido é oposto ao de A. Pauli raciocinou que todos os elétrons excluíam uns aos outros dessa maneira. Dois elétrons jamais ingressam no mesmo estado de energia mantendo o mesmo sentido de *spin*. Imagine que os elétrons de energia negativa no "mar" do vácuo são como livros nas prateleiras. Cada prateleira corresponderia a uma energia negativa diferente e poderia conter apenas dois livros, um deles colocado de cabeça para baixo ao lado do outro. Como cada prateleira tinha dois livros, ninguém poderia acrescentar outro livro. Esses "elétrons" de energia negativa foram chamados de elétrons *virtuais* e uma lei simples, o princípio de exclusão, atribuía dois elétrons, e não mais que dois elétrons, a qualquer dada energia.[47]

De vez em quando, no momento em que um elétron "pipocava" no mundo real, passando de um elétron virtual de energia negativa para um elétron real de energia positiva, porque, de algum modo, energia suficiente tornava-se disponível a ele para fazê-lo saltar para fora do mar, ele deixava para trás uma bolha que se moveria com a característica oposta. Em outras palavras, a bolha no mar de Dirac (a ausência de um elétron de energia negativa) se comportaria como uma partícula real de matéria com a mesma massa, mas com carga elétrica oposta. Por analogia, gotas de água caem no mar, enquanto bolhas ou "antigotas" sobem do mar.

Essa partícula – a bolha no mar de Dirac – é chamada de *pósitron*.

Se um elétron se move no sentido horário em um círculo por efeito de um campo magnético, o pósitron se move no sentido anti-horário. Se o elétron interagisse com o pósitron, tudo se passaria como se o elétron estivesse interagindo com sua imagem de espelho, seu eu especular, com uma massa positiva e uma carga elétrica positiva opostas à massa positiva e à carga elétrica negativa do elétron. Se acontecesse de o elétron cair de volta ao mar e preenchesse o espaço da bolha, o elétron e a bolha desapareceriam instantaneamente, liberando uma energia igual a duas vezes o equivalente em energia da massa do elétron.

Como não havia muitas bolhas no mar, não vimos muitos pósitrons e, portanto, não vimos muitos elétrons caindo no mar e desaparecendo do nosso universo ao se combinarem com bolhas de energia negativa. Mais tarde, os pósitrons foram descobertos e eles se comportaram como se havia previsto que se comportariam quando interagissem com os elétrons. Tal colisão foi chamada de *aniquilação pósitron-elétron*. Daí nasceu a noção de antimatéria, uma coisa capaz de aniquilar a matéria.[48]

A ideia-chave é a de que pudemos perceber um poste destro (com suas listras correndo da direita para a esquerda) girando efetivamente como o poste inferior do lado esquerdo da Figura 5c, com uma frequência temporal negativa girando para a frente no tempo, enquanto não podíamos vê-la girar para trás no tempo com uma frequência temporal positiva. No entanto, para nós ela pareceria a mesma coisa – um filme rodando para trás diante do projetor; a reversão do tempo simplesmente faz com que tudo se mova no sentido oposto. Mesmo que esse vácuo estivesse vazio, ele exerceria um efeito sobre tudo que estivesse contido nele. À primeira vista, o vácuo é apenas espaço. No entanto, quando você desce até uma escala mais sutil, constata que esse vácuo está fervilhando em erupções espontâneas de elétrons e buracos que, desaparecendo tão rapidamente quanto aparecem, retornam para o lugar de onde vieram. Essa filtração constante, a interação virtual de elétrons com seus reflexos "antimateriais" nas profundezas do vácuo do espaço, dá origem à estática comum que você ouve no seu rádio e é a fonte suprema de tudo o que existe.

Observando Atentamente Distorções e *Loops*

Onde Está a Ação?

Sabemos que há toda uma variedade de fenômenos em constante mudança aparecendo aos nossos sentidos. No entanto, acreditamos que, em última análise, deveria ser possível rastreá-los, de alguma maneira, de volta até algum princípio único.

– Werner Heisenberg[49]

Em um capítulo anterior, expliquei tudo sobre fase. A ideia de fase provém de nossa noção de ondas: geralmente, a fase tem a ver com a maneira como as ondas simples se movem e com o fato de que a forma da onda se repete. Na Figura 6a, vemos uma onda simples. Nela, há três cristas que se distribuem ao longo de uma unidade de distância, de modo que a frequência espacial é fácil de encontrar. Basta contar o número de picos contidos em uma unidade. Nesse caso, há três.

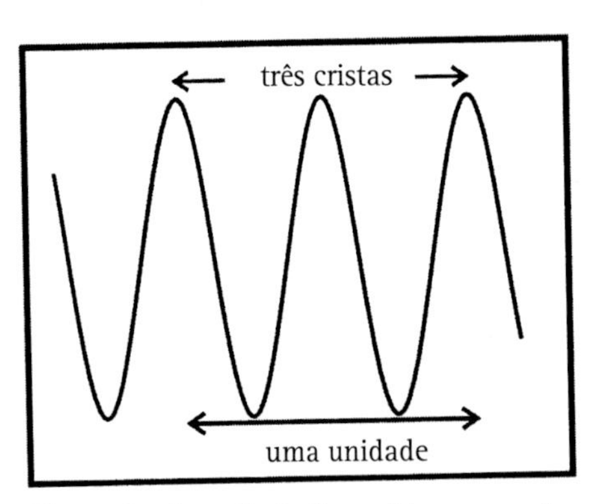

Figura 6a. A partir da fase, obtemos a ação.

Para encontrar a frequência temporal, precisaríamos saber quão depressa esses picos estão se movendo e em que sentido. Lembre-se, se eles se movem para a direita, a frequência temporal é um número positivo, e se eles se movem para a esquerda, esse número é negativo. Porém, desde de

Broglie e Planck, sabemos que a frequência espacial e a frequência temporal são proporcionais ao *momentum* e à energia, respectivamente. Expliquei que a fase espacial era o produto da frequência espacial pela distância, e que a fase temporal era o produto da frequência temporal pelo tempo. Desse modo, ao que corresponderia o produto do *momentum* pela distância ou da energia pelo tempo? A resposta é uma quantidade que em física é conhecida como *ação*.

O princípio da ação

Heron de Alexandria, por volta da década de 60 d.C., indagava a respeito do que era a luz. Talvez em um certo dia ele estivesse perambulando com um amigo junto a um canal que estivesse refletindo a luz solar. A observação do seu reflexo na água poderia ter suscitado uma pergunta em sua mente. "Por que a luz da imagem do meu amigo no canal parece vir de debaixo da água, exatamente na mesma posição que o meu amigo?" Ele traçou o caminho dos raios de luz em sua mente e descobriu a presença de uma ordem interessante e de amplas consequências: o universo é econômico; os raios de luz sempre tomavam o caminho mais curto, ao se refletirem, para alcançar o seu olho.

Ibn al-Haytham (Alhazen), em seu *Livro de Óptica*,[50] escrito de 1011 a 1021, expandiu o princípio de Heron tanto para a reflexão como para a refração e expressou uma versão inicial do princípio do tempo mínimo. Quinhentos anos depois, Pierre de Fermat se divertia brincando com pedaços de vidro e com nosso meio econômico, a luz. A luz é dobrada, ou "quebrada", quando ela passa do ar para o vidro, ou do ar para qualquer outro meio. Todos já observaram o velho truque do canudo de refresco quebrado: quando um canudo é colocado em um copo transparente cheio de água, o canudo parece quebrado quando o olhamos a partir de cima ou de lado, formando um pequeno ângulo com a superfície da água no copo.

Fermat se perguntou por que a luz seguia por um caminho que se dobrava de tal maneira. Logo ele encontrou a resposta. A luz não era apenas econômica, mas também era rápida. Ela sempre tomava o caminho que levava menos tempo entre sua fonte e o olho, mesmo quando atravessava diferentes camadas de diferentes meios. Desse modo, a luz do canudo atinge os nossos olhos, dobrando-se e distorcendo-se a fim de ser eficiente.

Figura 6b. O dilema do herói:
qual é a ação correta?

O que a luz estava fazendo para realizar esse fato econômico? Afinal de contas, física é física e não economia. Podemos imaginar Fermat pensando sobre isso, talvez desta maneira: imagine que você é um herói, e também um bom atleta. Certo dia, enquanto caminha pela praia, ouve ao longe, vindo da água, um grito de socorro. Você, naturalmente, quer alcançar, tão rapidamente quanto possível, a pessoa que está se afogando.

A Figura 6b ilustra o problema do herói. Ele precisa ir de A para *B* no menor tempo possível. Qual é o problema? A distância mais curta não é a reta que vai de A para *B*? É, com certeza, mas não leva ao menor tempo. O problema está no fato de que ele corre mais depressa do que nada. Então, ele precisa gastar mais tempo correndo, uma vez que ele pode ir mais depressa pela praia, correndo, do que nadando. Ele quer minimizar o tempo de natação e aumentar o tempo de corrida de modo que o tempo total seja o menor possível. Por isso, ele vai de A até o ponto *b* e, em seguida, de *b* para *B* a fim de salvar a vítima infeliz. Se tomar qualquer outro caminho, ele sempre gastará mais tempo.

Se você fizer de conta que o herói é um feixe de luz movendo-se através do espaço vazio e correndo com a velocidade da luz, e fizer de conta que a água é um material transparente, tal como o vidro, você verificará que o caminho tomado pela luz entre os pontos A e *B* será idêntico ao caminho seguido pelo herói. A luz também diminui sua velocidade quando caminha por um material como o vidro; desse modo, a luz tem de resolver o mesmo problema que o herói — ela precisa seguir o caminho de *A-b-B* para gastar o menor tempo. O que é estranho é o fato de que a luz faz isso. Por que ela o faz?

Durante o mesmo período de tempo em que Fermat viveu, em torno de 1655 d.C., Christiaan Huygens, um físico holandês, ponderou sobre o gesto criativo inaugural de Deus: criar os céus. Huygens inventou um telescópio melhorado, com o qual ele podia ver claramente os anéis de Saturno. Talvez ele também tivesse se maravilhado com a economia da luz. Mas se a luz era realmente econômica, como ela sabia que era? Em outras palavras, como a luz sabia, uma vez que ela estava no caminho, que o próximo passo que tomou foi na direção correta?

Huygens viu a luz de maneira diferente dos seus predecessores. Imaginou que a luz progredia em ondas, e que cada frente de onda duplicava cuidadosamente aquela que ficava exatamente antes dela, como ondulações em um tanque. Mas Huygens foi capaz de ver ainda mais. Ele imaginou que cada frente de onda consistia em milhares, até mesmo milhões, de pequeninas estações de transmissão, todas alinhadas ao longo da frente de onda como uma fileira de soldados, cada um deles emitindo um pulso, um grito de guerra, e embora cada grito minúsculo fosse dificilmente audível, todos os gritos juntos compunham um estrondo gigantesco.

Cada grito minúsculo envia uma pequena ondulação circular de cristas e vales minúsculos que viajam através do espaço e do tempo. Juntamente com o grito do seu vizinho, esse pequenino grito é reforçado somente na direção perpendicular à linha de frente. Todas as outras direções criam confusão, e os sons se juntam de maneira aleatória e desordenada. Os soldados precisam seguir em frente ao longo do caminho que gasta o menor tempo, o caminho que pode ser ouvido, o único que se encontra exatamente à sua frente.

Huygens usou sua imaginação, e sua técnica de construção de ondas é hoje ensinada em todas as aulas de óptica. Que alívio: é apenas um truque mecânico. A luz realmente não precisa conhecer algo a fim de prosseguir. Ela segue os caminhos de menor tempo ao longo das rotas mais curtas, indo ao longo de todos os caminhos possíveis do início ao fim. Ela faz isso enviando pequenas ondulações que sobem e descem e se entrelaçam ao longo de seus caminhos em todas as direções possíveis. Mas é apenas o caminho do tempo mínimo que se revela; pois todos os outros caminhos se cancelam em confusão e ruído, assim como as depressões e as cristas das ondas de luz se neutralizam reciprocamente.

A ideia é poderosa. Ainda bem que a luz é uma onda. Pois se a luz não fosse uma onda — se ela fosse feita de partículas, como poderíamos explicar o seu comportamento? Pode ter sido esse paradoxo que levou à próxima aventura na física. Talvez houvesse uma equação mestre que fizesse o truque.

Corpúsculos de Newton

Isaac Newton nos vem à mente em seguida.[51] Segundo ele, a luz era, na verdade, constituída de minúsculos corpúsculos que se moviam pelo vácuo do espaço. Isso porque se a luz fosse feita de ondas seria preciso que essas ondas ondulassem em alguma coisa, e como não há nada entre o Sol e a Terra, como poderiam essas ondas se propagar? Como todos nós sabemos, Newton era um gênio, e se Newton dissesse que choveu em Marte, então assim seria, e se a luz era feita de corpos minúsculos zunindo pelo espaço, então também seria assim. Por volta de 1687, Newton publicou sua grande teoria de quase tudo (na época: luz, gravidade e movimento), e a revolução científica estava em plena floração.

Agora, vamos avançar o relógio em quase cem anos após a época da grande teoria de Newton e nos dirigir a uma pequena cidade da Itália. O que veio a seguir foi uma invenção matemática — um engenhoso motor matemático — que até mesmo Newton teria invejado se soubesse sobre ele. Hoje, os físicos que trabalham na teoria quântica dos campos usam esse motor em quase todos os cálculos. Ele substituiu o bem conhecido motor fundamental da física quântica — a equação de Schrödinger — embora fosse inventado quase duzentos anos antes dela. Vou contar-lhe mais a respeito desse motor matemático, chamado *lagrangiana*, mas antes disso deixe-me falar um pouco sobre o homem em cuja homenagem esse motor foi batizado.

O motor matemático de Lagrange in extremis

Joseph-Louis Lagrange (1736-1813), nascido em Turim, na Itália, foi batizado como Giuseppe Luigi Lagrangia. Sendo um jovem gênio, antes dos 20 anos de idade ele foi nomeado professor de geometria na Escola de Artilharia Real de Turim. Com cerca de 25 anos, foi reconhecido como um dos maiores matemáticos vivos por causa de seus numerosos e engenhosos artigos sobre propagação ondulatória e seus cálculos dos máximos e mínimos de muitas diferentes curvas. Sem dúvida, ele tinha ouvido falar de Huygens e se perguntado sobre os corpúsculos de Newton.

Ele mudou-se para Paris em 1787, tornou-se cidadão francês e adotou a tradução francesa do seu nome, Joseph-Louis Lagrange. Esse matemático/astrônomo italiano naturalizado francês tornou-se ainda mais famoso quando, depois de ter se mudado para Paris, publicou suas importantes contribuições em mecânica clássica e mecânica celeste e no novo campo chamado *teoria dos números*. Por tudo isso, pode-se dizer que ele foi o maior matemático do século XVIII.

Entre 1772 e 1788, Lagrange reformulou a mecânica newtoniana clássica a fim de simplificar as fórmulas e facilitar os cálculos que se faz com elas. Hoje, essa maneira de visualizar a mecânica é chamada de mecânica lagrangiana, e foi publicada em sua obra mais importante, *Mécanique analytique*.[52] Ainda hoje considerada uma obra-prima matemática e a base para todos os trabalhos realizados posteriormente nesse campo, inclusive para a teoria quântica dos campos e a formulação que Richard Feynman apresentou em 1948 para a física do espaço-tempo.

Deixe-me contar um pouco a respeito da influência de Lagrange sobre Richard Phillips Feynman e depois voltar para a obra de Lagrange. Até mesmo quando era estudante do ensino médio, Feynman foi muito influenciado por Lagrange e, com base nessa influência, desenvolveu o que mais tarde chamou de *formulação da física quântica por meio de integrais de caminho*, que é de importância vital para se compreender a teoria quântica dos campos e também para se começar a reconhecer como a mente de Deus entra nesse conhecimento — algo em que Newton estava muito interessado. Mais adiante, explicarei a ideia de Feynman de maneira mais completa. Em poucas palavras, a *formulação por meio de integrais de caminho* tem muito a ver com o motivo pelo qual a física quântica nos diz que tudo é possível e que há possibilidades paralelas para todas as coisas que se empenham na ação.

Ao fazer física quântica, temos de olhar não apenas para *uma* maneira possível segundo a qual os objetos estão se comportando, mas para *todas* as maneiras possíveis segundo as quais um objeto poderia se comportar. Por exemplo, se um objeto vai de A para B, poderíamos, segundo a maneira normal de pensar, imaginá-lo seguindo um caminho, uma trajetória, como uma linha reta ou uma curva. Se você golpeia uma bola de beisebol, ela segue uma linha curva; se você arremessa uma bola, ela segue um arco do tipo parabólico, como quando você chuta uma bola de futebol. Podemos entender esses tipos de coisas.

A maneira quântica de descrever essa situação nos diz que quando você atira a bola, ela segue todos os caminhos possíveis que você pode imaginar para ir de A para B, e você tem de levar todos esses caminhos em consideração se quiser saber para onde ela irá. Acontece que você precisa de todos esses caminhos, inclusive os imaginários, que certamente não viu, porque eles o ajudam a explicar o que você finalmente vê quando olha. Agora, vamos voltar a Lagrange.

Sob o governo de Napoleão, Lagrange foi feito senador e conde, e ao morrer, foi enterrado no Panthéon, em Paris. Para além de seus muitos artigos, em seu grande tratado *Mécanique analytique* ele forneceu uma visão nova e abstrata do mundo newtoniano das máquinas, que começavam a surgir em torno dele. Uma dessas criações era a lei de Lagrange do trabalho virtual – trabalho que, na verdade, não é realizado, mas que se poderia imaginar que o foi. A partir desse princípio fundamental, com a ajuda do seu próprio cálculo das variações, por ele inventado, um método que nos diz como calcular o efeito de condições variáveis sobre uma função matemática agora chamada de lagrangiana, ele deduziu a mecânica de quase tudo o que existia – sólidos, gases e fluidos.

O objetivo de seu livro foi mostrar que o comportamento do universo mecânico está implicitamente incluído em um único princípio, e pode ser derivado dele, e fornecer uma fórmula geral a partir da qual qualquer resultado particular pode ser obtido. Assim, Lagrange inventou uma maneira de pensar abstratamente sobre o mundo, um meio que para muitos de nós, não familiarizados em lidar com tal pensamento, permanece misterioso. Essa forma de pensamento representa qualquer coisa que nos interesse por meio de símbolos abstratos, os quais, por sua vez, podem ser variados de modo a produzir qualquer conceito específico desejado. Isso, na verdade, não é mais misterioso do que a convenção segundo a qual x pode representar qualquer número, como é bem conhecido nas aulas de álgebra.

O método de Lagrange é uma brilhante análise abstrata. Em vez de seguir o movimento de cada parte individual de um sistema material, como outras pessoas, a exemplo de Newton, já haviam feito, ele mostrou que nós podemos dividir a energia de um sistema mecânico em duas partes: a energia de movimento, que é denominada energia cinética, e a energia disponível para uso, mas que não é efetivamente expressa, denominada energia potencial ou virtual.

Em seguida, ele considerou as expressões para os termos dessas energias como funções de dois conceitos gerais muito importantes: onde as coisas estão (suas posições) e quão depressa essas coisas estão mudando de posição (seus movimentos expressos por *momenta* ou velocidades). Uma dessas funções se comprovou muito útil, e hoje ela é chamada de lagrangiana em sua homenagem. Quando o valor dessa função fosse o maior ou o menor valor possível — o que em matemática é chamado de *valor extremo* — as leis da física como Newton as tinha imaginado seriam geradas.

Era como se um mágico tivesse revelado um truque inteligente. A equação lagrangiana é um pouco complexa.[53] Em primeiro lugar, ela é dada pela diferença entre a energia cinética, representada pela letra T, e a energia potencial, representada pela letra V, de um objeto, de modo que $L = T - V$. A equação de Lagrange então nos pede: iguale a taxa de mudança com relação ao tempo da mudança de L com relação à velocidade do objeto com a mudança de L com relação à posição do objeto. Se você fizer isso, L precisa ser um extremo, e as leis da física mecânica emergirão da lagrangiana como que por magia. Com as descobertas de dispositivos mecânicos mais complexos, incluindo dispositivos eletromagnéticos, descobriu-se que a equação era capaz de prever com precisão o comportamento desses dispositivos e, muitas vezes, de uma maneira mais simples do que as próprias equações mecânicas o faziam. A equação de Lagrange previu que o sistema mecânico iria seguir um caminho específico do passado para o presente de maneira tão clara quanto as leis mecânicas de Newton o previram, contanto que o caminho lagrangiano fosse um caminho extremo — um máximo ou um mínimo. Somente ao longo desse caminho as leis da física, como Newton as concebeu, emergiriam.

Uma dessas leis relacionava a energia E de uma partícula ao seu *momentum* p. Verificou-se que $E = p^2/2m$. Mais tarde, quando as pessoas começaram a perceber como elas podiam fazer mecânica utilizando a teoria especial da relatividade de Einstein, essa lei da relação entre a energia e o *momentum* elevado ao quadrado mudou porque foi descoberta uma nova fonte de energia, uma fonte fundamental para a compreensão que temos hoje do universo. Você conhece esta fórmula: $E = m_p c^2$. Ela relaciona a energia com a massa. Essa lei mostra que até mesmo a massa (m_p) é variável e aumenta quando o *momentum* aumenta. Levando isso em consideração, a nova lei relacionando energia, massa e *momentum* é escrita assim: $E^2 = (m_p c^2)^2 = p^2c^2 + m^2c^4$. Nessa equação, m agora se refere à massa intrínseca que, por exemplo, uma partícula tem quando não está em movimento, sua chamada *massa de repouso*. Voltaremos a essas relações no Capítulo 9.

Deus é mesquinho?

Voltando no tempo até a descoberta de Heron, verificamos que a equação de Lagrange para descrever campos eletromagnéticos como ondas de luz prevê o que Heron observou por volta da década de 60 d.C. O motor matemático era simples de se usar: escreva a equação; em seguida, procure seu valor mínimo ou máximo; então, vejam só, dela emergirá o movimento das coisas no mundo real, seus caminhos através do espaço e do tempo. Sejam bolas de beisebol ou planetas, partículas de luz ou amendoins, tudo se move de acordo com um valor extremo de sua respectiva equação lagrangiana. Lagrange havia descoberto que Deus era não apenas um criador do universo, com todas as coisas sendo mais ou menos iguais, mas também que Ele o criou da maneira mais econômica possível, deixando as coisas se moverem de modo que a função de Lagrange estivesse em um valor mínimo. Somente quando as coisas fossem um pouco menos do que iguais, ou quando um mínimo não tinha de ser, Deus recorreria a um valor máximo da função lagrangiana. Em resumo, Deus era um pouco mesquinho e não desperdiçava.

Com a descoberta da física quântica e do *princípio da incerteza* de Heisenberg, no século XX, cerca de 170 anos depois que Lagrange criou sua função, descobrimos que não era apenas o extremo de Lagrange que devia ser levado em consideração, mas todos os outros caminhos previstos por sua equação tinham que ser igualmente levados em consideração. O princípio de Heisenberg, também chamado de *princípio do indeterminismo*, afirma simplesmente que você não pode conhecer simultaneamente a posição e a velocidade de qualquer objeto. Isso, em essência, diz que um objeto a respeito do qual se sabe que ele tem um determinado *momentum* não pode ter uma posição bem determinada, ou vice-versa, uma partícula, por exemplo, sobre a qual se saiba que ela tem uma posição particular não pode ter um *momentum* particular. De qualquer maneira, o caminho da partícula através do espaço e do tempo não pode ser especificado a menos que tanto a posição como o *momentum* do objeto sejam conhecidos simultaneamente para todos os pontos do caminho. A lagrangiana lida com objetos em seus caminhos e, assim, o princípio de incerteza nos diz que não podemos especificar a lagrangiana exata. Em outras palavras, a lagrangiana, afinal de contas, não pode ser um extremo. Por mais estranho que isso possa parecer, talvez Deus seja mais generoso do que se pensava anteriormente.

Podem ter sido esses os pensamentos que o físico norte-americano Richard Feynman estava tendo quando trabalhava em sua tese de doutorado na década de 1940. Feynman havia notado alguma coisa de mágico no motor de Lagrange.

Seguindo "alguma coisa" mínima

Feynman certamente notou que as partículas clássicas, como bolas de beisebol e bolas de bilhar, seguem um caminho em que alguma coisa é mínima. Antigamente, não se perguntava o que era essa coisa mínima; ela apenas fazia com que a lagrangiana adquirisse um valor extremo. Feynman observou que essa *alguma coisa* acabou se revelando como a *ação*, a mesma grandeza física que identifica a constante quântica de Planck. Em cada interação, de acordo com a física quântica, uma quantidade total de unidades de ação precisa ser transferida de uma coisa para a outra. Feynman observou que partículas clássicas seguem um caminho de mínima ação através do universo. Independentemente da maneira como um objeto se move, ele equilibra as suas energias potencial e cinética de modo a usar tão pouca ação quanto possível.

Até a época de Lagrange, as coisas físicas pareciam mover-se economicamente — perturbando e rompendo o equilíbrio entre energia cinética (representada pela letra T) e energia potencial (representada pela letra V) o mínimo possível. O caminho mínimo ou mais curto de Heron para os raios luminosos, os caminhos de tempo mínimo de Fermat para a luz flexionada, e até mesmo as minúsculas ondas de Huygens, todos precisam seguir o caminho das ordens ocultas. A luz segue ordens. Feynman realmente confirmou que tudo segue as mesmas ordens, tanto as partículas de luz como as bolas de beisebol.

Criar uma realidade física é uma coisa simples. Aprenda a se mover permanecendo tão perto quanto possível de um equilíbrio de energias. No entanto, se as coisas estivessem em perfeito equilíbrio, nada, em absoluto, se moveria nem poderia se mover, caso contrário o universo seria totalmente maluco.

Será que descobrimos as ordens ocultas? A nossa busca terminou? O mundo é uma máquina gigantesca acionada por um Deus econômico, embora um pouco barato, de baixo valor. Em outras palavras, um universo regido por leis é um universo econômico, um universo equilibrado.

Foi graças a desenvolvimentos científicos posteriores que esse princípio da mínima ação se revelou ainda mais poderoso do que as leis de Newton, pois descobertas mais recentes revelaram que até mesmo as leis da eletricidade e do magnetismo, bem como as da luz, seguiam esse princípio. Mas então, como diz Feynman:

> Como a partícula encontra o caminho correto?... Todos os seus instintos sobre causa e efeito vão à loucura quando você diz que a partícula decide tomar o caminho que é para ela o da mínima ação. Será que ela "fareja" os caminhos vizinhos para saber se eles têm ou não mais ação?[54]

O que acontece se nós enganarmos a luz, fazendo-a tomar os caminhos errados? Será que podemos fazer isso? A resposta é: "Sim". Quando enganamos a luz, observamos o fenômeno chamado *difração*, que é a flexão e interferência da luz consigo mesma. A maneira como conseguimos isso é bloqueando os caminhos da luz natural. Feynman afirma: "Quando colocamos blocos em seu trajeto de modo que os fótons *[partículas de luz]* não possam testar todos os caminhos, constatamos que eles não poderiam descobrir qual caminho percorrer".[55]

Pode parecer estranho pensar que partículas de luz perdem o seu caminho. Mas e quanto a "partículas" comuns, como bolas de beisebol? Feynman continua:

> É verdade que a partícula simplesmente não "toma o caminho certo", mas examina cuidadosamente todas as outras trajetórias possíveis? E se, pelo fato de colocar coisas no caminho dela, nós não deixamos que ela as examine, é verdade que [ela fará alguma coisa como a luz o faz?]... O milagre disso tudo é que ela, naturalmente, faz exatamente isso. E é isso o que as leis da mecânica quântica dizem.[56]

Em outras palavras, podemos fazer a matéria se comportar como a luz. Podemos bloquear alguns dos caminhos naturais que a matéria toma para ir daqui para lá e fazer com que ela interfira consigo mesma, cancelando-se como as ondas de luz o fazem. O mundo segue todos os caminhos possíveis abertos a ele.

Deus é generoso?

Feynman esperava descobrir como o Deus agora generoso deu ordens para a matéria. Ele descobriu que todos os caminhos possíveis, inclusive os caminhos de mínima ação, contribuem para a história de uma partícula atômica. A partícula segue magicamente tantos caminhos que vão do seu presente para o seu futuro quantos ela encontra abertos a ela. Essa descoberta viria a estimular Hugh Everett na formulação de sua bizarra teoria dos universos paralelos da mecânica quântica. Ao bloquear o caminho natural, ou caminho da mínima ação, os efeitos de interferência quântica poderiam ser observados. Usando a ideia de "soma sobre os caminhos" disponíveis a uma partícula, Feynman percebeu que a física quântica podia ser formulada de uma nova maneira.[57] Em vez de imaginar ondas quânticas espalhando-se através do espaço e do tempo da maneira habitual,[58] ele se concentrou na partícula como se ela fosse a "coisa" que efetivamente se movimentava. Feynman havia encontrado um novo suspeito no jogo oculto que a natureza estava jogando. O que estava errado com o suspeito habitual?

O suspeito habitual

Toda vez que uma partícula não observada se movia, de acordo com a imagem habitual na física quântica, ela era substituída por uma onda invisível ou virtual que, subitamente, mudava de volta para uma partícula no instante em que era observada ou medida. De fato, as equações originais que descreviam a física quântica não relativista, chamadas de equações de Schrödinger, e a equação da física quântica relativista chamada de equação de Klein-Gordon, baseiam-se em ondas. Feynman viu essas equações de maneira diferente.

Isso não significava que a imagem da onda estivesse errada; significava, isto sim, que ninguém jamais observou diretamente as ondas. O que se observava, em cada caso, eram partículas. A razão pela qual ondas são usadas na física quântica tinha a ver com a fase, como expliquei nos capítulos anteriores. Ondas têm fase para se poder lidar com a interferência de possibilidades.

Para Feynman, a razão pela qual a fase parece importante não está no fato de haver efetivamente ondas presentes (nós nunca as vemos como vemos, por exemplo, as ondas sonoras). Está, isto sim, em um novo e estranho atributo que todas as partículas parecem ter. Elas se movem aparentemente como se cada uma delas levasse consigo um minúsculo relógio/pedômetro que lhes dissesse quantas vezes o ponteiro dos segundos faz uma revolução à medida que elas marcham pelo espaço e pelo tempo. Essas partículas parecem capazes de se torcer e girar e formar *loops* no tecido do espaço-tempo. Esses pequenos relógio/pedômetros lhes permitem manter o compasso (*keep time*) e se manter informadas (*keep track*), por assim dizer, do caminho que seguem através do espaço e do tempo. Na verdade, elas parecem se comportar como se fossem efetivamente feitas de distorções e de *loops* cujas voltas dobram o próprio continuo espaço-tempo, como se fossem vórtices do espaço-tempo, análogos aos que observamos quando a água é escoada pelo ralo da nossa pia ou aos vórtices de vento que formam os furacões. É como se próprio tecido do espaço-tempo estivesse continuamente gerando esses vórtices.

Feynman descobriu que uma partícula poderia continuar sendo uma partícula se fosse capaz de seguir dois ou mais caminhos ao mesmo tempo e se pudesse manter-se informada da sua fase. Ele mostrou que podemos esquecer as ondas se imaginarmos que as partículas carregam esses minúsculos detectores de movimento.[59] Eis como esses pequenos detectores funcionam. Uma partícula se move em um caminho com uma certa medida de vigor chamada *momentum*, como expliquei anteriormente. Se você leva um soco no rosto, golpeado por um boxeador, você sabe o que significa *momentum*. Um soco rápido sempre fere mais do que um soco lento porque o soco rápido tem maior *momentum*. Eu lhe mostrei que de Broglie concebia o *momentum* da partícula em relação à sua frequência espacial. Uma partícula também tem energia à medida que permanece seguindo ao longo de seu caminho. Planck mostrou que a energia de uma partícula está relacionada com sua frequência temporal. Mais do que apenas relacionadas, elas são proporcionais. A energia é proporcional à frequência temporal e o *momentum* é proporcional à frequência espacial.

Em outras palavras, essas coisas que chamamos de partículas são minúsculos furacões espaçotemporais "torcendo" o seu caminho* através do universo.

---

* Isto é, uma partícula abre caminho "torcendo" o espaço-tempo à sua frente (e ao seu redor). (N.T.)

Capítulo 7

O Que é Uma História Torcida?

Pessoas como nós, que acreditam na física, sabem que a distinção entre passado, presente e futuro é apenas uma ilusão, teimosa e persistente.

– Albert Einstein[60]

A maioria de nós acredita que o passado está morto e enterrado. Porém, por mais forte que seja essa crença e por mais que possamos nos conformar com a ideia de que o passado acabou e desapareceu, a física quântica está descobrindo fatos novos e perturbadores. Se imaginarmos a totalidade do tempo e do espaço plotada em um gráfico (com o tempo se estendendo verticalmente e o espaço horizontalmente, como as linhas perpendiculares que formam os quarteirões de uma cidade em um mapa das ruas; veja os capítulos anteriores), veríamos não apenas pontos espalhados no espaço em um único instante, indicando eventos simultâneos, mas também pontos espalhados sobre todo o mapa do tempo, congelados no espaço-tempo como insetos no âmbar. Os pontos estão ligados, como em um livro infantil com aquelas figuras em que se pede às crianças para ligar os pontos e colorir. Mas à semelhança de crianças tentando traçar as linhas corretamente, a natureza comete erros e, às vezes, as linhas se cruzam. Quais são as linhas corretas? Isso depende de nós e de como tentamos figurar a história natural.

As coisas são realmente complexas. Na verdade, todas as histórias possíveis que qualquer evolução puder seguir são necessárias para se compreender exatamente o que está acontecendo agora. Você poderia dizer que não apenas o nosso futuro é indeterminado, mas também que o nosso passado é composto por ramos torcidos de possibilidades, como se um número infinito de bolas de *paddleball* estivesse se projetando através do espaço e se emaranhando com os elásticos umas das outras.

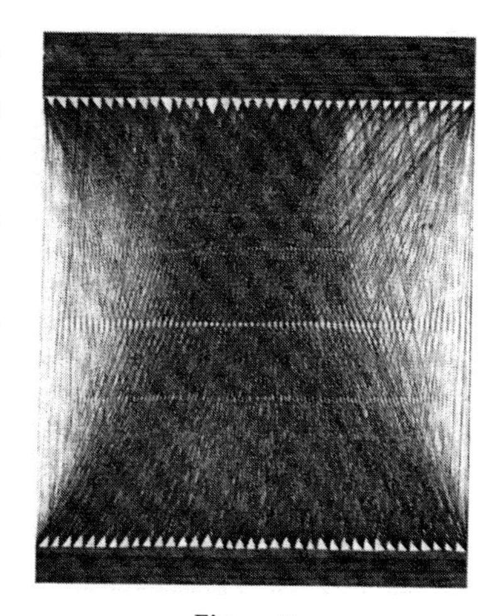

Figura 7a.
Múltiplos caminhos de Feynman.

Alguns cientistas chegam mesmo a raciocinar que eventos passados permanecem um tanto incertos a partir de uma perspectiva do presente. Em consequência disso, passados múltiplos podem existir. Cada passado pode levar a um momento presente por via de uma história diferente. Essa modesta declaração diz muito, pois a nossa nova física nos afirma que esses estados de entrelaçamento entre mente e matéria existem agora, existiram antes e existirão depois. E todos eles precisam ser levados em consideração para que se possa compreender corretamente o caminho da natureza: o mapa se tornou o território vivo.

Feynman mostrou que tudo o que precisamos fazer é imaginar a partícula seguindo qualquer caminho de um ponto *A* para um ponto *B*. Ele quis dizer: siga realmente todos os caminhos, mesmo aqueles que nunca acontecerão no mundo "real".

Todos os caminhos possíveis existem entre *A* e *B* em um estranho estado de sobreposição, no qual, além disso, eles agem em conjunto. Em cada caminho, uma fase foi levada em consideração, como se um ponteiro em um minúsculo instrumento que é, ao mesmo tempo, um relógio e um pedômetro estivesse fazendo uma rápida varredura ao redor do mostrador à medida que a partícula segue ao longo do seu percurso. Então, quando as "partículas" chegam em *B*, elas estão fora de sincronia simplesmente porque tomaram caminhos diferentes para chegar lá. O ponto essencial é que todas elas saíram de *A* em um determinado momento e lugar, como todos os pilotos

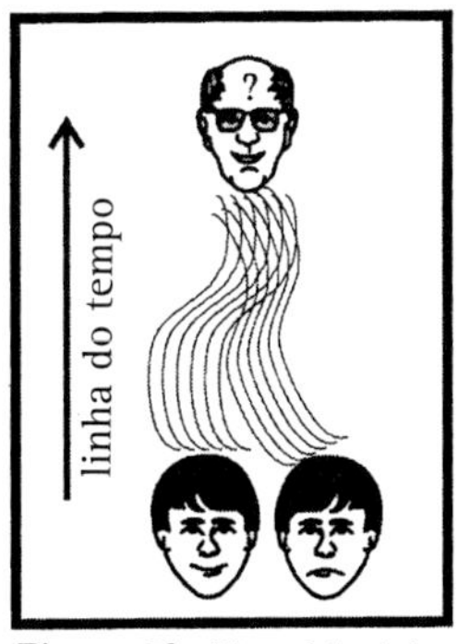

Figura 7b. Uma história torcida simples. O evento passado é incerto do ponto de vista do futuro.

de corrida saem juntos, e todos eles chegam juntos em *B* em um tempo e lugar futuros. Suas fases são diferentes por causa das diferentes extensões que todas percorreram.

Não há restrições sobre a maneira como elas chegaram a B, no modo de pensar de Feynman. Alguns dos caminhos poderiam até mesmo se enrolar para trás no tempo projetando-se para um tempo futuro após o evento *B* e, em seguida, dando meia-volta para depois retornar a *B*, como é mostrado no caminho *b* na Figura 7c. Alguns dos caminhos poderiam até mesmo voltar no tempo a partir de A para, em seguida, se precipitar em direção ao evento *B* a fim de alcançá-lo no momento em que esse evento acontece, como é mostrado no caminho *a* na Figura 7c.

Usualmente, mas como que por magia, veríamos aparecer um caminho especial e único, e um feixe de caminhos próximos a ele entre *A* e *B* onde os minúsculos relógios associados às partículas que seguissem por esses caminhos chegariam quase em sincronia uns com os outros. Esse caminho especial é o caminho *c* mostrado na Figura 7c. Nesse caso, ele é o caminho em linha reta. Esse percurso é muito interessante porque se você está levando em consideração o mundo da física newtoniana ou clássica, esqueça todos esses caminhos malucos

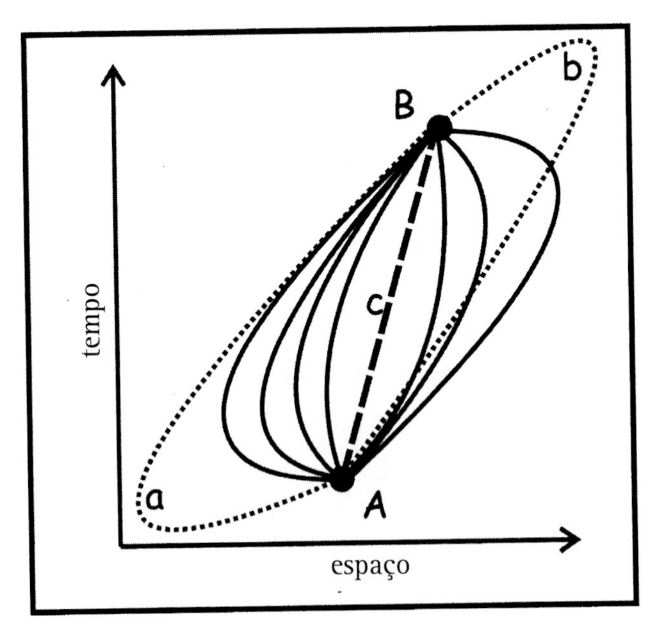

Figura 7c. Alguns dos infinitos caminhos de Feynman entre *A* e *B*.

de Feynman, e determine como uma partícula clássica, ao se mover de *A* para *B*, seguiria um caminho semelhante a *c*. O caminho que se destaca dessa maneira tem, de fato, uma qualidade especial denominada *mínima ação*. Nesse caminho, as partículas obedecem às leis da velocidade. Para partículas clássicas, que se movimentam com velocidades relativamente lentas, isso significa $E = p^2/2m$. Para partículas relativistas, que se movimentam com velocidades próximas à da luz, isso significa $E^2 = p^2 + m^2$, equação em que a velocidade da luz é tomada como a unidade.

Uma história torcida profunda

Agora me deixe levá-lo de volta no tempo até os primeiros eventos, ou os quase primeiros eventos, que ocorreram por volta do momento do *bigue-bangue* Uma das distorções mais profundas que ocorreram em toda a história pode ser encontrada nessa ocasião cosmológica inicial. Ao olhar para a Figura 7c, imagine que o ponto de partida é o *bigue-bangue* e o ponto final é o nosso universo atual.

Uma vez que alguns desses caminhos, como é ilustrado na Figura 7c, são muito mais longos do que outros, nenhum caminho em particular é escolhido. Por exemplo, nesse momento o universo ainda não tinha um raio bem definido. Mas, então, uma interação misteriosa aconteceu. O universo foi dividido em vários resultados paralelos, talvez em um número infinito desses resultados, cada um deles especificando um raio para o seu universo. Você pode pensar nos muitos caminhos a partir de A como universos paralelos que emergiram do *bigue-bangue*. Como isso aconteceu? Se atribuirmos um observador a tudo isso, então nós fazemos a pergunta óbvia: "Quem é o observador e quando a observação ocorreu?" Por mais surpreendente que isso possa parecer, a resposta pode ser esta: *Nós* somos os observadores e nossa observação está ocorrendo agora.

Vamos então fazer agora uma pequena e atenta micro-observação nesse processo único no labirinto de universos paralelos. Quando fitamos o céu e vemos estrelas, julgamos saber exatamente onde elas estão. Porém, uma vez que a luz leva tempo para fazer sua viagem até os nossos olhos, precisamos considerar o tempo de viagem — exatamente quanto tempo a luz da estrela leva para chegar até nós e onde ela começa sua jornada. Quanto mais distante uma estrela, ou uma galáxia ou nova[61] estiver dos nossos olhos, é claro, mais tempo a luz irá levar para fazer essa jornada (pelo menos até onde nosso cálculo do tempo é levado em consideração).

A luz, na verdade, não leva nenhum tempo quando é calculada do ponto de vista de uma onda luminosa: se você se lembrar do Capítulo 2, nós sabemos que, por causa da teoria da relatividade especial, a luz tem a estranha propriedade de não ir a lugar nenhum e não levar nenhum tempo para fazê-lo, se a consideramos a partir do seu próprio ponto de vista. Para uma partícula de luz, desde o seu nascimento em uma supernova há 13 bilhões de anos e 13 bilhões de anos-luz de distância de nós até a sua morte, quando ela atinge as nossas retinas, deixando a sua marca em nosso olho e enviando a sua energia ao longo de nossas redes neuronais até o nosso cérebro, nenhum tempo se passou para ela, e ela não foi a lugar nenhum. Para a luz, o nascimento e a morte são um único evento.

Por mais estranho que isso possa parecer, na física quântica também sabemos que embora não possamos realmente ver a luz fazer sua viagem até aterrissar em nossas retinas, precisamos aceitar sem perguntas que ela o fez ou apenas imaginar como ela empreendeu essa viagem. No entanto, a física quântica nos ensina que aquilo que nós efetivamente não medimos desempenha, não obstante, um papel na determinação daquilo que nós efetivamente medimos. A física quântica também nos diz que quando não estamos olhando para alguma coisa que vai do ponto *A* ao ponto *B*, precisamos considerar todos os diferentes caminhos que essa coisa pode seguir para ir de *A* para *B*, e não apenas o caminho mais lógico, ou o que gasta menos energia ou o mais curto, ou qualquer outra ideia do senso comum que possamos ter sobre coisas que se movem.

Ao voltarmos um olhar atento para trás no tempo, descobrindo um universo em sinais de luz que foram emitidos há milhões e milhões e talvez bilhões e bilhões de anos atrás, nós podemos ser os observadores que estão fazendo com que o universo primordial se divida em pedaços cósmicos. Por meio disso, estamos escolhendo, com as observações que fazemos hoje, quais eram o raio e outros parâmetros físicos do universo primordial.

Esse é um exemplo do que o físico visionário John A. Wheeler chamava de medições de "escolha retardada".[62] Em conformidade com esse conceito, são nossas escolhas feitas agora, no momento presente, que determinam o que o passado deve ter sido. As ideias de Wheeler são muito profundas e paradoxais, e, por isso, vou usar dois exemplos para explicá-las. O primeiro exemplo é ilustrativo e descreve claramente o paradoxo. No segundo exemplo, usarei a interpretação transacional de Cramer e o conceito de mundos paralelos para mostrar como o paradoxo é resolvido.[63]

Um fóton vindo da aurora dos tempos

Considere um único fóton (uma partícula de luz), o qual, emitido na aurora dos tempos, durante o *bigue-bangue*, percorre uma imensa distância, de cerca de 13 bilhões de anos-luz, desde as margens do nosso universo conhecido até chegar aos nossos olhos no momento presente. Esse fóton foi emitido há 13 bilhões de anos, quando se teoriza que o universo começou.

Segundo a física quântica, esse fóton poderia ter viajado até o nosso instrumento de medição, seja ele um olho elétrico ou um olho humano, por intermédio de vários meios alternativos. Poderia, por exemplo, ter seguido um único caminho indo do ponto A até um ponto intermediário B_1, entre galáxias, e em seguida dirigir-se para o nosso instrumento, localizado no ponto C, aqui no nosso mundo, em terra firme. Ou poderia ter viajado do ponto A até outro ponto intragaláctico intermediário, B_2, e depois encaminhar-se para o nosso instrumento no ponto C. Suponha, para facilidade de argumento, que os pontos B_1 e B_2 estão afastados um do outro por uma distância de 10 bilhões de anos-luz. Ao ajustarmos o nosso instrumento de modo que ele possa captar o fóton, independentemente de qual caminho é seguido, podemos determinar por qual caminho o fóton chegou. Chame esse arranjo experimental de "montagem um".

Por outro lado, se montarmos o instrumento em um "modo" diferente, que chamaremos de "montagem dois", de maneira que não podemos mais dizer por qual caminho o fóton chegou, então os dois caminhos teriam fluido juntos como se juntássemos fluxos de ondas e sobrepuséssemos um sobre o outro no ponto C. Quantomecanicamente falando, os dois caminhos alternativos, como diferentes ondas fluindo conjuntamente, interferem um com o outro de modo que o resultado no ponto C seja diferente na "montagem dois" do que foi na primeira montagem.

Desse modo, somos nós que decidimos, por nossa escolha da montagem no momento presente, se o fóton deve ter viajado por "qual caminho" ou por

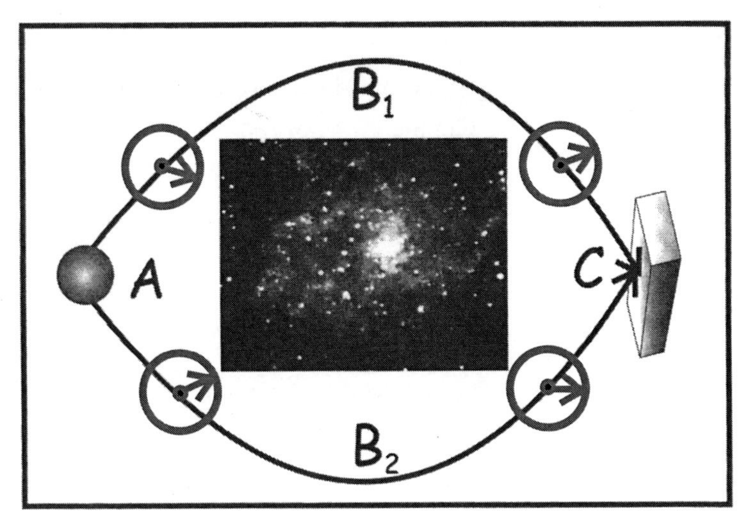

Figura 7d. A partícula carrega o seu próprio relógio/pedômetro.

"ambos os caminhos". E nós tomamos essa decisão exatamente no último minuto da existência do fóton, mesmo que ele tenha partido de sua fonte 15 bilhões de anos antes que tivéssemos começado a caminhar pelo planeta.

Verificação experimental da viagem para trás no tempo

Embora isso soe como ficção científica, tal experimento, que foi chamado de experimento da escolha retardada (usando fótons terrestres) foi efetivamente realizado no College Park, em Maryland, em 1985, por três físicos, Carroll Alley, Oleg Jakubowicz e William Wickes, da Universidade de Maryland.[64] Eles realmente mostraram que a decisão que tomaram no último nanossegundo de fato determinou qual foi o meio a que um fóton recorreu para viajar, por ambos os caminhos ou por um dos dois caminhos. Esse experimento confirmou a "escolha" de Wheeler. E afirmou que uma escolha feita no último minuto pode afetar o que entendemos pelo passado.

O agora cria o passado

Parece extremamente difícil conceber um passado indefinido que só se torna definido por decisões que tomamos agora. No entanto, a física quântica nos obriga a aceitar essa visão. Se todas as nossas observações dos primórdios do universo estão em conformidade com a "montagem dois", de modo que nenhuma tentativa seja feita para diferenciar um resultado universal de outro, o universo continua a permanecer "lá fora" e indiferenciado. Não tem raio porque tem todos os raios possíveis. Em certo sentido, ele não tem começo, pois não se preparou nenhuma montagem para "criar" esse princípio. Seu raio ainda está nas "garras" da onda da possibilidade. Mas, por determinação realizada por meio de escolhas feitas hoje, usando a "montagem um", podemos "criar" que raio o universo teve (ou será que eu deveria dizer "tem tido"? Meu uso dos tempos verbais torna-se confuso quando o presente pode afetar o passado). A nossa escolha feita agora nos ramifica em um laço temporal de histórias torcidas, onde o raio do universo no princípio do tempo não está determinado até que o laço seja formado.

Vamos considerar novamente o paradoxo usando a ideia das histórias torcidas. Considere a versão da montagem de Alley, Jakubowicz e Wickes, como é mostrada na Figura 7e – um experimento simples, inteiramente feito em terra, consistindo em uma fonte de luz, três espelhos totalmente prateados, sendo um deles móvel, dois espelhos semiprateados, e três detectores fotossensíveis. O espelho móvel é preso sobre um pivô de modo que possa ser girado para cima, até uma posição vertical, a fim de permitir que os fótons possam agir como ondas, ou para baixo, até uma posição inclinada, de modo que o fóton continue no seu percurso como uma partícula.

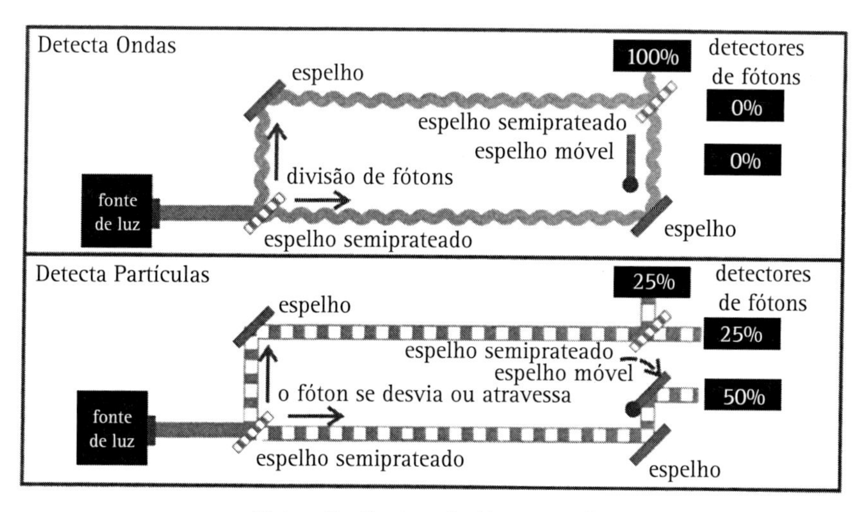

Figura 7e. O agora decide o passado.

A distância entre os detectores e a fonte de luz é significativamente longa, de modo a permitir ao experimentador uma abundância de tempo depois que o fóton atravessou o primeiro espelho semiprateado para decidir se irá girar o espelho móvel para baixo ou se o deixará voltado para cima. Se girá-lo para baixo, o fóton precisa estar em um dos seus dois caminhos possíveis e, finalmente, acaba atingindo um dos três detectores.

Olhe para a metade inferior da Figura 7e. Qualquer um dos três detectores pode entrar em jogo. Cada um deles está montado de modo que um fóton precisa seguir um único caminho para alcançá-lo. Por outro lado, olhe para a metade superior da figura, onde o espelho móvel é deixado na posição vertical. Agora, não há maneira de se determinar qual dos caminhos o fóton escolherá para chegar a qualquer um dos detectores do topo, uma vez que, no caso da montagem da metade superior, o detector de baixo não pode entrar em jogo.

O experimentador, uma vez que ele decida, no último momento, girar o espelho para uma posição ou para a outra, encontra-se no dilema de Wheeler. Suponha que ele coloque o espelho na posição vertical. Então, de acordo com a mecânica quântica, o fóton único precisa percorrer ambos os caminhos simultaneamente a fim de penetrar e ser registrado no detector no topo. Em outras palavras, o espelho, quando girado até a posição vertical, atua como um dispositivo para determinar a propriedade ondulatória do fóton. No entanto, se o experimentador decidir girar o espelho para baixo até a posição inclinada, o fóton atingirá qualquer um dos três detectores, indicando que ele percorreu apenas um caminho ou outro. Assim, com o espelho para baixo na posição inclinada, os detectores medem a propriedade corpuscular do fóton.

Espelho para cima — o fóton percorre simultaneamente ambos os caminhos como uma onda. Espelho para baixo em posição inclinada — o fóton percorre um único caminho como uma partícula.

Porém, uma vez que é bem depois que o fóton prosseguiu ao longo dos caminhos que o espelho é girado ou não, o experimentador escolhe qual é o legítimo passado para o fóton — um dos caminhos ou ambos os caminhos. Em outras palavras, o experimentador retarda sua escolha até o último minuto, e então essa escolha determina se o fóton viajou como uma onda ou como uma partícula.

O efeito veio antes da causa. O futuro causa – a escolha do experimentador no momento presente determina o efeito passado – o caminho já tomado pelo fóton no passado.[65]

Resolvendo o paradoxo: Viagem no tempo e realidades alternativas

Não é possível compreender isso usando qualquer uma das interpretações convencionais. Em meus livros anteriores que lidam com os paradoxos da viagem no tempo, expliquei como se poderia explicar esses paradoxos da causa futura-efeito passado usando realidades alternativas e também a interpretação de Cramer da física quântica.[66] A ideia básica, utilizando a interpretação transacional, é simples. Entre dois eventos quaisquer, que constituem observações de cada evento realizadas de alguma maneira, ondas de possibilidade são emitidas. O evento anterior é chamado de evento de oferta (*offer event*) e o evento posterior é chamado de evento de eco (*echo event*). A onda de oferta quântica do fóton – a onda enviada originalmente – deixa a fonte e segue ao longo dos dois braços em direção ao restante do experimento (ver *experimento da dupla* fenda no Glossário, página 285). Se o espelho está na posição vertical, o fóton é absorvido pelo detector do topo (que mostra 100%) o qual, em seguida, envia de volta no tempo uma onda de eco conjugada que percorre os dois braços e é recebida pela fonte de luz. As ondas de oferta e de eco percorrem ambos os braços e a transação está completa. Aqui, a onda da fonte e a onda de eco existem em uma composição de duas possibilidades: possibilidade um, na qual a oferta e o eco passam ao longo do braço um; e possibilidade dois, na qual eles passam ao longo do braço dois. Nenhuma tentativa é feita para distinguir uma da outra. Então, elas aparecem juntas como se registrassem uma única ocorrência no contador de partículas da figura superior. Fim da história um.

Se, por outro lado, o espelho está inclinado para baixo, a onda de oferta passa novamente ao longo de ambos os braços em direção aos detectores; entretanto, agora acontecem mudanças. Qualquer um dos três detectores envia de volta uma onda de eco ao longo do seu braço correspondente. Apenas uma onda retorna, por causa da condição de contorno segundo a qual a onda representa um único fóton. E isso é um fato gravado na memória do observador. É um fato da consciência. Alguém observou apenas um fóton.

Em resumo, com um espelho inclinado para baixo, qualquer um dos três detectores envia o eco de volta. O observador vê que isso é verdade. A fonte recebe um sinal vindo do detector e a transação está completa. Fim da história dois.

O tempo está autoconsistentemente conectado às possibilidades da física quântica

A "escolha" de Wheeler também nos apresenta outra nova e iluminadora percepção: a conexão do tempo à física quântica. Se nossas escolhas feitas agora podem afetar o passado, será que podemos razoavelmente afirmar que as escolhas feitas no futuro afetam o nosso presente? Se for assim, teremos um novo princípio aparecendo no universo: o princípio da autoconsistência. O universo não é mais simplesmente causal, com cada efeito futuro seguindo escrupulosamente cada causa anterior. Em vez desse princípio, surge um novo princípio: tudo o que é necessário é que tudo o que acontece envolvendo dois ou mais eventos precisa ser autoconsistente.

A autoconsistência, nesse sentido, significa que, qualquer que seja a sequência que ocorra envolvendo o passado e o presente ou o presente e o futuro, o que acontece em ambas as extremidades da sequência é logicamente consistente. Desse modo, se um evento no presente causa algum evento no passado, o evento no presente não pode ser aquele que enviará uma mensagem de volta no tempo, a qual fará com que o passado, por sua vez, envie uma mensagem para o presente, a qual irá interromper o evento presente que iniciou toda essa sequência. O meu envio de uma mensagem de volta no tempo ao meu avô pré-adolescente que o impede de se encontrar com a minha avó não seria autoconsistente, uma vez que eu estou aqui no presente. Se for feita qualquer tentativa para perturbar essa autoconsistência, o universo se dividiria para levar em consideração os relatos paralelos, mas diferentes. Isto é, enviar uma mensagem de volta no tempo fará com que cada história possível realmente aconteça em um mundo separado, mas paralelo. No mundo um, os meus avós não se conhecem e eu não nasço. No mundo dois, eles se conhecem e, consequentemente, eu nasço.

Tudo isso faz sentido, apesar de parecer estranho. Coisas ainda mais estranhas começam a emergir em nossa imagem do universo quando examinamos o tempo do ponto de vista da teoria quântica dos campos. Agora, em vez de fazer eco a ondas físicas quânticas remontando no tempo, descobrimos que as partículas também podem fazer isso. No entanto, há um senão: elas precisam se mover com energia negativa para o conseguirem. E quando o conseguem, elas aparecem a nós como *antipartículas* reais dirigindo-se para a frente no tempo com energia positiva, mas com cargas elétricas opostas. Cada antipartícula aparece como se fosse criada em uma minúscula explosão, projetando-se, por exemplo, para a esquerda, juntamente com a sua partícula imagem de espelho, normalmente carregada e movendo-se para a direita, isto é, prótons indo para a direita e antiprótons indo para a esquerda, ou elétrons indo para a direita e pósitrons indo para a esquerda. No entanto, a partir do seu próprio ponto de vista, ela simplesmente mudou de sentido no tempo, primeiro indo para trás no tempo e depois indo para a frente, e durante esse tempo movendo-se no mesmo sentido através do espaço. Para ver como isso tudo faz sentido, teremos de seguir um estranho caminho penetrando nas áreas mais profundas das pesquisas atuais — a busca pela razão suprema do porquê existe algo em vez de nada.

Capítulo 8

Propagadores e Polos de Energia

O que Vai, Volta

Tudo o que é material também é mental
e tudo o que é mental também é material.

– David Bohm[67]

"O tempo voa quando você está se divertindo!" "Eu não tenho tempo suficiente!" "Com o tempo, as Montanhas Rochosas poderão desmoronar / Gibraltar poderá ruir / Eles são apenas feitos de argila / Mas o nosso amor está aqui para ficar." Todos nós sabemos que muitos *slogans*, aforismos e algumas letras de músicas lidam com o tempo que passa através de nossas lembranças. O tempo voa? Podemos ficar sem tempo do mesmo modo que alguém fica sem combustível em uma rodovia movimentada? O amor está além do tempo? O que significa estar além do tempo?

Quando lidamos com descrições do mundo, inventamos rótulos e metáforas. Dessa maneira, aprendemos a associar uma experiência que todos nós reconhecemos e acreditamos que compreendemos com uma experiência que se esquiva à nossa compreensão. Por isso, ao lidar com uma nova noção de tempo, precisamos usar novas metáforas. O que pode ser igualmente surpreendente é o fato de que também precisamos procurar novas metáforas para descrever até mesmo a matéria e o espaço.

Quão grande é o espaço e quão longo é o tempo? Ao escrever ou falar sobre o espaço e o tempo, embrenhamo-nos em dificuldades de linguagem. O problema tem a ver com nossa própria linguagem, pois as palavras que usamos quando descrevemos experiências são principalmente metáforas baseadas naquilo que acreditamos que são ou que foram nossas experiências no espaço e no tempo.

Nossa gama limitada de metáforas para descrever o tempo é aguçadamente sentida quando tentamos nos expressar sobre o que acontece no tempo e que espécies de coisas são alteradas por tudo o que acontece com elas. Mesmo dizendo isso, eu tropeço sobre minhas palavras. Estamos interessados no tempo, no espaço e na matéria, e em como eles se relacionam uns com os outros, e isso nos traz outro conceito muitas vezes mal compreendido, o de energia. Acontece que a energia pode não ser o que você acredita que ela é.

No mundo da física quântica de hoje, descobrimos que energia e matéria não são realmente diferentes. Na verdade, elas trocam de papéis em cada interação que ocorre no universo, inclusive nas interações que comumente pensamos que se manifestam em nossa mente e em nosso corpo. Usamos a linguagem e as metáforas com base em descobertas recentes feitas no domínio físico do universo, e que consistem no mundo extremamente pequeno e rápido das partículas subatômicas. Para lidar com essas novas descobertas, os físicos descobriram uma nova forma de pensamento chamada teoria quântica dos campos. Nova ela é, mas embora ela também seja notável pelo que pode prever e nos dizer sobre o mundo da matéria e do espaço-tempo, ela nos apresenta algumas ideias muito estranhas.

O que espero conseguir neste capítulo pode ser um pouco intimidante para o leitor leigo. Quero descrever os ingredientes necessários da teoria quântica dos campos — a teoria que descreve com sucesso um mundo desconcertante de mudanças maravilhosas em nosso pensamento sobre o que, exatamente, se passa no universo. Não creio que essa nova visão da realidade já tenha sido suficientemente bem apresentada aos leitores leigos, que muitas vezes são deixados bem para trás na compreensão de iluminadoras percepções e descobertas contemporâneas na física.

Comecemos, então, nossa jornada na teoria quântica dos campos. Apresentarei alguns conceitos novos e, talvez, aparentemente insondáveis ao longo do caminho. Pense que você está viajando por uma estrada, a proverbial estrada de tijolos amarelos ao longo da qual Dorothy e seus companheiros viajaram quando saíram para ver o mágico de Oz. Alguns desses conceitos podem ser confusos no início, pois se baseiam em conceitos matemáticos sobre os quais você pode nunca ter ouvido falar. Vou descrever esses conceitos, e lhe dizer por que eles são de interesse, e explicá-los da melhor maneira que puder. Se você não conseguir apreendê-los, não se desespere: apenas continue a ler e, de vez em quando, volte os olhos para eles. Garanto a você que essa visão valerá a pena. Quando, de repente, você entender que compreende essas ideias, perceberá que a nova visão do louco mundo das partículas é de tirar o fôlego, especialmente para aqueles que estão apenas começando a se familiarizar com esse estranho mundo da teoria quântica dos campos.

Por que a teoria quântica dos campos é difícil

É preciso dizer, desde o início, que o estudo da teoria quântica dos campos é um domínio muito difícil de ser investigado, pois os objetos, processos e interações que nele se estuda são infinitesimalmente pequenos e os eventos nesse reino minúsculo acontecem nas proximidades da velocidade da luz; além disso, nessa fase que envolve coisas minúsculas e rapidíssimas, esses encontros são extremamente violentos. Em resumo, esses objetos minúsculos chamados partículas aparecem em atos explosivos de criação e desaparecem em momentos igualmente implosivos de aniquilação. Nessa escala, começamos a ver por que nossos conceitos convencionais de espaço, tempo e matéria parecem nebulosos e esmaecidos, a tal ponto que o mundo da compreensão convencional e da experiência ordinária ganha a aparência de uma grande ilusão criada por um mago de quem não temos nenhum conhecimento direto.

À medida que descemos até o nível das partículas subatômicas, vamos encontrá-las movendo-se tão rapidamente que não podemos acompanhá-las como acompanhamos os movimentos de objetos comuns e muito maiores. Os movimentos e propriedades das partículas não correspondem às antigas maneiras de pensar do senso comum encontradas na física clássica e na vida cotidiana. Nesse nível subatômico da existência, a física newtoniana clássica – do tipo que descreve o nosso mundo das coisas do dia a dia – simplesmente não funciona. Assim, uma nova forma de física teve de ser criada para explicar adequadamente os fenômenos que observamos.

Essa formulação da teoria quântica dos campos foi descoberta no século passado, principalmente na sua segunda metade. Ela une a teoria especial da relatividade de Einstein com o formalismo anterior não relativístico da física quântica, agora rotulado como física quântica clássica.

Richard P. Feynman, um dos pioneiros dessa nova teoria, como foi observado anteriormente, indicou que um casamento bem-sucedido da física quântica com a teoria da relatividade especial só pode ocorrer se levamos em consideração tanto o processo de aniquilação como o de criação. Esses processos envolvem a matéria e a antimatéria (você pode se lembrar de minha discussão sobre a antimatéria na seção intitulada "O *terceiro espelho – Inversão da matéria*" na página 76). O grande mistério consistia em explicar por que há antipartículas eletricamente carregadas que correspondem exatamente a partículas carregadas que têm a massa e outras características idênticas às das partículas, mas cargas opostas às delas. No nosso universo, só raramente vemos essas antipartículas, mas elas só passam a existir sob certas circunstâncias. Por exemplo, a antipartícula de um elétron é um pósitron. Pósitrons são agora usados diariamente em laboratórios médicos de radiação para diagnóstico em todo o mundo, em escaneamentos radiativos do cérebro chamados de escaneamentos PET (tomografia por emissão de pósitrons).

Como veremos no próximo capítulo, também precisamos voltar a atenção para os processos de interação que ocorrem *virtualmente* (imaginativamente reais e assimiláveis à natureza espacial[68]) fora dos *cones de luz*[69] das partículas interagentes –, em outras palavras, são processos taquiônicos ou mais rápidos que a luz. Acontece que esses processos tiveram de ser incluídos por razões de consistência, o que tornou impossível considerar a matéria como composta por um número fixo de partículas fundamentais interagentes.

Isso mudou tudo. A matéria não era mais inviolável e sujeita apenas a mudanças químicas, tais como a adição de dois átomos de hidrogênio a um átomo de oxigênio para se compor uma molécula de água, H_2O; agora, a matéria poderia se desvanecer e se transformar em luz. Mais que isso, a própria matéria parecia ser feita de luz,[70] a qual, aparentemente, se condensava em matéria a partir de um campo quântico, como a condensação do orvalho sobre um para-brisa bem cedo em uma manhã fria, e, uma vez condensada, era capaz de mudar, acumulando-se de maneira cada vez mais massiva, o mais rápido que pudesse.

Antes da teoria quântica dos campos, tendemos a pensar na física quântica como um jogo de xadrez em que nenhuma peça jamais se perde ou é capturada;

as peças simplesmente se movem em um tabuleiro gigantesco chamado universo, em que ninguém sabe por que uma rainha é rainha, por que um cavalo dá saltos engraçados em forma de L, ou por que quaisquer outras peças fazem o que fazem. Diríamos apenas que os objetos tinham massas diferentes e outras propriedades como a carga elétrica e o *spin*.

Com a teoria quântica dos campos, vemos agora que o jogo é mais complexo; não apenas há perdas e capturas, mas também verificamos que os objetos podem desaparecer completamente do tabuleiro. Também descobrimos que os peões podem se transformar em rainhas, torres, cavalos ou bispos, violando uma regra na qual anteriormente se acreditava, segundo a qual o adversário podia ter apenas uma rainha (exceto quando um peão atinge a linha de fundo de um oponente) e duas de cada uma das outras peças. Na teoria quântica dos campos, as partículas podem mudar, e ainda mais estranhamente, elas podem ficar mais leves ou mais pesadas (seguindo a bem conhecida equação da energia de Einstein, $E = mc^2$, em que E é a energia de uma partícula, m é sua massa, e c^2 é a velocidade da luz elevada ao quadrado).

No nível subatômico, as partículas não se movem simplesmente do ponto *A* para o ponto *B* de maneira contínua. Pelo que parece, elas são criadas do nada e depois aniquiladas, voltando novamente ao nada de maneira muito rápida. E, como expliquei no Capítulo 5, elas também seguem todos os caminhos possíveis, e não apenas o caminho mais provável. No que se segue, examinaremos alguns dos processos nos quais uma partícula recém-criada se envolve, e aprenderemos por que elas se embrenham nessas peregrinações aparentemente paradoxais.

Seguindo a estrada de tijolos amarelos até NENPAT*

O caminho que leva da física quântica comum à teoria quântica dos campos não foi fácil de seguir. No Capítulo 5, falei sobre a teoria do físico Paul Dirac. Como o passar do tempo após a contribuição de Dirac, problemas pareceram se desenvolver com o seu conceito de mar de energia negativa; em particular, ninguém sabia o que fazer com partículas que não obedeciam ao princípio da exclusão de Pauli,[71] como os núcleos de átomos de hélio (^4He) ou qualquer áto-

* Nenhuma Energia Negativa Pode Avançar no Tempo. (N.T.)

mo completo. O mar nunca poderia ser preenchido com tais partículas, uma vez que elas tendem a não se excluírem mutuamente, em absoluto, mas a se incluírem e se aglutinarem no que é chamado de *condensado bosônico*.[72] Se tal mar bosônico de energia negativa existisse, todos os átomos cairiam nele e as partículas de matéria desapareceriam totalmente, entregando sua inércia à radiação em uma gigantesca explosão de energia $E = mc^2$.

A grande questão é: "Por que isso não aconteceu"? Você poderia se perguntar por que alguém iria se preocupar com isso. Em 1986, muitas mudanças se desenvolveram no campo da física quântica relativista, e surgiu um campo totalmente novo, chamado de *eletrodinâmica quântica*; Richard Feynman, Julian Schwinger e Sin-Itiro Tomonaga dividiram o Prêmio Nobel de 1965 por seu trabalho pioneiro nesse campo. Por mais inspiradora que essa nova área de pesquisa tenha se tornado, e mesmo que ela proporcionasse um novo e acurado grau de certeza, que permitiu prever o momento magnético de um elétron com uma precisão da largura de um fio de cabelo em comparação com a distância de Los Angeles a Nova York, ela levantou e manteve alguns problemas interessantes.

Hoje, cursos de pós-graduação em teoria quântica dos campos são abundantes nos departamentos de física. No entanto, com base em minha experiência, é sempre útil, na aprendizagem de qualquer assunto novo, entender como chegamos aonde estamos hoje, voltando os olhos para os melhores escritos originais sobre o assunto. Isto é, devemos olhar para o passado para ver como surgiu nossa compreensão atual.

Richard Feynman, talvez mais do que seus parceiros do prêmio Nobel, ajudou a formular uma teoria para a qual encontrou uma expressão intuitiva, mostrando como a luz interage com a matéria quando os campos envolvidos nessa interação têm energias muito altas. A formulação de Feynman da eletrodinâmica quântica levou a desenvolvimentos na teoria, os quais, como vimos, converteram as ideias de Feynman e de outros na teoria quântica dos campos.

Vamos agora considerar algumas das primeiras ideias intuitivas de Feynman. A abordagem da eletrodinâmica quântica e da teoria quântica dos campos por Feynman não apenas pode lhe proporcionar os passos matemáticos de que você precisa seguir para poder reconhecer por que, no final das contas, a matéria existe, mas também pode lhe oferecer percepções profundas, aguçadas e iluminadoras a respeito de por que ocorreram esses passos que levam à nossa compreensão.

Em 1986, Feynman (que morreu em 1988) foi convidado, juntamente com seu futuro colega de Prêmio Nobel Steven Weinberg, para proferir as duas primeiras palestras anuais em homenagem a Paul Dirac (que morrera em 1984) na Cambridge University. Essas palestras foram preparadas para alunos do primeiro ano de graduação em física e, portanto, eles precisavam de alguns conceitos matemáticos avançados a fim de conseguir apreender plenamente o que cada orador pretendia transmitir. Nos próximos capítulos, explorarei o pensamento de Feynman com o olhar voltado para alguns dos conceitos que ele apresentou e como sua maneira engenhosa de lidar com o tempo o levou a algumas novas percepções esclarecedoras sobre como o nosso universo funciona.

Desde meus dias de faculdade, fiz o melhor que pude para acompanhar os desenvolvimentos da eletrodinâmica quântica ou teoria quântica dos campos, e tenho lutado para compreendê-las bem o suficiente a fim de explicá-las a um público leigo. Manuais como *Quantum Theory of Fields*, de Weinberg, e *Quantum Field Theory in a Nutshell*, de Anthony Zee, são realmente maravilhosos para alguém como eu; no entanto, eles são provavelmente muito técnicos para os leitores leigos a quem este livro se destina.[73] Sempre acreditei, como Feynman aparentemente também acreditava, que se você não consegue explicar um conceito de física para alunos calouros, então você realmente não entende esse conceito.

Você poderia se perguntar por que eu precisaria acompanhar de maneira tão pormenorizada o pensamento de Feynman na palestra sobre Dirac, uma vez que a explicação de Feynman, que ele apresentou por escrito em *Elementary Particles and the Laws of Physics*,[74] parece clara. Por um lado, sua clareza intuitiva é imensamente atraente, mas, por outro, é tão ilusoriamente simples que eu me deparei trabalhando com o livro e me perguntando exatamente como ele deu cada um dos seus saltos, um após o outro. Creio que Feynman tem um pouco do Mágico de Oz, e que talvez outras pessoas que fizeram cursos com esse notável professor pensam sobre ele da mesma maneira.

Depois de ler, em *Elementary Particles and the Laws of Physics*, o capítulo que explica por que as antipartículas precisam existir, fiquei perplexo ao reconhecer quão simples me pareceu sua explicação sobre a antimatéria, e, no entanto, parecia haver lacunas entre alguns passos. Eu tinha de descobrir como preencher essas lacunas. Imagino que isso se assemelhe a ter a estrada de tijolos amarelos de Oz se desenrolando à nossa frente até se perder de vista, faltando apenas alguns tijolos grandes. Você consegue ver a estrada que se estende diante de você graças aos tijolos que estão no local, mas às vezes você vai de um tijolo para o seguinte e acha que a lacuna é muito grande para ser transposta de um único passo ou até mesmo em um salto intuitivo. O mágico sempre pareceu deixar apenas o número de tijolos suficiente para guiá-lo, mas não o suficiente para lhe mostrar com precisão como a estrada segue à sua frente até que você consiga acrescentar alguns tijolos por conta própria.

Por isso, agora vou preencher a estrada com tijolos que brilham no escuro, e espero que qualquer viajante possa segui-los. Acredito que a inclusão de alguns conceitos de álgebra e de geometria e um pouco de trigonometria não aborrecerão muito o leitor.[75] Minhas razões para incluir esses conceitos são as seguintes: gosto de explicar ideias muito complexas de maneira simples; também acho perturbador quando não consigo fazer isso, pois, nesse caso, eu percebo que ainda não consegui realmente compreendê-los. Também é um desafio para mim conseguir explicá-los em palavras, imagens e termos matemáticos simples, em vez de recorrer a equações complexas. Finalmente, dou boas-vindas ao desafio, pois essas ideias são muito instigantes e deveriam levar as pessoas a perceberem o quão incrivelmente mágico é o universo. Aprender como o universo realmente funciona em seu nível mais fundamental me enche de uma sensação de profundo respeito, admiração e mistério, e – creio nisso realmente – me aproxima da resposta a perguntas antiquíssimas: "Por que estamos aqui"? e "Por que existe algo em vez de nada"?

Uma vez que a contribuição de Feynman às palestras de Dirac[76] me deixou com a sensação de que eu não compreendia plenamente os seus conceitos, passei um bom tempo – não me envergonho de dizer isso – estudando seus argumentos muito, muito cuidadosamente. Foi para mim uma revelação maravilhosa sobre o modo de pensar desse homem intuitivo, um modo que experimentei pela primeira vez no meu curso de graduação com ele e que tenho continuamente imitado até hoje quando ensino física aos leigos.[77]

Tentarei explicar esses argumentos de tal maneira que você não terá de forçar seu cérebro com quaisquer equações mais complexas do que aquelas que aprendeu nas aulas de matemática da escola secundária. Pense nessas equações como placas de sinalização. Você não precisa entender como elas surgiram ou até mesmo o que elas significam. Quando eu estava fazendo uma pesquisa sobre a abordagem de Feynman da eletrodinâmica quântica, fiquei espantado ao ler que uma das principais razões para a existência de antipartículas não surgiu de uma liberdade para inventá-las a partir do céu azul, por assim dizer, mas por um limite do senso comum que a natureza impôs à nossa imaginação e, aparentemente, ao nosso universo: traduzindo de maneira simples, o universo não fornece almoços grátis! Em outras palavras, partículas de matéria e partículas de antimatéria precisam existir apenas com energia positiva.

Mas por que as partículas não podem ter energia negativa? Bom, podemos tê-las, mas nunca iríamos vê-las se movendo dessa maneira. Como veremos em breve, as partículas podem ter energias negativas se e somente se elas se moverem para trás no tempo! Caso contrário, todas as partículas, inclusive as antipartículas, precisam ter energia positiva e avançar no tempo.

Olhando para a matéria comum, que flui para a frente ao longo do tempo, Feynman simplesmente se perguntou sobre o que acontece se restringimos as partículas de modo que elas nunca possam ter energias negativas enquanto se movem para a frente no tempo. Ou seja, afirmamos que as energias negativas simplesmente não estão autorizadas para partículas livres seguindo para a frente no tempo: "*N*enhuma *E*nergia *N*egativa *P*ode *A*vançar no *T*empo: NENPAT, pois NENHUMA SE AJUSTA A ELE".*

Isso parece simples o suficiente e até mesmo faz parte do senso comum. A teoria da relatividade especial, no entanto, não faz essa restrição e, como vimos nos capítulos anteriores, uma onda com energia negativa significa simplesmente uma onda com frequência temporal negativa — isto é, um poste de barbeiro girando no sentido oposto ao de uma rotação de frequência temporal positiva. Dessa maneira, por que agora deveríamos dizer "não" a frequências temporais negativas e, portanto, dizer "não" a energias negativas? Talvez precisemos delas para construir partículas.

Para encontrarmos uma resposta, precisamos entender como a física quântica ordinária ou não relativista constrói partículas a partir de ondas. Lembre-se de que, nesse domínio, a velocidade da luz é infinita. Acontece que nele, se restringirmos as partículas para que existam apenas em uma curta faixa de tempo

* Acrônimo intraduzível: "no negative energy — forward in time, NONE FIT". (N.T.)

e de espaço, precisamos usar ondas que se propagam com frequências temporais tanto positivas como negativas, e frequências espaciais igualmente positivas e negativas.

Para rever essas ideias sobre frequências temporais e frequências espaciais, volte ao Capítulo 5. Se você perguntar por que precisamos usar ondas de frequências temporais positivas e negativas, a resposta é que apenas a partir de tais ondas nós podemos construir partículas que se comportam de uma maneira causal legítima; elas precisam seguir a lei da causa e do efeito. Sei que isso parece bizarro, mas para fazer partículas que obedecem à lei, precisamos de ondas que a transgridam. No que se segue, mostrarei a você como e por que tudo isso funciona. Vamos começar com a física quântica ordinária, do tipo que é chamado de não relativista, na qual, com efeito, consideramos a velocidade da luz como infinita, e isso equivale a supor que as partículas com que lidamos estão, todas elas, se movendo lentamente em relação à velocidade da luz.

Ondas ordinárias da física quântica, cumpridoras da lei

Agora, na física, quando dizemos que uma partícula segue uma lei de causa e efeito, isso também significa que há alguma maneira de se prever o seu comportamento. Portanto, deve haver uma relação entre a energia cinética da partícula, E, e o seu *momentum*, p. Energia e *momentum* são importantes na física porque quando as partículas interagem umas com as outras, se fizermos corretamente sua contabilidade, verificaremos que a energia total e o *momentum* total antes da reação terão os mesmos valores que irão apresentar depois da reação. Dizemos então que a energia e o *momentum* são *conservados*.

Se a velocidade da luz é infinita, a relação matemática entre a energia cinética de uma partícula e o seu *momentum* é a mesma que na física clássica, com a qual você pode estar familiarizado. Tal fórmula nos permite prever como uma partícula se comporta e saber que a energia aumenta, por exemplo, em proporção ao quadrado do *momentum*. Ela diz que a energia da partícula pode ser calculada elevando-se o seu *momentum* ao quadrado e dividindo esse número pelo dobro da massa da partícula (m). A fórmula é, portanto, $E = p^2/2m$. Consequentemente, de maneira alguma uma partícula real pode ter uma energia cinética negativa se for calculada a partir desta fórmula, uma vez que a energia é proporcional ao quadrado de um número real, neste caso, o *momentum* elevado ao quadrado, p^2, que é sempre um número positivo. Essa fórmula é bem conhecida pelos alunos principiantes dos cursos de física e explica por que qualquer pedaço de matéria terá quatro vezes mais energia se tiver o dobro do *momentum*. Por isso, um boxeador que der um golpe com o dobro da velocidade, terá uma chance muito maior de dar um nocaute. A segurança defensiva em um jogo de futebol americano sabe que mesmo quando se atinge um receptor com largo potencial de captação da bola, se esta estiver animada pelo dobro do *momentum*, isso irá certamente fazer com que o receptor perca a bola na sua recepção, mesmo que chegue a pegá-la.

A essa energia, você pode sempre adicionar a equação de Einstein para a equivalência entre massa e energia, $E = mc^2$, que aqui no nosso caso é infinita. Assim, a energia total da partícula seria $E = mc^2 + p^2/2m$. No entanto, uma vez que a velocidade da luz é infinita, a energia da massa seria infinitamente maior do que a energia cinética para cada partícula em uma reação, e não mudaria – seria a mesma antes e depois da reação. Os jogadores de futebol americano teriam, depois da colisão, a mesma quantidade dessa infinita energia da massa que havia antes da colisão. Quando as coisas não mudam, não há nem mesmo uma maneira de detectá-las, independentemente de quão grandes essas coisas possam ser. Em consequência disso, nós não precisamos incluir a relação entre massa e energia de Einstein na física clássica ou na física quântica clássica. Mas esse não é o caso quando olhamos para a maneira como a teoria da relatividade especial muda a física quântica: a saber, quando precisamos levar em consideração os fatos de que a velocidade da luz não é infinita e que as massas das partículas podem de fato mudar em uma interação.

Ondas gordas e pulsações magras

No chamado mundo real em que todos nós habitamos, quase nunca pensamos sobre a causa e o efeito. Até onde isso nos diz respeito, quando nos movemos por aí – mesmo com velocidades próximas à do som, nos aviões a jato –, vemos as coisas acontecendo sem que haja nenhum retardo de tempo entre elas. A luz e todos os outros sinais eletromagnéticos que se movem com a velocidade da luz parecem fugir daqui para lá instantaneamente –, em outras palavras, com velocidade infinita.

O senso comum nos diz que quando alguma coisa acontece aqui e agora, e mais tarde acontece lá, nós suspeitaríamos ou poderíamos suspeitar de que aquilo que aconteceu antes poderia ser a causa do que ocorreu mais tarde, mas nunca vice-versa. Existe alguma ligação entre esses eventos? Com a luz disparando por toda parte com velocidade infinita e as bolas de beisebol comuns movendo-se com velocidades finitas, raciocinamos que o fato de uma bola de beisebol em voo atingir a luva do jogador que ocupa o campo externo foi um efeito causado pelo golpe dado nela pelo bastão do batedor de beisebol. Quando o bastão acerta na bola, transfere a ela energia e *momentum*, e a relação entre a energia da bola e o seu *momentum* é sempre dada pela fórmula que estabelece a lei que as une: $E = p^2/2m$.

Tão logo reconhecemos que a luz tem uma velocidade finita, surgem novas indagações sobre essa visão relativamente simples de causa e efeito, chamada de *causalidade*. Como vimos nos capítulos anteriores que abordaram as partículas mais rápidas que a luz, os táquions, se dois eventos estão conectados por um táquion que os media, não conseguimos determinar, de maneira absoluta, qual dos dois é causa do outro. Em poucas palavras, a causalidade seria violada. Surgem então as perguntas: "Como podemos ou, por isso mesmo, como devemos proibir a ocorrência de táquions nas nossas equações"? "Existe alguma maneira de formular a física quântica de modo que não precisemos, de modo algum, lidar com os táquions?" Deixe-me, por um momento, examinar a situação em que a velocidade da luz é considerada infinita.

Você deve se lembrar de que, segundo a física quântica clássica, nada pode se movimentar com a velocidade da luz, pois seria preciso uma energia infinita para levar alguma coisa a alcançar essa velocidade. Por isso, os táquions deixam facilmente de ser levados em consideração em nossas equações. Nós simplesmente jogamos fora processos infinitos. Eu sei que isso parece bizarro: "Como você pode jogar fora o infinito"? A resposta é que nós podemos se qualquer coisa à qual o infinito pertence não afeta nem muda nada quando as partículas interagem, como fizemos com os termos infinitos mc^2, quando jogamos fora a equação de Einstein da equivalência entre massa e energia e só mantivemos a energia cinética. (Como veremos, precisamos nos perguntar novamente sobre os táquions quando a velocidade da luz é finita. Eles não ficam mais fora da mistura e desempenham efetivamente um papel.)

Em seguida, perguntamos sobre como as partículas se comportam de acordo com nossa equação de onda fundamental da física quântica clássica, chamada de *equação de Schrödinger*. Ela prevê como ocorrem as ondas da física quântica. Ela também explica como essas ondas podem ser somadas, procedimento que é chamado de *princípio da superposição*, a partir do qual podemos fazer partículas aparecerem.

Uma típica onda física quântica de Schrödinger é uma função matemática do espaço e do tempo; ela tem vales e cristas. A onda de Schrödinger se revelou indispensável para resolver problemas, sempre que podemos supor que a velocidade da luz é infinita ou, em uma formulação equivalente, que as partículas com que lidamos têm velocidades significativamente menores que a velocidade da luz. Pois isso explica um número muito grande de fenômenos físicos para os quais o modelo físico não quântico, clássico ou newtoniano já não pode ser aplicado. É uma maneira matemática bem-sucedida para explicar como a luz vem de qualquer átomo, como as vibrações moleculares ocorrem e como os gases têm capacidade para absorver calor em temperaturas extremamente baixas. Mas essas ondas eram reais ou significavam apenas uma maneira matemática de lidar com a realidade?

Nos primeiros dias da descoberta da equação de Schrödinger, os físicos estavam animados e ansiosos para aplicar a matemática de Schrödinger em qualquer coisa que pudessem ter ao alcance das mãos. Eram como um bando de garotos que, depois de invadirem a cozinha, e depois de se entregarem a muitas tentativas frustradas de assar um bolo, de repente descobriram o livro de receitas culinárias de sua mãe. A fórmula de Schrödinger dava a receita correta para cada aplicação física imaginável durante esses primeiros dias de descoberta. Todo mundo acreditava na onda de Schrödinger, mesmo que ninguém soubesse como ela se movia no espaço e no tempo. De alguma forma, a onda tinha de existir. Mas, até mesmo sem uma imagem, a matemática era suficiente, contanto que você soubesse ler o livro de receitas culinárias matemáticas.

A grande pergunta era esta: "O que a onda de Schrödinger tinha a ver com o mundo real da matéria? Será que a onda realmente se transforma em uma partícula, como um sapo em um príncipe? Será que havia uma maneira de usar o livro de receitas culinárias de Schrödinger para 'assar' uma partícula depois de misturar muitas ondas de diferentes frequências temporais e frequências espaciais?" Vemos partículas todos os dias, como bolas de beisebol arremessadas através do ar. "Podemos fazer com que ondas em propagação, de alguma forma, consigam colidir umas com as outras como bolas de beisebol?" Mesmo isso não era impossível para o mestre *chef*. Quando eu arremesso uma bola, ela foge da minha mão e segue ao longo da direção para onde eu a jogo. As ondas não fazem isso. Elas se propagam através do espaço e se espalham, dependendo de como são produzidas. Poderíamos usar o livro de receitas culinárias de Schrödinger para transformar ondas de natureza física quântica em partículas que colidem? Há em física uma fórmula matemática especial que podemos usar. Ela é chamada, sugestivamente, de *propagador*.[78] Desse modo, como podemos calcular o propagador?

A resposta está em nosso conceito de partícula. Ela é um objeto minúsculo que se distingue de uma onda por uma característica marcante: ela é localizada — ela precisa estar em algum lugar em algum instante. Desse modo, ela ocupa uma região bem definida do espaço, e se move de uma região do espaço para outra. Você sempre sabe onde ela está. Ela existe em um dado local apenas em um dado tempo.

As ondas são diferentes, pois elas não são localizadas. Elas se espalham sobre amplas regiões do espaço e podem — na verdade, precisam — ocupar um volume de espaço que contém muitas localizações no mesmo instante de tempo. No entanto, quando muitas ondas com diferentes frequências temporais e frequências espaciais são somadas usando-se o *princípio da superposição*, resultados surpreendentes podem ser obtidos. As ondas de Schrödinger não eram exceção à regra. As ondas de Schrödinger podiam ser somadas como ingredientes de uma receita e produzir um propagador chamado de *pulso de Schrödinger*.

Um pulso ou propagador é um tipo especial de onda. Se você amarrar uma extremidade de uma corda de pular em uma parede e pegar a outra ponta em sua mão, você pode fazer um pulso esticando a corda e dando-lhe um único movimento brusco para cima e para baixo. O pulso viaja de sua mão em direção à parede e, em seguida, reflete na parede e volta em direção à sua mão. Talvez isso seja tudo o que efetivamente existe para um elétron, por exemplo, ou para

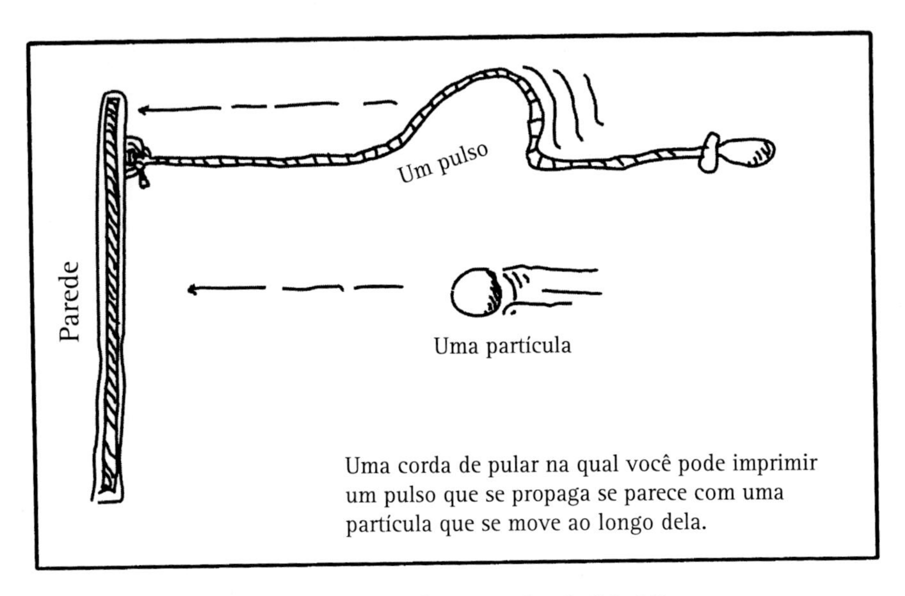

Figura 8a. O propagador: um pulso de Schrödinger.

qualquer outra minúscula partícula subatômica – um pulso, ou pulsação, em uma corda invisível.

No entanto, para fazermos um pulso como o que vemos na Figura 8a, precisamos usar ondas que fluem tanto para a direita como para a esquerda; em outras palavras, precisamos de ondas que têm frequências espaciais positivas e negativas, com as ondas positivas indo para a direita e as ondas negativas para a esquerda. Embora isso não seja óbvio a partir da figura, tanto ondas com frequências temporais positivas como negativas são igualmente necessárias para tornar o pulso bem definido no tempo, assim como no espaço. Se pararmos de agitar a corda, o pulso simplesmente desaparece, e antes de agitá-la, ele também não estava lá. Para transformarmos isso em uma expressão matemática, precisamos tanto de frequências temporais positivas como negativas.

No entanto, quando colocamos os ingredientes juntos corretamente, por mais bem definido que o pulso pareça ser, ele não permanece assim com o passar do tempo. Deixe-me explicar isso um pouco mais. Havia algo de terrivelmente embaraçoso a respeito do pulso de Schrödinger: ele ficava mais gordo à medida que envelhecia. Ou seja, ele se espalhava, tornando-se mais largo a cada segundo. O problema era que não havia nada para mantê-lo coesamente unido. Ele era constituído por grande número de outras ondas, e cada uma delas tinha a sua própria velocidade, sua própria frequência temporal e sua própria frequência espacial. Com o tempo, cada onda se afastaria das outras. O pulso permaneceria junto com as ondas somente enquanto elas se mantivessem em harmonia umas com as outras.

Agora, imagine que o pulso é representado por um grupo de cavalos mantidos estreitamente juntos e galopando por uma pista de corrida curva. Mas a junção entre esses cavalos só conseguirá se manter coesa durante um curto lapso de tempo, pois o grupo acabará se espalhando, à medida que cada cavalo passe a galopar em seu próprio ritmo. Os cavalos mais lentos recairão na retaguarda do grupo, enquanto os mais rápidos irão para a frente. À medida que o tempo passa, as distâncias entre os cavalos mais lentos e os mais rápidos aumentam. De maneira semelhante, o pulso "engorda" cada vez mais à medida que suas ondas mais lentas saem de sincronia com suas ondas mais rápidas.

Embora grandes objetos, como bolas de beisebol, também sejam feitos de tais ondas, quanto maior for o objeto que considerarmos de início, mais lenta-

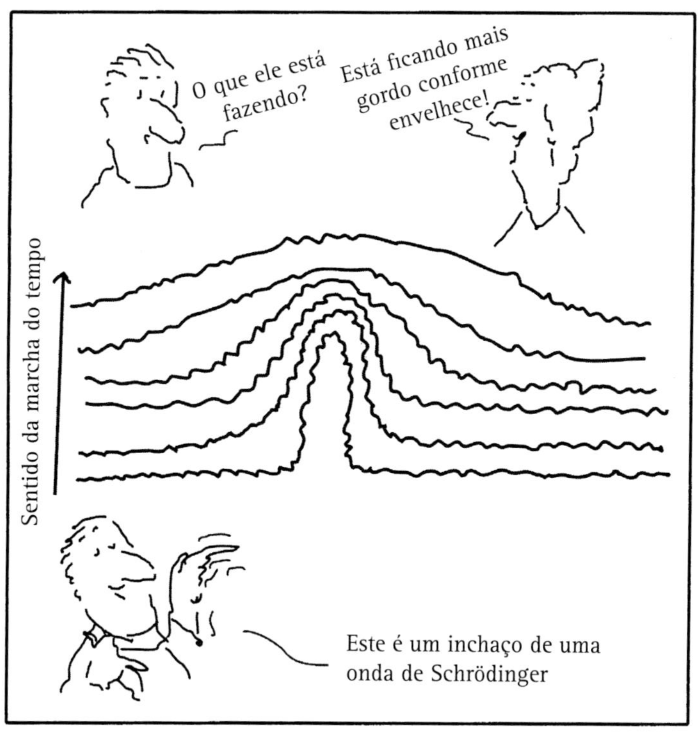

Figura 8b. Os propagadores mudam com o tempo: um pulso de Schrödinger fica mais gordo.

mente suas ondas se espalharão. Desse modo, uma bola de beisebol mantém sua forma básica porque escolhemos de início um objeto já muito grande. O pulso de Schrödinger que descreve a bola de beisebol ou, por isso mesmo, qualquer partícula de tamanho macroscópico, como um único grão de milho, funciona bem. Na verdade, se não fosse assim, não teríamos um universo material.

Mas um elétron ou qualquer partícula subatômica é um "cavalo" de forma, tamanho e cor muito diferentes. Enquanto está confinado dentro de um átomo, as forças elétricas do núcleo atômico mantêm suas ondas presas a rédeas. Essas ondas só têm permissão para se espalhar sobre uma região do tamanho do átomo, mas não além dele. Porém, quando um elétron não está mais assim confinado, quando é libertado, as ondas que compõem seu tamanho minúsculo feito de pulso e partícula começam a se espalhar com uma taxa extremamente rápida. Em menos de um milionésimo de segundo, o elétron pulso-partícula se tornaria tão grande quanto o maior dos estádios de futebol! Mas, é claro, ninguém jamais viu um elétron assim tão grande. Todos os elétrons aparecem, sempre que aparecem, como minúsculos pontos.

Não parece haver limite à rapidez com a qual um pulso realmente magro poderia se expandir. E, de fato, não há um limite de tempo, pois o pulso de Schrödinger é determinado usando-se a física quântica não relativista, para a qual a velocidade da luz é infinita e não entra jamais na equação de Schrödinger. Com certeza, essa é uma equação de onda e cada onda isolada que ela descreve tem uma frequência temporal e uma frequência espacial, o que, como vimos em capítulos anteriores, significa que cada onda corresponde a uma partícula com uma dada energia e um dado *momentum* relacionados por meio da fórmula $E = p^2/2m$, mas essa onda não tem uma posição bem definida no espaço nem um *momentum* bem definido no tempo. Cada onda se espalha por todo o tempo e o espaço. Para construir um pulso magro, você precisa acrescentar uma boa porção de altas frequências temporais ou de ondas de alta energia e cada uma delas precisa ter grandes frequências espaciais ou grandes *momenta*, com valores positivos e negativos. Cada onda também precisa satisfazer à relação entre energia e *momentum*, $E = p^2/2m$. Vou chamar essas ondas de ondas que obedecem à lei (*lawful*).

No entanto, antes de o pulso se espalhar, ele precisa estar confinado no tempo, assim como no espaço. Essa é uma perspectiva que requer mais cautela e

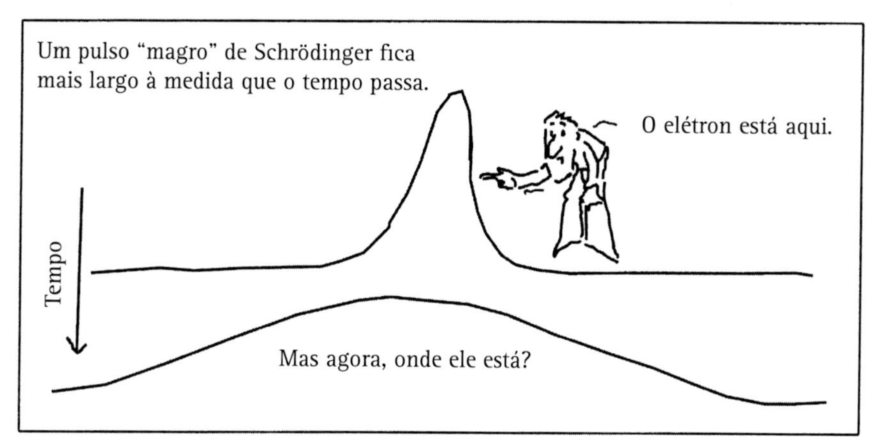

Figura 8c. As coisas se propagam para longe: um pulso magro de Schrödinger engorda mais rapidamente à medida que o tempo passa.

habilidade, pois não se restringe simplesmente a somar um grande número (na verdade, um número infinito) de ondas que obedecem à lei, dotadas tanto de frequências espaciais positivas como negativas (lembre-se, uma frequência espacial é a mesma coisa que um *momentum*, na medida em que estamos no âmbito da física quântica), de modo que essas ondas correm tanto para a frente como para trás no espaço. Com efeito, isso é necessário para confiná-las de modo que consigam criar um pulso magro.

Ondas que transgridem a lei, postes de barbeiro e polos de energia

Desse modo, para construir um pulso bem definido no tempo, você também precisará usar ondas com frequências temporais positivas e negativas, essencialmente pela mesma razão. Mas isso significa que essas ondas não poderiam mais ser obedientes à lei nem satisfazer à equação $E = p^2/2m$, pois cada onda de frequência temporal negativa corresponderia a uma partícula de energia negativa, e a partícula física só pode ter energia positiva. Então, como podemos fazer um pulso temporal a partir dessas ondas que transgridem a sacrossanta lei da energia positiva, $E = p^2/2m$?

Significaria isso que existe algo de errado com a lei da energia? A física quântica, como eu disse, é um assunto estranho. Acontece que você pode fazer coisas estranhas com a matemática, até mesmo violar a lei da energia, contanto que, quando você tiver terminado o trabalho, essas coisas estranhas não distorçam o resultado final e a lei, mais uma vez, seja obedecida. É como se acrescentássemos água à massa de farinha misturada com ovos e leite para fazer um bolo: depois que ele assar, toda a água evaporará como se nunca tivesse estado lá.

O raciocínio é algo assim: uma vez que precisamos usar *momenta* (isto é, frequências espaciais) positivas e negativas para confinar um pulso no espaço, também precisamos usar energias positivas e negativas para confinar o pulso no tempo. Como você deve se lembrar dos Capítulos 4 e 5, examinamos como os postes de barbeiro giram, e vimos que, dependendo da maneira como eles giram, eles podem ter uma frequência temporal positiva ou negativa. O número de rotações de um poste de barbeiro é dado simplesmente pelo produto da frequência temporal pelo tempo total em que o poste se mantém girando: quanto maior for a frequência temporal ou quanto mais longo for o tempo que abrange as rotações, maior é o número de giros completos que ele dá. Também aprendemos que, na física quântica, a energia era igual à frequência temporal multiplicada por uma constante física chamada constante de Planck. Agora, para manter as coisas da maneira mais simples que eu puder, nós não apenas fazemos de conta que a constante de Planck é a unidade, assim como fizemos de conta que a velocidade da luz era a unidade. Isso simplesmente significa que trabalhamos com unidades de energia e de velocidade de modo que, em cada caso, os números venham a ser unidades.

Além disso, lembre-se de que, quando lidamos com ondas, temos o conceito de fase, que marca quantas voltas o poste de barbeiro dá. Quando usamos ondas da física quântica, estamos na verdade usando uma fórmula simples para representar cada onda. Aqui está ela: e^{-iEt}. Ela é chamada de *função exponencial* e se parece com um saca-rolhas espiralando ao longo do tempo. Explicarei isso mais adiante neste capítulo.

Algumas coisas de matemática, apenas para o caso de você estar se perguntando

Na Figura 8d, vemos duas dessas funções de onda quânticas "saca-rolhas" – uma delas é, essencialmente, imagem de espelho da outra – como se elas se espiralassem ao longo do tempo subindo pelo eixo vertical.[79] Os dois eixos per-

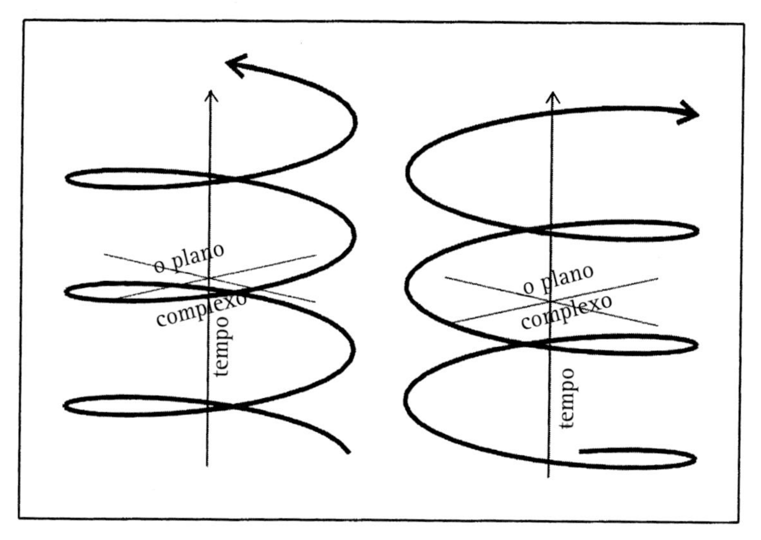

Figura 8d. Duas funções de ondas quânticas "saca-rolhas" espiralando-se no tempo – à esquerda, uma função de onda quântica com energia positiva, e à direita, uma função com energia negativa.

pendiculares ao eixo do tempo formam um plano chamado de *plano complexo*. Precisamos do plano complexo porque ele representa amplitudes de probabilidade e funções de onda que nós precisamos ter na física quântica. Um dos eixos representa números reais e o outro representa números imaginários.

Na Figura 8e, vemos um típico plano complexo usado em cursos de matemática com os quais os alunos estão cotidianamente familiarizados. Cada ponto nele é representado por dois números – um número real e um número imaginário. Na figura, eu escolhi dois números típicos, $3 + i4$ e $3 - i4$. Esses números são chamados de *complexos conjugados* um do outro. Quando você multiplica qualquer número complexo pelo seu complexo conjugado, você obtém sempre um número real positivo. Para nos lembrarmos disso, costumamos usar a seguinte notação: $|3 + i4|^2$ ou $|3 - i4|^2$, onde as barras verticais significam valor absoluto do que se situa entre elas, e o expoente 2 significa

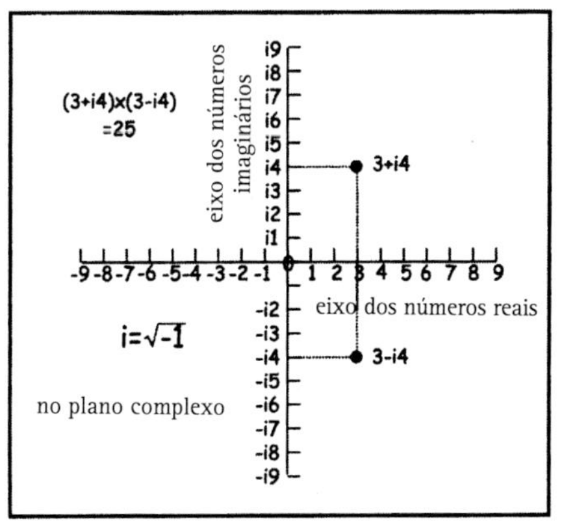

Figura 8e. O plano complexo, no qual os propagadores seguem o seu caminho.

elevado ao quadrado. Nesse exemplo, temos $|3 + i4|^2 = (3 + i4) \times (3 - i4) = 25$. Acontece que esse procedimento é exatamente o que você deve fazer para calcular a probabilidade de algo acontecer.

Outra observação sobre os números complexos é esta: quando você soma um número complexo com o seu complexo conjugado, você sempre verá que as partes imaginárias se anularão mutuamente, como neste exemplo: $3 + i4 + 3 - i4 = 6$. Essa propriedade também desempenhará um papel no Capítulo 10.

Algumas Palavras sobre Expoentes e Funções Exponenciais

Sei que prometi explicar todas essas coisas sem usar matemática complexa ou recorrendo apenas a uma quantidade mínima dela. No entanto, existem alguns truques com a matemática que se tornarão claros se você, simplesmente, entender o que está neste *box*. Primeiro, deixe-me falar um pouco sobre expoentes. Você provavelmente aprendeu a respeito deles na escola. A regra é esta: considere um número e o multiplique por si mesmo *n* vezes. Portanto, se o número é 6, e *n* é, digamos, 3, então você multiplicaria $6 \times 6 \times 6$. O resultado, se você fizer as contas, é 216. Você pode esquecer esse número. Nós simbolizaremos essa operação escrevendo-a desta forma: 6^3 e diremos que significa seis ao cubo. Chamamos o 3, neste exemplo, de expoente de 6. Dizemos também que temos o número 6 elevado à terceira potência. Agora, suponha que você quer multiplicar dois números que são potências de 6, digamos 6^3 e 6^2. Para multiplicá-los, basta somar os expoentes. Assim, $6^3 \times 6^2 = 6^5$. Se você fizer as contas, verá por que isso faz sentido: $6^3 \times 6^2 = 6 \times 6 \times 6$ vezes 6×6 ou, simplesmente, $6 \times 6 \times 6 \times 6 \times 6$, cinco números seis multiplicados conjuntamente.

Mas o que acontece se quisermos dividir 6^3 *por* 6^2? A resposta é o que você poderia esperar: você subtrai os expoentes, de modo que 6^3 dividido por 6^2 é 6^1, que é simplesmente 6. Raciocinando dessa maneira, você também pode perguntar como seria se invertêssemos os expoentes, e dividíssemos 6^2 por 6^3. Novamente, você subtrairia e obteria um expoente negativo, 6^{-1}. Essa notação significaria a fração 1/6, que você pode conferir fazendo as contas (ou seja, 36 dividido por 216 é 0,16667, ou exatamente 1/6). Cada vez que você aumentar o expoente negativo, o valor da fração ficará menor, de modo que, por exemplo, 6^{-3} é 1/216. E o expoente zero? Qualquer número elevado a esse expoente é a unidade. Mais uma vez, uma simples verificação revela o porquê. Considere 6^2 dividido por 6^2, que é 6^{2-2} ou 6^0. Você ganha 36/36 ou, simplesmente, a unidade.

Agora vamos voltar para a função exponencial (e^{-iEt}).[80] Aqui, *e* é um número que ocorre em muitos campos da matemática, especialmente quando lidamos com frequências temporais e padrões repetitivos que ocorrem no espaço e no tempo. Ele tem o valor numérico de cerca de 2,718281828459... A elipse representa os números decimais que deixamos de representar; uma vez que *e* é conhecido como um número transcendental, como o familiar número π, que mede a circunferência de um círculo cujo diâmetro é igual a uma unidade, esses números decimais continuam para sempre e nunca formam um padrão que se repete. Pelo contrário, paradoxalmente, a natureza ou Deus trabalha com esses números que nunca se repetem a fim de obter todos os padrões repetitivos com os quais podemos lidar. O termo e^{-iEt} representa tal padrão vibratório. De fato, sempre que você vir um *e* com um expoente como $-iEt$, pense nele como um padrão repetitivo no tempo t com uma frequência temporal E, e uma taxa de repetição que depende de seu produto Et – quanto maior for Et, mais rapidamente o padrão se repetirá. Uma regra diz que ondas quânticas representando partículas não confinadas são sempre representadas em um plano complexo por essas funções exponenciais, que mudam com o tempo espiralando-se como saca-rolhas, como mostra a Figura 8d. As duas funções exponenciais mostradas são efetivamente chamadas de *complexas conjugadas* uma da outra, de modo que quando multiplicadas uma pela outra, o resultado é a unidade. (Lembre-se, basta somar os expoentes, como no exemplo no *box*, $6^2 \times 6^{-2} = 1$; pela mesma razão, $e^{iEt} \times e^{-iEt}$ também é igual a *1*. (Você deve se lembrar das ondas "oferta" e "eco" discutidas no capítulo anterior. O termo com expoente negativo é a onda "oferta" e o termo com expoente positivo é a onda "eco", que é uma imagem de espelho, relativa à reversão temporal, da onda "oferta".)

Por que há todo esse estranho negócio de saca-rolhas complexos? É aqui que a física quântica realmente difere da física clássica, não só em seus conceitos de saca-rolhas produzindo ondas da física quântica, mas também no fato de que esses saca-rolhas, antes de tudo, precisam ser complexos. Na física clássica, podemos usar números complexos como uma conveniência, mas eles nunca são necessários e nós nunca observamos algo como um número complexo na física. Na física quântica, precisamos usar números complexos por causa do significado que damos a eles conforme se relacionam com o que nós podemos observar a respeito de partículas e de fato observamos. Dizemos que esses saca-rolhas complexos representam *possibilidades* (frequentemente chamadas de *amplitudes*), e não realidades efetivas. Determinamos que, por exemplo, duas possibilidades precisam ser multiplicadas uma pela outra para fornecer números com os quais podemos nos relacionar: probabilidades de descobrir uma partícula em um determinado ponto no espaço e no tempo. É somente graças ao uso de números complexos que podemos encontrar essas probabilidades compostas por números reais positivos – quanto maior for esse número, maior será a probabilidade de a partícula ser encontrada em um determinado lugar e tempo.

Considere uma única partícula se movendo de um lugar para outro com *momentum* p e energia E. De acordo com o *princípio da incerteza*, se conhecemos a sua energia e o seu *momentum* com certeza, não podemos saber onde ela está e nem mesmo quando ela está onde quer que ela possa estar. Estaríamos absolutamente no escuro no que se refere a localizar o onde e o quando da partícula. Se nós simplesmente usássemos uma onda definida por um número real para descrever a possibilidade de nossa partícula, sua probabilidade seria uma distribuição irregular de "caroços" no espaço e no tempo. Isso significaria que ela teria probabilidades desiguais de ser encontrada em alguns lugares, e a razão para isso não é outra a não ser a nossa pobre matemática. Porém, quando usamos saca-rolhas complexos como os descritos, e multiplicamos a possibilidade da partícula pela possibilidade do seu saca-rolhas complexo conjugado, percebemos que não aparece nenhum "caroço", pois os expoentes se somam como em $e^{iEt} \times e^{-iEt}$, e o que você obtém é uma onda sem "caroços".

Isso faz sentido na medida em que nos permite entender por que precisamos usar saca-rolhas complexos, mas o que eles têm a ver com o fato de fazerem uma partícula aparecer em algum lugar em algum instante? Em outras palavras, por que precisamos usar ondas de energia negativa que transgridem as leis? Será que isso também significa que temos de usar ondas de energia positiva que também transgridem as leis, de modo que nenhuma dessas ondas satisfaça a lei da energia $E = p^2/2m$?

Você pode realmente criar uma boa partícula, de energia positiva e obediente à lei, a partir dessas ondas que transgridem as leis, mesmo que, individualmente, essas ondas não sigam a lei. Tudo o que você faz é somar essas ondas transgressoras fazendo uso do princípio da superposição para calcular o propagador.[81] Os físicos descobriram uma maneira de figurar essa superposição de ondas formada por todos os tipos de ondas de energia transgressora, as quais apesar de zombarem da lei da física que diz $E = p^2/2m$, dão como resultado uma partícula que obedece a essa lei. Isso acabou por se revelar verdadeiro para toda a física quântica, especialmente na teoria quântica dos campos, como veremos.

Deixe-me resumir brevemente: computar um propagador usando essas ondas transgressoras pode parecer algo um tanto louco; entretanto, sabemos que precisamos, efetivamente, lançar mão tanto de ondas de *momentum* positivo como de ondas de *momentum* negativo com o objetivo de fazer com que uma partícula apareça em um minúsculo volume de espaço (ou seja, ela precisa ter uma localização única, dando ou tirando um pequeno espaço livre para movimentação); caso contrário, ela não poderia ser uma partícula, poderia? À medida que o tempo passa, diz-se que a "partícula" (que é, na verdade, um feixe de ondas) se propaga ao longo do tempo.

Também queremos que ela exista durante um período relativamente limitado do seu tempo de propagação: especificamente, por exemplo, permitindo apenas que a partícula se propague para a frente no tempo e não exista antes de um tempo de partida nem se propague para trás no tempo, confinando assim a partícula no tempo bem como no espaço.

Agora, isso pode parecer um simples pedido; no entanto, ocorre que, para determinar o propagador, precisamos somar ondas sobre uma gama completa de energias, tanto positivas como negativas (que é a mesma coisa que a frequência temporal na física quântica), e que percorrem todo o espectro que vai desde a energia menos infinito até a energia mais infinito.

Mas há um problema, e é aqui que todo esse plano complexo entra em cena. Em primeiro lugar, considere estar olhando para o propagador quando o tempo é mantido constante, como se parássemos um cronômetro. Em seguida, imagine que você desenha uma linha estendendo-a de menos infinito até mais infinito, horizontalmente, sobre uma folha de papel, supondo que essa linha represente a energia (a linha, ou eixo, da energia, por assim dizer). Imagine agora que a cada ponto sobre essa linha está associada uma amplitude de onda com uma energia especificada pelo valor que se atribui a essa grandeza nesse ponto na linha. Agora, vamos somar as amplitudes de onda em cada ponto da linha. Isso é fácil se usarmos o campo da matemática chamado de *cálculo integral*. Ah, a propósito, chamamos essa soma de *integral*. Por isso, quando eu usar, mais adiante, a palavra "integral", pense em uma soma.

Agora, se cada onda tivesse exatamente a mesma amplitude, nós realmente obteríamos uma partícula em um ponto particular nesse momento particular. No entanto, de acordo com o *princípio da incerteza* (o qual diz que se você conhece a localização de uma partícula, você não pode conhecer o seu *momentum*, e se você conhece quando a partícula ocupa essa localização, você não pode conhecer a sua energia), não teríamos nenhuma maneira de descobrir se uma partícula é obediente à lei ou transgressora da lei, pois a sua energia e o seu *momentum* não estariam definidos, em absoluto. Mas a física exige que as partículas obedeçam à lei. Para estarmos certos disso, não podemos ter ondas com a mesma amplitude ao longo de toda a linha da energia.

Então, o que fazer? Precisamos cuidar para que o valor de cada amplitude de onda diminua conforme sua energia difira da energia obediente à lei, $E = p^2/2m$. Desse modo, cada amplitude de onda precisa diminuir para ambas as ondas à esquerda e à direita da energia obediente à lei ao longo da linha da energia, mas aumente em valor no único ponto perto do meio da linha – especificamente, o ponto onde $E = p^2/2m$, exatamente o valor que faz sentido físico. Em outras palavras, pesamos as possibilidades em favor da lei. É como se tivéssemos um juiz julgando em um tribunal e decidindo em favor dos casos que parecem não violar a lei.

Para economizar espaço, darei a esse valor legal da energia o nome E_p, que deve ser lido como E índice p. Uma vez que E índice p é real e positivo, ele, naturalmente, aparece como um ponto na linha da energia à direita da energia zero, como é mostrado na Figura 8e1.

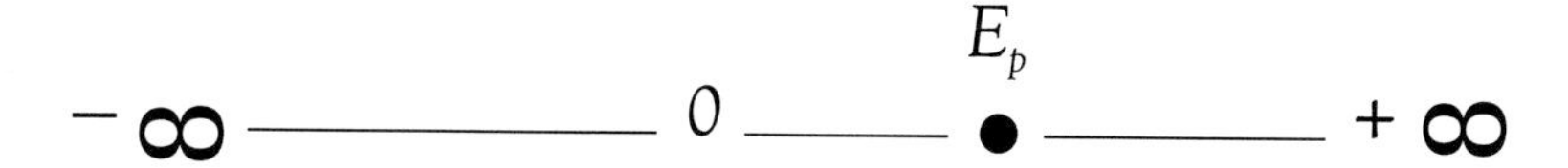

Figura 8e1. O eixo da energia real: sobre ele, os propagadores clássicos seguem o seu caminho.

Mas há outro problema que surge para a onda que corresponde exatamente à energia que obedece à lei. A onda com essa energia E_p então se revela com uma amplitude de valor infinito! Como podemos contornar esse problema?

Contornando um polo de energia

Na realidade, nós contornamos o problema literalmente falando. Deixe-me explicar. Quando os físicos construíram o propagador usando todas essas ondas transgressoras, eles descobriram que nesse ponto — justamente o único ponto em que $E = E_p$ — o propagador é infinito. Aqui, mais uma vez, parece que o ingresso do infinito na física foi bem-sucedido exatamente onde a energia tem um valor obediente à lei, a saber, aquele que é dado pela equação $E = p^2/2m$.

Agora, para impedir que esse valor infinito (que em matemática é chamado de *polo*) seja alcançado, os físicos, quando sobrepunham essas ondas transgressoras, aprenderam como circundar literalmente o polo, fazendo a soma. Eles simplesmente colocaram a linha da energia em um plano complexo e imaginaram que, juntamente com a linha horizontal que vai de uma energia de menos infinito até uma energia de mais infinito, eles acrescentaram uma reta vertical que vai de uma energia de menos *i*-infinito até uma energia de mais *i*-infinito, que você deve se lembrar de que *i* representa um número imaginário, a raiz quadrada de menos um. Com uma reta vertical de números imaginários e uma reta horizontal de números reais, obtemos um plano complexo para a energia semelhante ao mostrado na Figura 8e. É exatamente a esse plano que os doutores em física recorreram e que lhes permitiu manter o controle dos seus propagadores.

Então, os físicos imaginaram as ondas transgressoras correndo de um lado para o outro, como loucas, sobre todo o plano complexo da energia, que inclui tanto a componente real da energia, medida sobre o eixo real, como sua componente imaginária, medida sobre o eixo imaginário. Para somar os números complexos que representam as energias, eles usam o seguinte fato: uma vez que esse é um plano complexo, é sempre possível deslocar um pouco os polos sobre o plano, a fim de calcular as integrais ao longo da linha real, contanto que quando você não se interessa pela matemática, você os coloca de volta no lugar a que pertencem. Assim, podemos deslocar o polo E_p ligeiramente acima do eixo real, ou ligeiramente abaixo dele, e o resultado não deveria depender da posição para onde o empurramos.

Se deslocarmos o polo acima do eixo real da energia, então teremos uma pequena energia positiva (em módulo) no eixo imaginário, $i\varepsilon$ (os físicos gostam de usar a letra grega ε, que se pronuncia *épsilon*, para indicar uma quantidade pequena), associada a ela. Se movermos o polo abaixo do eixo real, então, isso equivale a subtrair $i\varepsilon$ do polo. De qualquer maneira que façamos isso, podemos seguir um caminho de integração que nos leva da energia menos infinito para a energia mais infinito ao longo do eixo real do plano da energia sem precisar passar pelo polo.

Deixe-me dizer isso novamente. Esse truque de matemática é justamente o que precisamos para realizar a superposição: precisamos somar as ondas com energias reais positivas e negativas ao longo do eixo da energia real. No entanto, não é fácil calcular essa soma usando o raciocínio do senso comum. Mas há uma lei da conservação bem conhecida que sempre pode ser usada no plano complexo contanto que as funções matemáticas com que você lida sejam as chamadas *funções analíticas*.[82] A lei matemática diz que se você somar todas essas ondas seguindo um caminho fechado – um laço no plano complexo da energia – e se não houver polo dentro desse laço, ou circuito fechado, o valor da soma, como que por magia, se cancela com exatidão. Ele dá zero. Na verdade, muitas leis de conservação na física resultam da realização de truques matemáticos como esse.[83] É notável que o mundo real pareça espelhar esses truques e os faça se sobressaírem como leis da física. Eu nunca consegui superar totalmente o choque dessa constatação. Acho isso totalmente misterioso e maravilhoso.

Se, por outro lado, você seguir um laço fechado que circunda um polo, você então obtém um valor para o propagador, valor esse que especifica a lei de energia dada pelo valor do polo de energia. Em matemática, isso é chamado de *cálculo de resíduos*, e o valor do resultado é chamado de resíduo. Em resumo, calcule o propagador somando ondas ao redor de um laço fechado no plano complexo da energia, e você obterá por valor o resíduo do polo dentro desse laço. Se não houver nenhum polo, não haverá resíduo e, portanto, a soma – e o propagador resultante – desaparecerá.

Somar as ondas necessárias para produzir um pulso ou propagador, mesmo que elas sigam um caminho pelo plano de energia que as introduza em energias positivas e negativas, e até mesmo em energias imaginárias, não prejudica em nada a física, contanto que as coisas se cancelem no resultado final. Tudo o que você precisa fazer é certificar-se de que parte do caminho fechado sempre pertence ao eixo real da energia (porque essa soma ou *integral* das ondas com energias reais é o que você está procurando) e o restante do caminho é completado por um semicírculo acima ou abaixo do eixo da energia real. Se houver um polo em seu interior, você obterá um valor para a soma e tudo o que você precisa fazer é deslocar o polo de volta ao eixo real e deixar que a parte imaginária desse polo, $i\varepsilon$, desapareça para dar o resultado desejado, isto é, depois de tudo o que é dito e quase feito, você empurra o polo de volta para onde ele estava no eixo real da energia e, como se esse ato fosse mágico, você recebe uma resposta.

Então, vamos considerar alguns exemplos. Na Figura 8f, eu empurrei o polo E_p ligeiramente para baixo do eixo real (eu adicionei $-i\varepsilon$) no plano da energia e considerei o caminho fechado de menos infinito a mais infinito ao longo do eixo real, e em seguida para baixo ao longo de um grande semicírculo infinito estendendo-se em direção ao eixo imaginário na sua metade correspondente à energia negativa, e, em seguida, voltando para o eixo de energia real negativa, onde ele completa o seu laço.

Agora vamos voltar ao que chamamos de fase da onda e^{-iEt}, a parte $-iEt$. Lembre-se, a fase é o produto da energia pelo tempo, Et, como mencionei no Capítulo 5.[84] Ao fechar o caminho no semiplano da energia imaginária negativa, como é mostrado na Figura 8f, precisamos nos preocupar com os valores que obtemos ao somar ondas ao longo do semicírculo inferior. No entanto, uma vez que t é positivo e nessa parte do plano a energia E tem um valor imaginário negativo, a fase da onda tem um valor imaginário negativo. Então, chame esse valor de $-iF$. Agora, realize o procedimento matemático simples e calcule a amplitude da onda na metade inferior do plano da energia. Teremos $e^{-iEt} = e^{-i(-iF)t}$. Uma vez que $i \times i = -1$, ficamos com e^{-Ft}, que, como você já sabe, é um número pequeno. Como o semicírculo no semiplano inferior estende-se para menos i-infinito, F é infinito em valor e isso significa que todas as ondas desaparecem nesse semicírculo inferior e tais ondas com energias imaginárias não contribuem para o propagador.

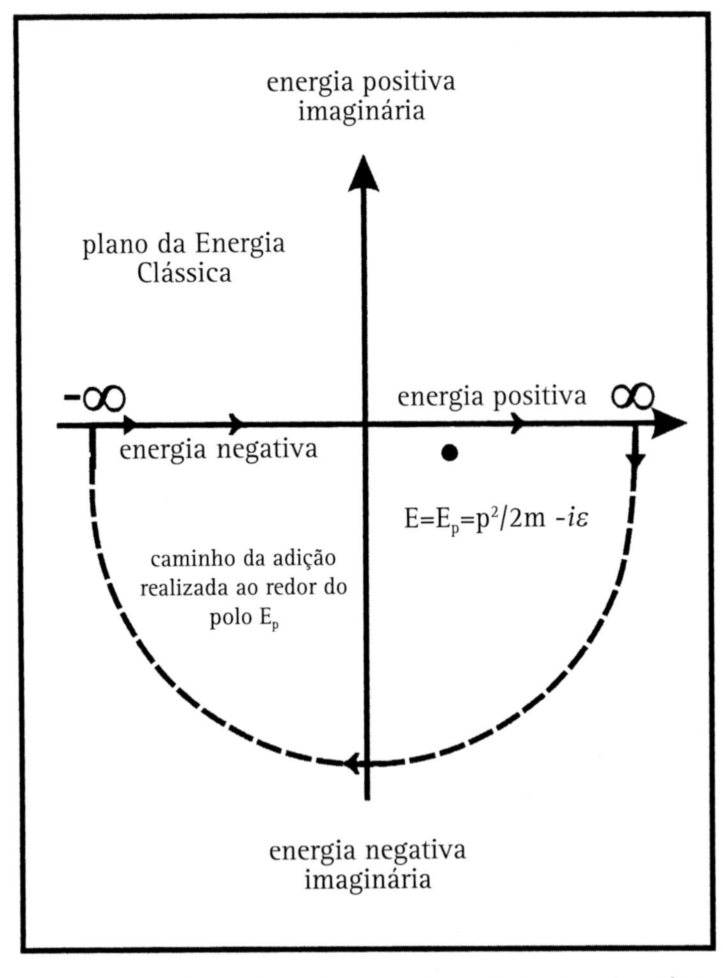

Figura 8f. Somando ondas ao longo de um caminho clássico que circunda um polo obediente à lei no plano da energia transgressora da lei.

Uma vez que o caminho fechado circunda o polo, o valor do propagador é dado em função da condição da energia obediente à lei especificada por E_p. Embora o caminho da adição se estenda para dentro do domínio da energia negativa imaginária infinito, toda a contribuição provém desse único valor, em que a energia, E, tem um valor positivo, E_p, menos um pequeno valor imaginário, $i\varepsilon$, que nós, no fim, tomaremos como igual a zero. Obtemos com isso um bom propagador de energia positiva – uma partícula que progride no tempo com energia positiva E_p.

Ah, mas espere um pouco, suponha que t seja negativo; isto é, suponha que o tempo está correndo para trás. Isso tornaria $-Ft$ um número positivo e

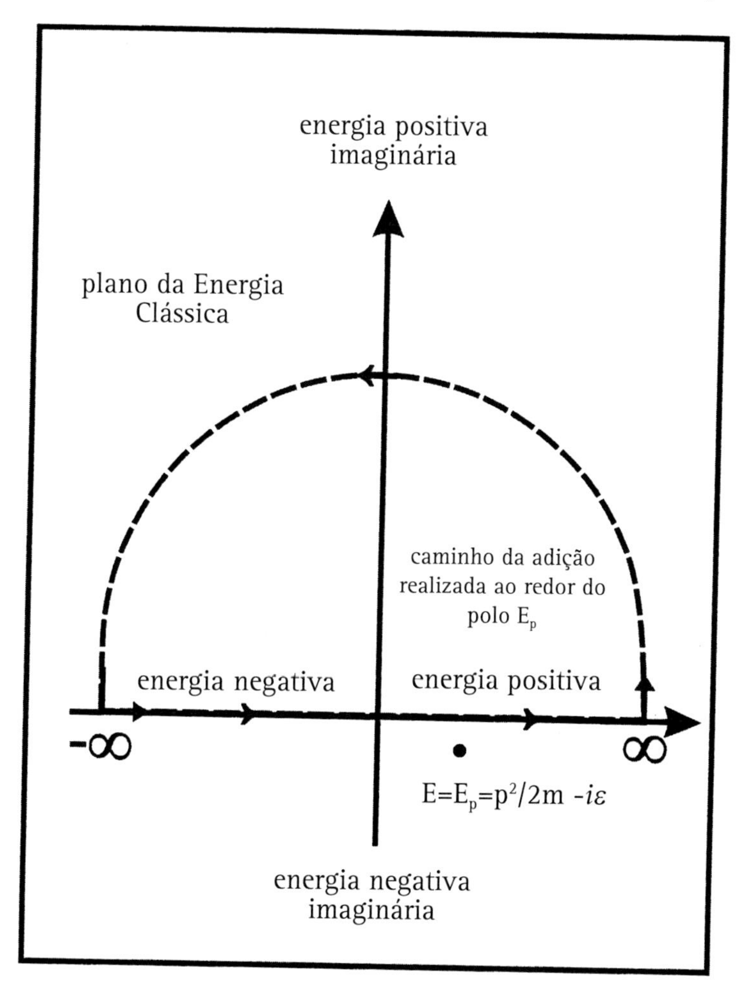

Figura 8g. Somando ondas ao longo de um caminho clássico que não circunda um polo obediente à lei.

significaria que não seríamos capazes de manter o propagador ao longo do eixo da energia real ao usar esse mesmo caminho ao redor do polo como é mostrado na Figura 8f. Se, por outro lado, fechamos o caminho no semiplano superior, como vemos na Figura 8g, e uma vez que no semicírculo superior, como mostra a figura, a fase é novamente $-iEt$, só que dessa vez com $E = +iF$, então a amplitude da onda seria $e^{-iEt} = e^{-i(iF)t}$, e ficamos portanto com e^{Ft}. Mas, uma vez que t é negativo, a amplitude da onda ao longo do semicírculo superior é zero, pois o valor de F é infinito.

Desse modo, nós consideramos para a integral ao redor do caminho no semiplano superior apenas a contribuição desejada para o propagador no eixo real da energia, mesmo tendo de usar tanto as ondas de energia positiva como as de energia negativa para fazer essa partícula se propagar. Ao fechar o caminho no semiplano superior, como vemos na Figura 8g, sem deixar que esse caminho fechado encerre nenhum polo, constatamos que, com t menor que zero, o propagador também é zero. Isso significa que obtemos a resposta correta usando esse procedimento. A partícula não se propaga para trás no tempo. Mas isso é tudo o que deveria ser? Parece que sim, mas os físicos são muito curiosos. Eles começaram a fazer mais perguntas sobre o pequeno deslocamento do polo.

Agora, com o tempo correndo no sentido negativo, poderíamos ter empurrado o polo para o semiplano superior; então, o caminho mostrado na Figura 8g circundaria esse polo e o propagador para o tempo negativo teria de fato um valor. Ele nos diria que uma partícula com energia positiva, E_p, estaria se propagando para trás no tempo. Mas o que isso significaria e para onde a partícula estaria se propagando? Uma vez que os eventos que vemos ocorrem no sentido do tempo positivo, do nosso ponto de vista esse propagador se parece com uma partícula que se propaga para a frente no tempo, mas com energia negativa. Raciocinando como já o fizemos anteriormente, basta pensarmos no poste de barbeiro girando com frequência temporal negativa para a frente no tempo e, em seguida, rodando o filme para trás. É uma situação que se parece com uma rotação com frequência temporal positiva, mas caminhando para trás no tempo. Na física clássica, porém, tal processo não pode ocorrer. Mas, e se pudesse?

Se deslocássemos o polo para o semiplano superior e procurássemos o propagador para o tempo progressivo, teríamos necessidade do caminho indicado na Figura 8f, e então não encontraríamos nenhuma propagação de uma partícula de energia positiva seguindo para a frente no tempo. Estaríamos criando um universo de partículas de energia negativa propagando-se para a frente no tempo ou, mudando o nosso ponto de vista, um universo de partículas de energia positiva propagando-se para trás no tempo. Suponha que estivéssemos em tal universo que caminha para trás no tempo. Se tudo estivesse se movendo dessa maneira, incluindo todos os processos, não perceberíamos a diferença. Simplesmente chamaríamos o tempo regressivo de tempo progressivo. Essa seria a situação para um universo de tempo negativo. Então, está tudo bem em um mundo clássico com o tempo invertido? Novamente, parece que sim.

Mas, na verdade, nem tudo está bem. Estivemos observando o propagador para uma partícula clássica, aquela que satisfaz uma lei clássica para a energia, $E = p^2/2m$. No mundo real, essa lei só se mantém se a velocidade da luz for infinita, ou, em outras palavras, se a velocidade da partícula for muito menor que a velocidade da luz. Mas o que acontece se esse não for mais o caso?

O casamento da física quântica com a teoria da relatividade especial

Na física clássica ou na física quântica não relativista, usando o esquema do nosso polo de energia deslocado, mesmo que tenhamos recorrido a ondas com energias negativas para fazer uma partícula se propagar para a frente no tempo, nunca iremos acabar ficando com partículas que têm energias negativas. Como vimos, as únicas coisas que se propagam no espaço-tempo onde a velocidade da luz é infinita são as partículas de energia positiva obedientes à lei e progredindo no tempo como deveriam. Se tentarmos encontrar essas partículas regredindo no tempo (t negativo), verificaremos que o propagador não irá lá. E não irá lá por um motivo bizarro: simplesmente, não existe polo de energia negativa e, portanto, não é possível que um propagador tenha energia negativa.

Certamente, nós somamos ondas que transgridem as leis para construir partículas que as obedecem, mas no final tudo ficou legítimo (*kosher*). Mas veio Albert Einstein, e já não acreditávamos mais nas partículas clássicas. As coisas mudaram quando se descobriu que a velocidade da luz era um número finito, e $E = mc^2$ passou a desempenhar um papel mais ativo uma vez que c, claramente, não era infinito. Einstein mostrou-nos que aquilo que devemos entender como sendo massa (m) não é o que anteriormente pensávamos que significasse.

Nós acreditávamos que a massa (m) era uma coisa fixa – uma propriedade da matéria que estava tão arraigada em nosso pensamento que para nós era impensável considerar matéria sem massa. As partículas tinham massas. Nós não sabíamos por que elas tinham as massas que tinham ou por que os elétrons eram tão leves (hoje nós chamamos todas as partículas leves de *léptons*) ou por que os prótons eram tão pesados (quase duas mil vezes mais pesados que um elétron). Quando essas partículas se moviam mais depressa, elas aumentavam suas energias não porque se tornavam mais pesadas (o que não faria nenhum sentido), mas porque ganhavam energia cinética – uma espécie particular de energia. Isso significava que uma partícula com maior velocidade, v, certamente tinha maior *momentum*, p, uma vez que $p = mv$. Mas a ideia de que ela tivesse maior massa quando sua velocidade fosse maior era simplesmente impossível de acreditar. E o fato de a massa ser energia não era sequer levado em consideração.

A equação de Einstein veio a ser algo muito diferente da relação clássica $E = E_p$, que expressava a energia cinética de uma partícula em função do seu *momentum*.[85] A nova relação entre a massa, a energia e o *momentum*, como se constatou, tinha de ser expressa de maneira diferente; ou seja, tivemos de olhar para o quadrado da energia quando as partículas se movem com velocidades próximas à da luz. A nova relação, quando fazemos a velocidade da luz (c) igual à unidade, é $E^2 = E_p^2 = p^2 + m^2$ ou, em outras palavras, $E = + E_p = + \sqrt{(p^2 + m^2)}$ ou $E = - E_p = - \sqrt{(p^2 + m^2)}$, uma vez que tanto para o valor positivo como para o negativo da raiz quadrada de E nós obteremos $E^2 = E_p^2$, a equação prevista pela teoria da relatividade especial de Einstein. A massa, m, nessas equações também era constante; no entanto, não era a massa real de uma partícula em movimento – era o valor da massa se, e somente se, a partícula não estivesse se movimentando –, isto é, sua massa em repouso, determinada quando p era zero. No próximo capítulo, voltaremos a examinar essa relação.

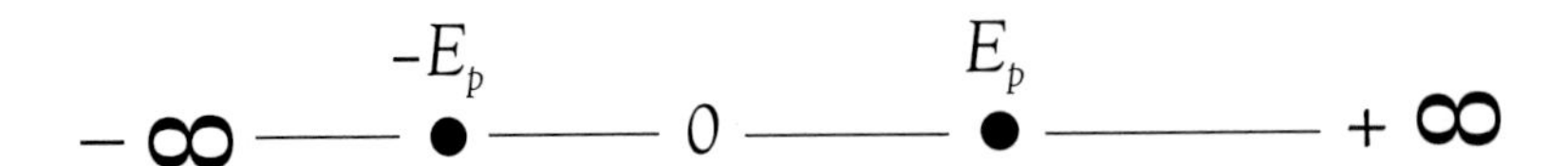

Figura 8g1. O eixo da energia real, sobre o qual os propagadores relativistas seguem seu caminho.

Olhando novamente para a reta da energia real na Figura 8g1, encontramos dois *E índice p*, um positivo e um negativo; em outras palavras, vemos dois pontos no eixo da energia, um à esquerda e um à direita da energia zero. Mas como isso afeta o nosso propagador? Será que podemos usar os mesmos truques no plano complexo da energia? Acontece que nós podemos, e descobrimos, como você poderia adivinhar, que há dois polos no plano – um em + E_p e outro em $-E_p$, como vemos na Figura 8h. Mais uma vez, deslocamos o polo da energia negativa acima do eixo da energia real, e o polo da energia positiva abaixo dele, e ainda temos a mesma fase da onda e^{-iEt} para lidar, isto é, a parte $-iEt$. Desse modo, tudo o que foi dito anteriormente com relação ao plano da energia clássica ainda se mantém para a escolha de como fechar os caminhos que circundam os polos. Se fecharmos o caminho no semiplano inferior, temos a contribuição do polo $+E_p$ e o propagador para o tempo progressivo com a energia da partícula igual a $+E_p$, como antes; apenas o valor de E_p é diferente.

Se fecharmos o caminho no semiplano superior da energia, como se vê na Figura 8i, temos a contribuição do polo $-E_p$ e um propagador para o tempo regressivo com a energia da partícula igual a $-E_p$. Antes, no caso clássico, descobrimos que não havia nenhum polo de energia negativa e, portanto, nenhuma partícula propagando-se para trás no tempo. Mas agora, temos que lidar com esse incômodo polo de energia negativa. O que isso significa e o que nós fazemos com ele?

Esse é um resultado novo, e precisamos entender o que ele significa. Ele surge exclusivamente na teoria quântica dos campos por causa da nova relação entre a energia e o *momentum* que nos foi dada pela teoria da relatividade especial; obtemos tanto uma raiz quadrada positiva como uma negativa, aparentemente dando-nos tanto uma possibilidade positiva como uma negativa para a energia da partícula. Não obtivemos isso quando a velocidade da luz era considerada infinita. Assim, ao lidarmos com o tempo regressivo, precisamos olhar para a Figura 8i, e quando o tempo avança, para a Figura 8h.

Fechando o caminho no semiplano superior da energia, obtemos uma partícula que se propaga para trás no tempo, mas por causa do polo da energia negativa, com energia negativa. Isso faz algum sentido? Faz! Pense no nosso universo com o tempo correndo para a frente. Como uma partícula com energia negativa dirigindo-se para trás no tempo pareceria para nós? Lembre-se dos

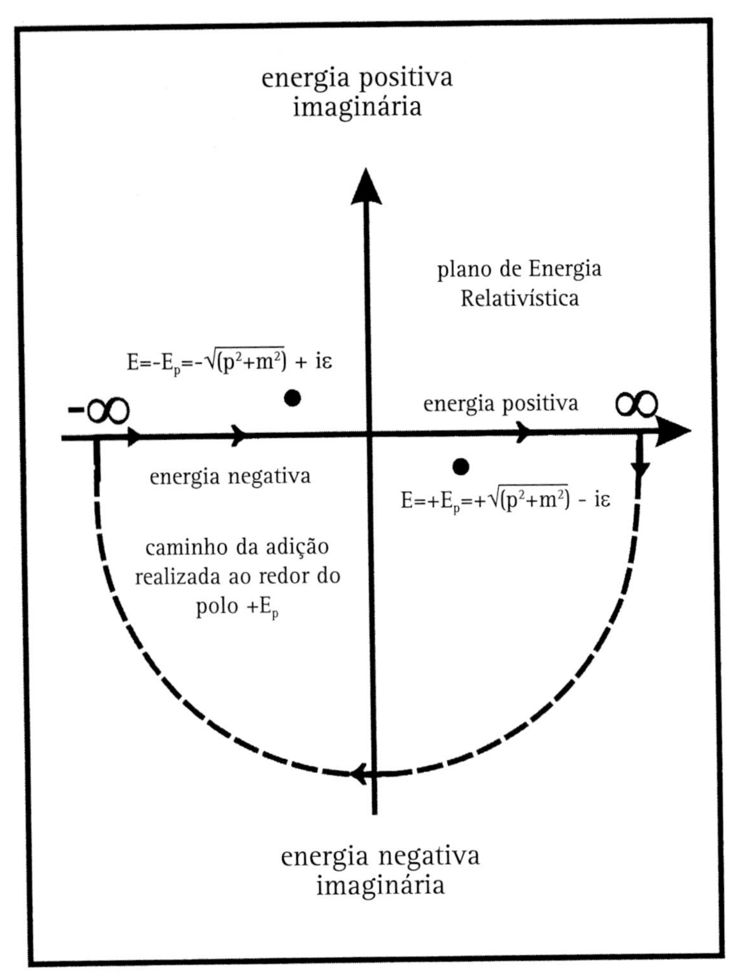

Figura 8h. Somando ondas ao longo de um caminho relativista ao redor de um polo de energia positiva obediente à lei.

postes de barbeiro giratórios. Gire um poste de barbeiro com frequência temporal negativa regredindo no tempo. Agora, deixe o tempo correr para a frente e faça o poste girar no sentido oposto. Ele parece ter uma frequência temporal positiva dirigida para a frente no tempo como se estivéssemos assistindo a um filme que roda para trás. Assim, um poste de barbeiro girando com frequência temporal negativa e se movendo para trás no tempo apareceria como um poste de barbeiro com frequência temporal positiva seguindo para a frente no tempo para os observadores que também estivessem avançando no tempo, como todos nós parecemos estar.

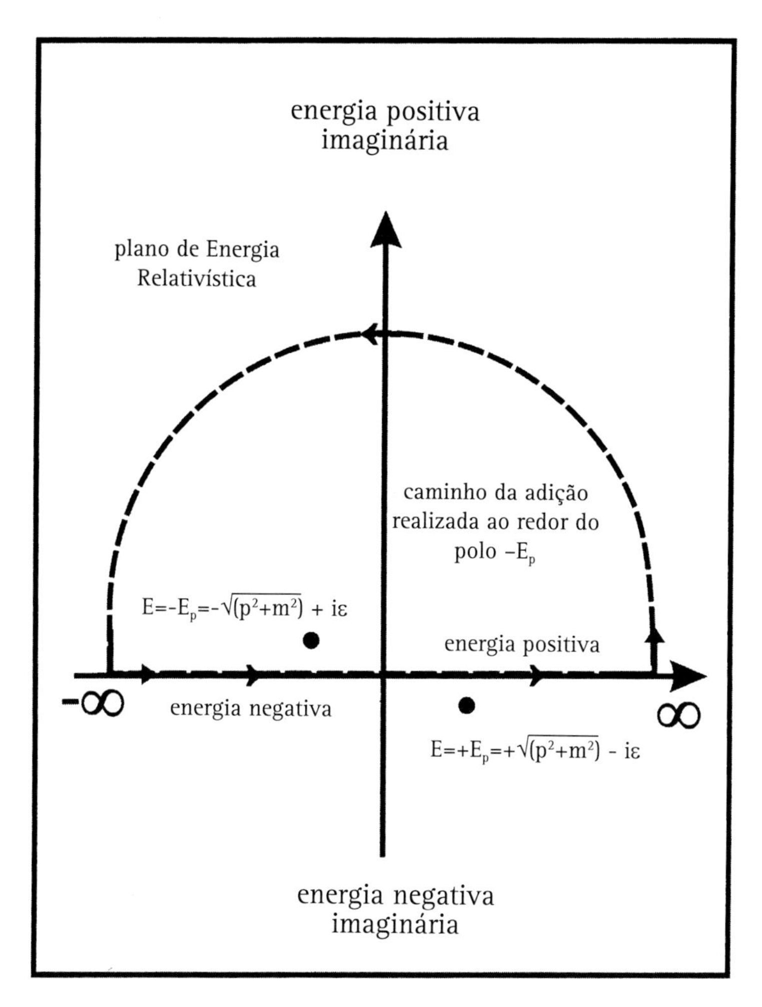

Figura 8i. Somando ondas ao longo de um caminho relativista ao redor de um polo de energia negativa obediente à lei.

Portanto, nossa primeira percepção seria a de que uma partícula movendo-se para trás no tempo com energia negativa apareceria como a mesma partícula movendo-se para a frente no tempo e isso significaria que o polo extra $-E_p$ no plano da energia estaria simplesmente repetindo o resultado do polo $+E_p$ e que as partículas de energia negativa não deveriam ser olhadas como algo estranho. Elas seriam apenas partículas comuns para as quais se levaria em consideração o valor negativo da raiz quadrada da energia, mas, uma vez que elas estavam se dirigindo para trás no tempo, elas pareceriam a nós como tendo energia positiva e seguindo para a frente no tempo.

Apenas com esse número de informações sobre esses dois polos, podemos antecipar que a simetria de conjugação de carga (na qual você inverte os sinais, positivo e negativo, das cargas elétricas), que nós chamamos de C, e sua estreita correspondência com a inversão do tempo *T* e a inversão do espaço (paridade) *P*, que nós examinamos no Capítulo 4, agora faz todo o sentido. Nós anteciparíamos que o significado da relação C=*TP* (isso simplesmente significa que você obtém, ao inverter as cargas, o mesmo resultado que você obteria ao inverter o sentido do tempo e o do espaço ao mesmo tempo; veja a Tabela 4a) está indicando que uma partícula dirigindo-se para trás no tempo (e no espaço) é exatamente a mesma coisa que uma antipartícula dirigindo-se para a frente no tempo e no espaço. Elas são a mesma partícula com cargas aparentemente opostas porque uma delas está se dirigindo para trás no espaço-tempo.

Mas espere um pouco! Suponha que desloquemos ambos os polos para baixo do eixo da energia real. O que aconteceria então? Bem, sem nenhum polo acima do eixo da energia real, encontraríamos (quando o tempo corresse para a frente) duas possibilidades – relativas às partículas – iguais para o nosso propagador – uma possibilidade de energia positiva e uma possibilidade de energia negativa somando-se. Para o tempo correndo para trás, não encontraríamos nenhuma propagação. Portanto, nesse caso, pareceria que está tudo bem; nada vai para trás no tempo e qualquer coisa que se propague dirige-se apenas no sentido temporal progressivo, em uma ordem causal aparentemente perfeita. O que há de errado com isso? No próximo capítulo, vou explicar por que isso não pode acontecer.

Oh, apenas para o caso de você estar se perguntando, suponha que desloquemos ambos os polos para cima do eixo da energia real. O que aconteceria então? Bem, sem nenhum polo abaixo do eixo da energia real, encontraríamos (com o tempo correndo para trás) duas possibilidades iguais para o nosso propagador – uma possibilidade de energia positiva e uma possibilidade de energia negativa somando-se, como já dissemos acima. Para o tempo correndo para a frente, não encontraríamos nada se propagando. Portanto, nesse caso, parece que tudo também está muito bem; nada vai para a frente no tempo, e tudo o que se propaga só vai para trás no tempo em uma ordem causal aparentemente perfeita com o tempo invertido. Essa é apenas uma mudança no que entendemos por tempo.

Uma linha de pensamento semelhante cobre o que acontece se deslocarmos os polos de modo que o polo de energia negativa fique abaixo do eixo da energia e o polo de energia positiva fique acima dele. Ficamos com o mesmo resultado que havíamos obtido com os deslocamentos invertidos, com a única diferença de que agora simplesmente consideramos o tempo como uma quantidade negativa.

A verdadeira questão surge quando os polos estão nas posições mostradas nas figuras 8h e 8i. Que tipo de universo essa posição do polo produziria? Seria algo semelhante ao nosso mundo? Ou seria necessário ter os dois polos abaixo do eixo da energia real, o que tornaria impossível para uma partícula regredir no tempo?

O que há de errado com essa figura?

Vamos rever o que já dissemos. Para ter um mundo causal aparentemente perfeito com as partículas existindo em uma arena de espaço-tempo, com fronteiras bem definidas de onde e quando elas aparecem, precisamos usar ondas com frequências espaciais e frequências temporais positivas e negativas. Uma vez que a física quântica nos diz que uma frequência espacial é a mesma coisa que um *momentum* para uma partícula sem localização bem definida no espaço, e uma frequência temporal é a mesma coisa que uma energia para uma partícula sem um instante bem definido no tempo em que ela existe (isto é, uma frequência espacial bem definida é *momentum* sem "nenhum onde" (*no "where-ness"*) e uma frequência temporal bem definida é energia sem "nenhum quando" (*no "when-ness"*), então, para definir uma partícula com uma localidade (*"where-ness"*) bem definida e uma temporalidade (*"when-ness"*) bem definida, precisamos somar ondas com *momenta* e energias positivas e negativas.

Porém, desista dessa localidade e dessa temporalidade e você desistirá da causalidade. Por quê? Porque então uma partícula estaria em todos os lugares e existiria eternamente. Portanto, não haveria uma maneira de dizer onde ela estava antes e onde ela estará depois. Assim, não seríamos capazes de dizer que onde ela estava antes foi uma causa e onde ela estará depois será um efeito.

Poderíamos estar vivendo em um mundo assim? No próximo capítulo, vamos examinar essa questão voltando ao axioma NENPAT de Feynman segundo o qual NENHUMA [energia negativa] SE AJUSTA A ELE [o tempo progressivo] e ficar sabendo por que precisamos dizer adeus para a causalidade e olá para os táquions, para a criação, para a aniquilação e para as antipartículas com energia positiva, como vemos suas partículas no espelho viajando para trás no tempo com energia negativa.

Capítulo 9

Seguindo a Estrada de Tijolos Amarelos Até Onde Não se Serve Almoço Grátis

Por que Dizemos Adeus à Causalidade na Teoria Quântica dos Campos[86]

> Fomos forçados, passo a passo, a preceder por uma descrição causal o comportamento dos átomos individuais no espaço e no tempo, e para contar com uma livre escolha, por parte da natureza, entre várias possibilidades.
>
> — Niels Bohr[87]

Neste capítulo, continuaremos a assentar tijolos na estrada de Feynman. Ao fazermos isso, acredito que será possível ver a estrada que ele estava seguindo, incluindo a notável paisagem ao longo do caminho. Isso deverá ajudar qualquer um que tenha lido *Elementary Particles and the Laws of Physics* (ou não) e ainda estiver se perguntando: "Por que existem antipartículas?" Por que existe algo em vez de nada? Em resumo, antipartículas existem porque partículas podem viajar para trás no tempo com energia negativa. Ao fazer isso, essas partículas aparecem para nós como antipartículas que viajam para a frente no tempo e com energia positiva.

Há mais coisas nessa história. Partículas com energia positiva que dão meia--volta no tempo e, desse modo, adquirem energia negativa podem formar *loops* temporais e, por meio deles, exercer vários efeitos sobre o nosso universo, sendo que o menor deles não é a aniquilação e a criação de partículas com antipartículas. Em suma, os *loops* temporais, antes de tudo, nos ajudam a entender a criação da matéria. E ainda mais, esse *loops* não apenas são permitidos, como também precisam ser permitidos se quisermos ter um universo obediente à lei e que imponha ao tempo um sentido único. Porém, ainda há muito mais coisas nessa história, pois ela realmente assenta os blocos de construção básicos da teoria quântica dos campos e o *Modelo-Padrão* da física das partículas. Não examinarei os vários detalhes do Modelo-Padrão, mas gostaria de oferecer a você o pensamento necessário para uma compreensão básica a respeito de como há partículas que não têm massas intrínsecas ou massas de repouso (aparentemente feitas de lúxons), de como a massa ocorre no universo, e o que a antimatéria tem a ver com tudo isso. Para mais detalhes, sugiro o excelente livro de Frank Wilczek sobre o assunto.[88]

Agora vamos examinar um tijolo ou dois.

O que ganhamos com a energia negativa?

Lembre-se de que vimos no Capítulo 4 que não era possível acelerar uma partícula com o propósito de levá-la a adquirir uma velocidade maior que a da luz por causa do extremo alongamento espacial e temporal necessário para isso, o que resultaria no fato de que a partícula teria então energia infinita, que seria necessária até mesmo para que ela chegasse à velocidade da luz, além do fato de que também seria necessário que ela absorvesse essa energia de quaisquer forças que a estivessem empurrando. No entanto, a teoria da relatividade especial também diz que há partículas que podem se mover com a velocidade da luz, a saber, as partículas que constituem a própria luz ou fótons, ou o que eu chamo de lúxons.

Por que os fótons não têm energia infinita? Em uma resposta simples, podemos dizer que é porque os fótons são partículas restritas — não podem se mover com velocidade menor nem maior que a da luz no espaço vazio. Isso significa que, embora eles tenham *momenta*, sua inércia não pode aumentar nem diminuir da mesma maneira que uma partícula de matéria pode. Você pode desacelerar ou acelerar uma partícula. Quando fizer isso, sua inércia ou massa muda de acordo com a teoria da relatividade especial — diminuindo quando você desacelera a partícula e aumentando quando você a acelera. Mas para os fótons, de jeito nenhum, José. Eles podem ter *momenta* e energias mais elevados somente se suas frequências temporais aumentarem. Eles não têm massa de repouso, de modo que não podem ser desacelerados nem acelerados – eles se movem com a velocidade da luz através do espaço vazio. Quando se propagam em um material, eles de fato se desaceleram, mas se examinarmos o que acontece com cuidado suficiente, veremos que eles fazem isso saltando para lá e para cá na velocidade da luz em colisões com os elétrons dos átomos do material; e assim como nós vimos o que acontece com as partículas ziguezagueantes, isso efetivamente os desacelera.

No entanto, a teoria da relatividade especial não diz que você não pode ter partículas movendo-se mais depressa do que a luz – os táquions. Porém, até mesmo essas partículas seriam estranhamente restritas: elas jamais poderiam desacelerar até atingir a velocidade da luz, uma vez que, para conseguirem isso, elas precisariam de uma quantidade infinita de energia; além disso, sua massa ou propriedade inercial diminuiria estranhamente até zero quando elas tivessem velocidade infinita e sua energia aumentaria de zero a infinito quando elas desacelerassem até a velocidade da luz. Essas partículas também têm outra estranha propriedade: elas têm massas de repouso imaginárias; porém, uma vez que nunca podem estar em repouso, nós nunca as observaremos dessa maneira. No último capítulo, explicarei como essa massa imaginária desempenha um papel no que chamamos de campo de Higgs, que é o responsável por fazer todas as partículas fundamentais ziguezaguearem e, dependendo de como elas executam a sua dança em zigue-zague, ele é responsável por fazê-las se manifestarem com diferentes massas.

Massas que "descansam em paz"

Ainda não expliquei a ideia de *massa de repouso*. Da teoria da relatividade especial de Einstein, sabemos que a energia total de uma partícula, E, é expressa como mc^2, mesmo que a partícula esteja se movendo. Como pode ser isso? Acontece que aquilo que chamamos de m muda. Quando se move, a massa não é mais um simples pedaço de inércia. Quando está em repouso, ela tem um valor chamado massa de repouso. Mas quando se move, a energia, embora ainda seja expressa como mc^2, aumentou para além do seu valor de repouso. Portanto, se indicarmos a massa em movimento por m_p, realmente precisamos escrever a equação de Einstein como $E = m_p c^2$, em que p nos diz que estamos nos referindo a uma massa em movimento com *momentum* p. (Às vezes, os físicos representam a massa de repouso por m_0). Agora, se considerarmos os dois polos de energia de que falamos no capítulo anterior, veremos que eles podem ser expressos por $E = + m_p c^2$ e $E = - m_p c^2$. Tomando a velocidade da luz c como unidade, temos $E = + m_p$ e $E = - m_p$, reconhecendo agora que isso está dizendo apenas que a energia e a massa são a mesma coisa. Por isso, poderíamos muito bem escrever $E = + E_p$ + e $E = - E_p$ e significar a mesma coisa.

Assim, podemos ter partículas com diferentes massas de repouso, chamadas tárdions, partículas que não têm nenhuma massa de repouso, chamadas lúxons, e até mesmo partículas com massas de repouso imaginárias, chamadas táquions. A teoria da relatividade especial não diz não aos lúxons nem aos táquions, mas impõe uma parede de luz em torno deles, com os tárdions em um dos lados da parede e dentro dos seus respectivos cones de luz (vou explicar o que são esses cones mais adiante neste capítulo), e lúxons escalando a parede e disparando para cima e pelos lados dos cones de luz, e os táquions do outro lado, isto é, do lado de fora do cone, saindo em disparada através de qualquer *outro lugar*.*

O que Feynman tinha em mente (embora ele não tivesse se expressado assim, pois esta é a minha própria maneira de descrever a sua contribuição) era nos sugerir como usar a física quântica para atravessar a barreira da luz. Em outras palavras, como você poderia induzir uma partícula a se encaminhar de uma fase subluminal para uma fase superluminal – fazer um táquion a partir de um tárdion sem que este precise antes se tornar um lúxon? Isso poderia parecer algo mais difícil de conseguir do que fazer a proverbial bolsa de seda a partir de uma orelha de porco. Acontece que essas restrições impostas sobre lúxons, táquions e tárdions não eram tão rígidas como poderíamos ser levados a acreditar – a parede de luz tinha vazamentos, e Feynman encontrou uma maneira de "irromper para o Outro Lado",** como diz a canção dos The Doors.

Acontece que você pode muito bem fazer a transição de um tárdion para um táquion, bem como a de um táquion para um tárdion – saltando ou vazando através da parede da luz – se você restringir os tárdions e os táquions

* Para evitar qualquer confusão ao caracterizar os eventos que caem fora dos cones de luz, todas as vezes em que houver referência a eles, a expressão "outro lugar" será sempre grafada em itálico. (N.T.)

** "*Break on Through (To the Other Side)*" é também o título dessa canção, que foi incluída no primeiro disco dos The Doors e foi também o primeiro *single* lançado pela banda. (N.T.)

de modo que eles nunca tenham energias negativas, *a não ser que* estejam se movendo para trás no tempo. Essa foi a brilhante ideia de Feynman.[89] Se, por outro lado, você não fizer essa restrição, tanto os tárdions como os táquions poderiam avançar no tempo com energias negativas. Sob tais circunstâncias, nenhuma dessas transições de tárdion para táquion seria possível; na verdade, sem a restrição de Feynman, os tárdions poderiam perder energia continuamente, afundando cada vez mais em um mar de energia negativa até que o universo, literalmente falando, escoasse pelo ralo da existência e desaparecesse. Porém, uma vez que ele não desapareceu, supomos que partículas que progridem no tempo não podem ter energia negativa.

Escolha um número

Para entender esse negócio de número negativo, pense em qualquer número, digamos, 10. E agora subtraia dele qualquer número que seja menor que 10, por exemplo, 7. A resposta é 3. Mas agora subtraia de 10 o número menos 7. O que você tem? Sim, você tem um 17 positivo! Por que um 17 positivo? Porque se você colocar esses números em uma escada de 21 degraus com 10 no degrau mais alto e menos 10 no degrau mais baixo (21 degraus, pois não se esqueça do degrau 0 bem no meio da escada) e você começar a descer a escada (e, desse modo, a subtrair) a partir do degrau de 10 para alcançar o degrau menos 7, você terá descido 17 degraus. Se agora você pensar na escada como um meio de marcar a energia de um tárdion, e supor que a escada tenha um número infinito de degraus, de mais infinito para menos infinito, então descer a escada significa liberar energia, como se você caísse em um poço e, como não existe nenhum primeiro degrau, um degrau que seja o mais baixo de todos, o tárdion poderá ir descendo para sempre, liberando uma quantidade infinita de energia para fazer isso.

Em outras palavras, se os tárdions pudessem avançar no tempo com energia negativa, o universo seria um gigantesco almoço grátis e, de fato, em pouco tempo explodiria, pois toda matéria irradiaria energia à medida que fosse afundando em poços de energia infinitamente negativa. Deixe-me esclarecer essa última afirmação. Quando algo com energia negativa, digamos *N*, interage com algo com energia positiva, digamos *P*, *N* poderia transferir energia positiva para *P*. Repetindo esse processo, *N* transferiria continuamente energia para *P*, e *P* seria capaz de ter energia infinita enquanto *N* estaria continuamente afundando mais e mais no poço de energia negativa infinita. Tal situação seria instável, pois *P* poderia, por sua vez, interagir com outras partículas, dando-lhes mais e mais energia.

Não temos almoços grátis de energia no universo — os tárdions não podem avançar no tempo com energia negativa (nem podem se mover para trás no tempo com energia positiva por um motivo simétrico semelhante). No entanto, isso significa que nós temos de mudar nossa maneira de compreender o tempo.

Como vimos no capítulo anterior, não há motivo para deixarmos de levar em consideração frequências temporais negativas e, portanto, ondas de energia negativa. Na verdade, precisamos delas, pois, sem elas, não poderíamos fazer pulsos de Schrödinger, ou seja, não poderíamos fazer partículas a partir de ondas conforme o livro de cozinha de Schrödinger nos disse como fazer. Sem pulsos, nosso mundo de causa e efeito deixaria de existir, uma vez que qualquer coisa de qualquer substância não iria realmente a lugar algum (pois estaria em todos os lugares e em todos os tempos), e então não poderíamos dizer onde ela estava antes e onde estará depois, ou quando ela esteve ou quando estará. No nosso mundo cotidiano, podemos fazer isso com facilidade porque coisas localizadas avançam no tempo. Sabemos o que veio antes e qual foi a causa e o que veio depois e qual foi o efeito, ou seja, o que veio antes foi a causa e o que veio depois foi o efeito.

No entanto, o nosso mundo cotidiano é aquele no qual, para todos os propósitos práticos, a velocidade da luz é infinita e não existe essa coisa chamada táquion, uma vez que nada pode se mover com velocidade infinita. Usando a imagem do polo de energia da partícula clássica, diremos que não há polo negativo de energia e, assim, nada retrocede no tempo.

Agora, uma coisa estranha acontece quando você coloca a teoria da relatividade especial no quadro juntamente com a sua limitação da velocidade da luz. Agora é possível fazer perguntas que você não poderia fazer em um universo em que a velocidade da luz fosse infinita, perguntas como: "O que acontece quando você se move mais depressa do que a luz"? Como vimos no Capítulo 4, quando lidamos com táquions, não podemos dizer com certeza em que sentido eles estão viajando ou, por isso mesmo, por qual caminho eles estão se movendo através do tempo. Entre duas observações espacialmente separadas de um táquion, digamos, os pontos *A* e *B*, não há uma ordem temporal única; um observador pode ver A antes de *B* e outro, movendo-se em relação ao primeiro, pode ver *B* antes de *A*. Em outras palavras, quando estamos lidando com um táquion e o vemos viajar para a frente no tempo, há outros observadores que se movem relativamente a nós e que veriam o mesmo táquion viajando para trás no tempo, e se dirigindo no sentido oposto. Isso não poderia acontecer com uma partícula clássica porque seria impossível se mover mais depressa do que uma luz infinitamente veloz. Mas agora, com uma velocidade da luz finita, esse não é mais o caso.

Portanto, uma saída desse dilema aparente poderia ser tão simples quanto dizer "não" aos táquions. Se nós simplesmente não os permitirmos em nosso universo, nós não teremos tais trapaças. Isso significa que quando criamos pulsos de matéria a partir de ondas da física quântica, precisamos ter um cuidado extra ao construí-los, de modo que qualquer partícula que aconteça de construirmos a partir deles estaria restrita à velocidade da luz ou a uma velocidade menor. Seria o universo não taquiônico? Isso faria sentido, uma vez que, nesse caso, o mundo estaria seguindo a lei da causa e efeito, sem problemas. Como veremos, a ordem do tempo entra nessa discussão.

Os táquions não são um problema no universo da velocidade da luz infinita — todas as ondas estão confinadas, de modo que nenhuma frequência espacial infinita ou nenhuma frequência temporal infinita seja sequer ao menos considerada. Assim, os táquions não seriam possíveis. Porém, uma vez que impusermos um limite finito para a velocidade da luz e, em seguida, dissermos "não" a partículas com velocidades superiores à velocidade da luz, nós teremos um problema. Acontece que não podemos fazer isso. O problema surge porque, para um universo finito limitado pela velocidade da luz, a relação entre a frequência temporal (energia) e a frequência espacial (*momentum*) é diferente daquela que valeria para o caso de um universo infinito não limitado pela velocidade da luz.

Nós obtemos ambas as energias, a positiva e a negativa, para cada *momentum*, expressas pelas equações: $E = + E_p = + \sqrt{(p^2 + m^2)}$ e $E = - E_p = - \sqrt{(p^2 + m^2)}$.

Os táquions são partículas virtuais

Em primeiro lugar, como poderiam esses objetos mais rápidos que a luz nem sequer chegar a existir? A física quântica é uma coisa misteriosa, como todos nós sabemos. Ela parece permitir que coisas bizarras aconteçam, as quais – depois de tudo dito e feito – ela pode trazer de volta, por assim dizer, e devolver as coisas ao normal. Em outras palavras, podemos permitir que um tárdion se transforme em um táquion, se fizermos rapidamente o táquion voltar a ser tárdion, sem que ninguém perceba. É como uma espécie de história da Cinderela da velocidade.

Chamamos essas "travessuras" da física quântica de processos *virtuais* para distingui-los de processos reais. Os processos virtuais ocorrem nos bastidores e nós simplesmente não os vemos. Mas sem eles, os processos reais que nós efetivamente vemos não aconteceriam. Se você já assistiu a uma peça de teatro Nô no Japão, pode entender o que eu estou querendo dizer. Os atores, geralmente com o rosto branco, aparecem no palco. Às vezes, as coisas precisam mudar no cenário ou nos trajes desses atores. Pessoas vestidas com trajes negros apertados aparecem e mudam o que precisa ser mudado, bem na frente da plateia. O público está acostumado a assistir a essa *performance* dos rostos brancos e simplesmente ignora esse pessoal de preto. É provável que o público do Japão tenha aprendido a fazer isso tão bem que eles nem mesmo percebem a atividade dessas pessoas vestidas de preto "por trás" da cena.

Essas trocas de dar e receber que produzem os táquions surgem de interações de tárdions com campos de energia, com outros tárdions, ou mesmo com lúxons, contanto que a energia envolvida na interação seja suficiente para produzir alterações no comportamento do tárdion. Falarei mais sobre esse assunto mais adiante.

Neste capítulo, quero examinar cuidadosamente como a exigência NENPAT (Nenhuma Energia Negativa Pode Avançar no Tempo) restringe as leis da física e por que essa restrição dá origem às transformações de tárdion em táquion. Uma vez que consideremos essa dimensão do pensamento de Feynman, ocorrerá que a exigência NENPAT também diz que os tárdions podem retroceder no tempo e formar, sim, circuitos fechados de tempo ou *loops* autorreferentes, que discutirei no Capítulo 11.

Mapas espaçotemporais e cones de luz

Para ver como os *loops* temporais, os táquions e as antipartículas estão intimamente ligados uns aos outros e como as partículas de energia negativa, que retrocedem no tempo, precisam existir, devemos voltar mais uma vez aos nossos mapas espaçotemporais. O mapa espaçotemporal fundamental é mostrado na Figura 9a. Deveremos novamente descrever tudo nas unidades usuais, em que todos os fatores numéricos importantes, tais como a velocidade da luz, são convencionados como iguais a um. Eu já havia lhe mostrado um mapa espaçotemporal simples no qual nós consideramos a luz se movendo apenas para a frente e para a direita com relação a um evento 0. Você também poderia imaginar que a luz estaria se movendo para a esquerda, e poderia igualmente imaginar que ela estaria vindo do passado, e da direita e da esquerda, antes de atingir o evento 0.

Tudo isso se verificaria quando lidássemos com uma dimensão espacial e uma dimensão temporal – o chamado espaço-tempo bidimensional. Agora é só estender a sua imaginação para mais uma dimensão – aquela que é perpendicular à página que você está lendo. Se fizer isso, você verá algo como a Figura 9a, um espaço-tempo tridimensional, com duas dimensões espaciais (uma delas mostrada em perspectiva) e uma dimensão temporal.

As linhas de luz podem agora mover-se para a direita e para a esquerda, e para a frente e para trás. Indicamos a direita e a esquerda como fizemos antes e chamamos isso de dimensão y, representando-a pela linha espacial y, ou eixo dos y. Indicamos para a frente e para trás como a dimensão x, e a representamos pela linha espacial x, ou eixo dos x. Desse modo, x e y demarcam uma região bidimensional do espaço que usualmente chamamos de área. Não posso incluir uma terceira dimensão espacial na figura porque não existe uma maneira de desenhá-la, e, portanto, um espaço bidimensional, formando, com o tempo, um espaço-tempo tridimensional, é o melhor que podemos fazer aqui.

Como vimos nos capítulos anteriores, uma vez que a luz se move em um ângulo de 45 graus no espaço-tempo (com uma velocidade que tomamos igual a um), se fôssemos irradiar luz a partir de um ponto 0 no diagrama, ela poderia avançar no tempo, em qualquer direção entre os eixos dos *x* e dos *y*. Se você mantiver o seu braço estendido em linha reta a partir do seu corpo e, em seguida, dobrá-lo em torno do cotovelo, formando 90 graus de modo que sua mão aponte para cima, você pode girar o braço ao redor do seu cotovelo em um ângulo de 45 graus com relação à direção vertical, traçando a superfície de um cone de sorvete. Ele se parecerá com a superfície cônica mostrada na Figura 9a. Ele é chamado de *cone de luz*. A linha central do cone é o eixo do tempo.

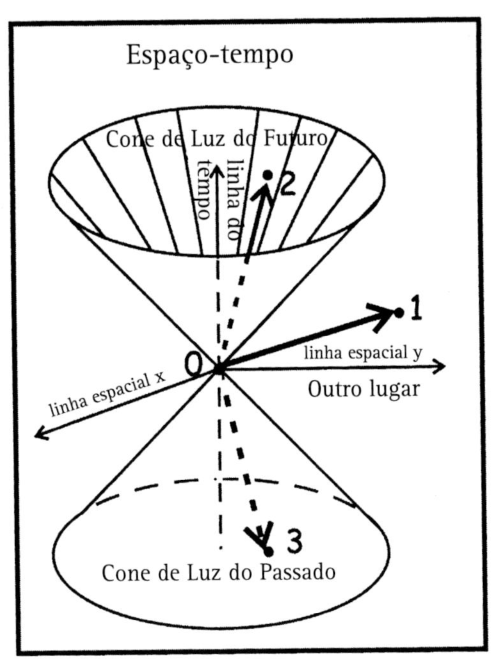

Figura 9a. Cones de Luz – causalidade e espaço-tempo em um mundo espaçotemporal tridimensional.

De maneira semelhante, se a luz brilhasse para trás no tempo a partir de 0, ela descreveria um cone de luz invertido. Para distingui-los, chamamos o cone de luz que retrocede no tempo de cone de luz do passado e o cone de luz que progride no tempo de, como você adivinhou, cone de luz do futuro.

Os eventos podem ocorrer em qualquer lugar do espaço-tempo em relação ao evento de referência 0, sempre tomado como o vértice comum de ambos os cones de luz. A partir do evento de referência 0, outros eventos que ocorrem ao longo de todo o tecido do espaço-tempo podem ser relacionados a ele. Há três tipos de relações possíveis, dependendo da localização do evento relativamente ao evento de referência que ocorre no vértice dos cones de luz, o evento 0.

Qualquer evento que ocorra no cone de luz do passado, por exemplo, o evento 3, e que provoque uma perturbação, como o ato de deixar cair uma pedra em uma lagoa, e que esteja contido no espaço limitado pela parede de luz constituída pela superfície cônica limítrofe do cone de luz do passado poderia ter ocorrido e ter enviado uma mensagem progressiva ao longo do tempo até o evento *0*. (Ou você poderia pensar em um evento *0* enviando uma mensagem para trás no tempo até qualquer evento situado no âmbito da parede de luz do cone de luz do passado.) Dizemos que quaisquer eventos que ocorram dentro do cone de luz do passado são causalmente permitidos. Você poderia encontrar qualquer velho dispositivo de sinalização no cone de luz do passado — sinais de fumaça, por exemplo, e as mensagens teriam ou poderiam ter sido recebidas no vértice.

A partir do evento *0*, um sinal para a frente ao longo do tempo também pode ocorrer. Qualquer evento, tal como o *2*, dentro do cone de luz do futuro, que está contido no âmbito da parede de luz que forma sua fronteira, isto é, a superfície cônica do cone de luz do futuro, poderia ser um evento receptor para o sinal enviado de *0*. Dizemos que quaisquer eventos situados dentro do cone de luz do futuro também são causalmente permitidos. Chamamos esses eventos causalmente conectáveis no espaço-tempo, seja no passado causalmente permitido, seja no futuro causalmente permitido, de eventos *temporais* (*timelike*),* ou do tipo temporal, pois eles podem ocorrer no tempo de acordo com a lógica da causa e efeito. Além disso, nós podemos sempre encontrar um observador de eventos temporais para quem os eventos ocorrem em um local no espaço, mas sempre em momentos diferentes. Na Figura 9a, os eventos *2* e *3* são eventos temporais em relação ao evento *0*.

Você deve se lembrar de que, no Capítulo 2, falamos sobre o capitão do disco voador e o observador que fica em casa. A trajetória do capitão no espaço-tempo estava dentro do cone de luz da pessoa que ficava em casa, fazendo um ângulo com a linha do tempo da pessoa que ficava em casa. Mas, do ponto de vista do capitão, a pessoa que ficava em casa se afastava fazendo um ângulo com a sua linha do tempo. De qualquer um dos pontos de vista, a linha do tempo do outro era uma trajetória de eventos temporais.

Há uma terceira relação no espaço-tempo que poderíamos desenvolver. Aqui, o que nós chamamos de passado ou futuro começa a perder qualquer significado real de acordo com a teoria da relatividade especial. São os eventos que estão fora dos cones de luz no espaço-tempo infinito que os circunda. Chamamos essa totalidade de o *outro lugar*; essa denominação significa espaço

---

* No que se segue, sempre que aparecer a expressão "eventos temporais", o adjetivo original é *timelike* (ver a definição "intervalo temporal" no Glossário). (N.T.)

-tempo não permitido causalmente. Os eventos que ocorrem no *outro lugar* são chamados de eventos *espaciais* (*spacelike*),* ou do tipo espacial, em comparação com o evento de referência 0, pois eles podem ser considerados como eventos simultâneos, que ocorrem em diferentes pontos do espaço e ao mesmo tempo para um determinado observador que os vê. Mais uma vez, remeto o leitor ao Capítulo 2.

Resumindo, os eventos temporais constituem o material da nossa visão espaçotemporal ordinária do mundo dos eventos. Com eles, podemos raciocinar com base na lógica da causa e do efeito. Podemos dizer qual dos dois eventos vem antes, sendo, portanto, a causa, e qual dos dois é o efeito, que decorre da causa anterior. Eventos espaciais não têm uma ordem temporal única. Eles podem ser considerados simultâneos ou em uma ordem temporal que os coloca em oposição, dependendo do movimento de um observador que os vê.

Desse modo, eventos espaciais não são tão razoáveis como supusemos no Capítulo 2. Eventos espaciais não têm uma ordem temporal única – não podemos determinar univocamente qual evento ocorreu primeiro (o evento 0 ou qualquer evento ocorrido em *outro lugar*). Por mais estranho que isso possa parecer, qualquer evento em *outro lugar* – mesmo que ocorra no futuro de um observador que permaneça em casa – pode ser visto ocorrendo antes do evento 0 por algum outro observador que esteja passando em disparada em uma velocidade tardiônica, menor que a velocidade da luz. A causalidade é um conceito importante na física, e nós não gostamos de "jogar fora o bebê junto com a água do banho". Eventos que ocorram no *outro lugar* não podem estar ligados causalmente ao evento 0. Vamos examinar isso mais detalhadamente, pois nos trará uma nova perspectiva sobre o significado do tempo e uma nova, profunda e aguçada percepção sobre como a massa passou a existir, como veremos no último capítulo.

Causalidade – Jogar fora o bebê ou a água do banho?

Vamos resumir e rever: um dos principais fatores presentes no pensamento sobre o mundo físico é a causalidade. Essa preocupação provavelmente surgiu

* Como no caso anterior, sempre que aparecer a expressão "evento espacial" no que se segue, o adjetivo original é *spacelike* (ver a definição "intervalo espacial" no Glossário). (N.T.)

quando tentamos dominar nossos ambientes ao longo de incontáveis eras controlando o que chamamos de pensamento causal — a conexão entre eventos passados e presentes ou futuros. Dado um evento específico, como uma causa rotulada aqui como *0*, qual é a probabilidade de que um diferente evento *1*, *2* ou *3* irá ocorrer?

Olhe novamente para a Figura 9a, que mostra um mapa desses eventos. Poderíamos pensar que, enquanto *2* ocorre depois de *0*, seria possível haver uma conexão, isto é, *0* poderia ser a causa de *2*. Nesse cone de luz do futuro, especificamos para todos os observadores, independentemente de quão depressa eles estejam se movimentando (contanto que estejam se deslocando com uma velocidade inferior à da luz relativamente ao observador que fica em casa, para o qual o cone de luz foi desenhado), que o intervalo espaçotemporal de *0* a *2* será tal que a distância que se estende ao longo do intervalo terá sempre medida inferior à distância que a luz cobriria no mesmo intervalo de tempo. Em outras palavras, é possível para um sinal de velocidade inferior à da luz ligar os dois eventos, tornando-os causalmente conectáveis.

No cone de luz do passado do evento *0* estende-se a outra região causalmente conectável do espaço-tempo que contém o evento anterior *3*. Poderíamos pensar que, como o evento *3* aconteceu antes do evento *0*, também é possível haver uma conexão; isto é, o evento *0* poderia ser o efeito do evento *3*. Em outras palavras, é possível que um sinal conecte os dois eventos.

Desse modo, quaisquer dois eventos para os quais seu intervalo espacial é menor que seu intervalo temporal são unicamente ordenados pelo tempo e cada evento se encontra dentro do cone de luz do outro evento — seja no cone de luz do passado ou no cone de luz do futuro. Se qualquer observador os vir com o evento *0* ocorrendo antes do evento *2* ou com o evento *3* ocorrendo antes do evento *0*, então todos os observadores em todos os outros sistemas de referência (chamados de *referenciais de Lorentz* no jargão da física) também irão vê-los nessa ordem temporal, mesmo que os intervalos temporais e os intervalos espaciais possam mudar.[90]

Porém, e quanto a esses eventos, como o evento *1*, que estão fora dos cones de luz, na região do espaço-tempo que chamamos de *outro lugar*? Aqui, a distância coberta pelo intervalo espacial será sempre maior do que o intervalo temporal multiplicado pela velocidade da luz. Isso significa que a ligação *0 para 1* permitiria apenas sinais que se movessem com velocidades maiores que a da luz. Esse domínio de impossibilidade aparente é conhecido como domínio taquiônico. Quando levamos em consideração o que a teoria da relatividade especial nos diz sobre o *outro lugar*, constatamos que se um táquion fizesse uma viagem entre o evento *0* e o evento *1*, seria sempre possível encontrar um observador que se movesse com uma velocidade menor que a da luz e que testemunhasse essa ligação em uma ordem temporal oposta: isto é, se um observador visse o evento *0* ocorrendo primeiro, haveria outro observador que veria o evento *1* do *outro lugar* ocorrendo primeiro (como é ilustrado na Figura 3d, na página 61). Desse modo, eventos que ocorrem no *outro lugar* não têm uma ordem temporal única, e é por isso que eles são chamados de *espaciais*.

Agora, voltemos ao nosso propagador. Como explicarei mais sobre ele a seguir, poderia ser útil considerar a seguinte analogia. Você pode, novamente, como fizemos no capítulo anterior, pensar em um propagador como se ele fosse um grupo de cavalos de corrida disparando violenta e rapidamente ao longo de uma pista circular. Só que dessa vez vamos deixá-los se aglomerarem em um feixe infinito. Pelo fato de haver tantos cavalos, temos toda uma variedade de modos de andar. Alguns cavalos nem sequer conseguem correr ou estão mancando, e outros têm uma tamanha sobrecarga de energia que correm bem à frente de sua tropa. Os cavalos que têm quase a mesma marcha mantêm as distâncias relativas que os separam. Agora, pense nesses cavalos que conservam a "mesma andadura" como os que têm as energias corretas, enquanto os outros ou têm uma energia muito menor (os que se movem mais lentamente) ou muito maior (os que se movem mais rapidamente).

Então, por que NENPAT?

Agora, vamos passar para os esquemas mentais de Feynman. Vamos supor que estamos determinando o propagador de uma partícula que se move para a frente no tempo. Não temos nenhum problema real com essa situação contanto que a partícula esteja se movimentando dentro de um cone de luz (isto é, com uma velocidade inferior à da luz). Então, sabemos que estamos escolhendo andar ao redor do polo de energia positiva no plano de energia, fechando o caminho no semiplano inferior da energia (como fizemos para o propagador não relativista

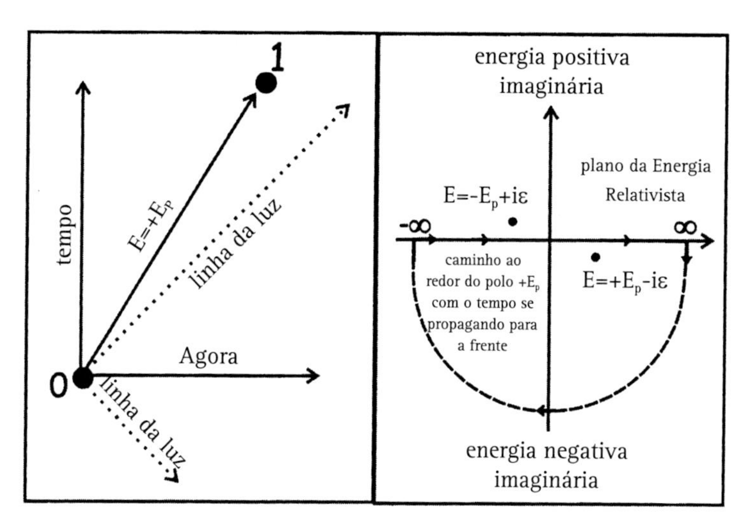

Figura 9b. A propagação de um tárdion de *0* até *1* com energia positiva para a frente no tempo.

mostrado na Figura 8f). Vamos colocar esses dois diagramas juntos, como é mostrado na Figura 9b.

O propagador na Figura 9b mostra uma partícula com energia positiva ($+E_p$) movimentando-se no interior da região do cone de luz. Como no Capítulo 2, eu indiquei o que um observador consideraria o seu tempo do agora (ou eixo espacial) e o seu eixo temporal dirigido no sentido temporal progressivo. Vimos no capítulo anterior que para determinar esse propagador nós precisamos circundar o polo da energia positiva no plano da energia, como é mostrado na segunda metade da figura. Precisamos completar o caminho da maneira como é mostrada porque a função de fase (e^{-iEt}), utilizada para calcular o propagador, desapareceu no semicírculo inferior (onde *E* tem um valor imaginário negativo variável em cada ponto ao longo do semicírculo, digamos, $-iF$, de modo que a fase, $-i\ [-i]\ Ft$, é $-Ft$), deixando que o resultado desejado seja calculado a partir da soma dos valores ao longo do eixo real da energia. Com efeito, nós nos livramos dos cavalos mais lentos e mais rápidos.

Em seguida, vamos repetir o desenho, com a diferença de que agora deixaremos o propagador descrever um táquion mais rápido que a luz, como é mostrado na Figura 9c. A única diferença é que a trajetória do propagador está fora da região do cone de luz, no *outro lugar*. No entanto, o propagador ainda

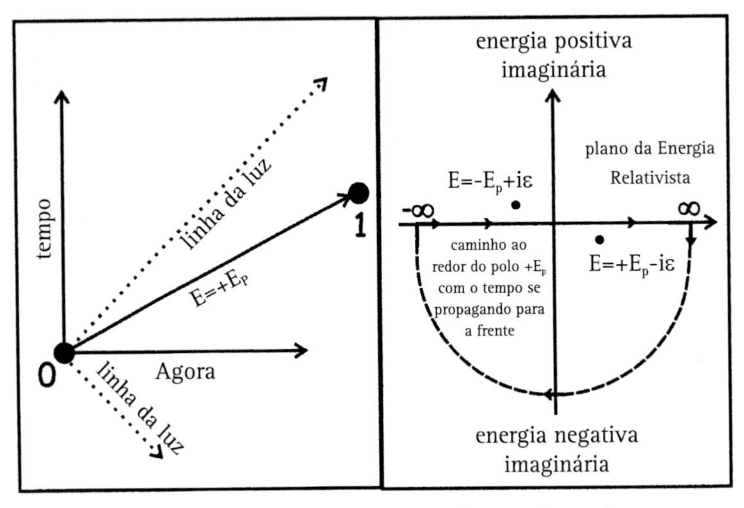

Figura 9c. A propagação de um táquion de *0* até *1* com energia positiva para a frente no tempo.

é determinado pelo mesmo caminho ao redor do polo, uma vez que ainda se considera o tempo propagando-se no sentido progressivo.

Mas aqui nós nos defrontamos com um problema interessante, que não ocorre para propagadores que descrevem partículas clássicas, para as quais a velocidade da luz é infinita. Nesse caso, nós simplesmente não temos o problema porque os táquions não são possíveis (uma vez que nada pode se mover com velocidade infinita na física clássica). Com uma velocidade da luz finita, os táquions são teoricamente possíveis. Como vimos no Capítulo 3, qualquer táquion pode ser considerado como uma partícula que se move para trás no tempo por um observador diferente que se move com uma velocidade menor que a da luz, porém maior que a velocidade de um dividida pela velocidade do táquion.[91]

Para qualquer observador em movimento, tanto o tempo como o espaço são modificados, como vimos nos Capítulos 2 e 3. Podemos chamá-los de tempo' e espaço' (leia-se tempo-linha e espaço-linha). O táquion indo do 0 para o *1* estaria se dirigindo para trás no tempo a partir desse ponto de vista plicado;* isto é, o intervalo de tempo começando com 0 e terminando com *1* é negativo.

* Adjetivo que indica tratar-se da convenção "linha". Assim, t' se lê "t linha" ou "t plicado". O autor também usa essa convenção quando escreve "observador não plicado" para se referir simplesmente ao "observador" na situação não modificada; no caso, em repouso relativo. (N.T.)

Na Figura 9d, tracei a seta do propagador que vai do evento *0* até o evento *1* como o observador temporal não plicado a determinaria. Agora, um problema interessante segue-se do nosso observador plicado. Como ele deveria fechar o caminho? Uma vez que o intervalo de tempo é negativo, ele não pode fechar o caminho no semiplano inferior da energia porque a função de fase ($e^{-iEt'}$) usada para calcular o propagador torna-se infinita no semicírculo inferior. Lembre-se, *E* tem um valor imaginário, negativo e variável em cada ponto ao longo do semicírculo inferior, digamos –*iF*, de modo que a fase –*i*(–*i*)*Ft'* é –*Ft'*. Uma vez que *t'* é negativo, digamos –*T*, –*Ft'* é igual a *FT* positivo. Então, ele teria de fechar o caminho ao longo do semicírculo superior, onde a função de fase ($e^{-iEt'}$) desaparece. No semicírculo superior, *E* tem um valor positivo imaginário, digamos *iF*, de modo que –*i*(*i*)*Ft'* é +*Ft'* e, uma vez que *t'* é negativo, obtemos o resultado desejado. Ou seja, encontramos o propagador, como vimos no capítulo anterior, obtendo seu valor a partir do polo de energia negativa, $-E_p$. Isso nos dá como resultado que o propagador táquion retrocede no tempo com energia negativa, como é mostrado na Figura 9d.

Entretanto, isso não parece, de maneira alguma, acontecer desse modo para um observador real plicado, uma vez que ele certamente verá *1* acontecer antes de *0*. O propagador parecerá estar se dirigindo de *1* para a origem *0* para a frente no tempo' (tempo-linha).

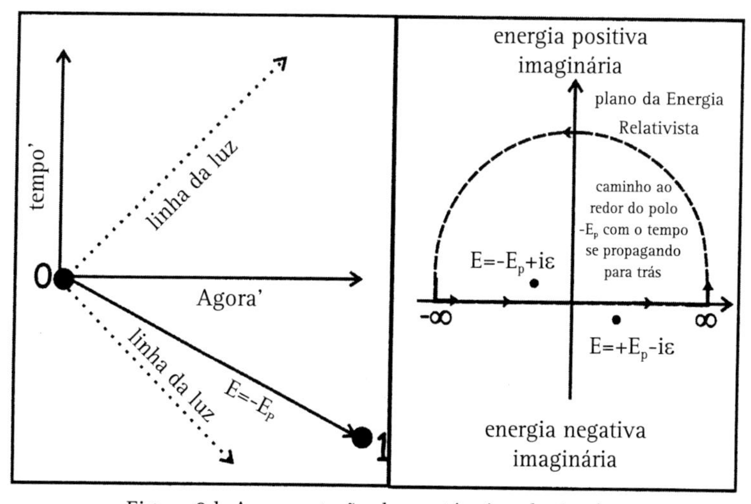

Figura 9d. A propagação de um táquion de *0* até *1* com energia negativa e dirigindo-se para trás no tempo.

É aqui que o gênio de Feynman acerta na mosca. Mesmo que esses observadores respondam por suas observações de diferentes maneiras, os resultados seriam idênticos. Dois eventos, *0* e *1*, ocorreram. A única pergunta é: "Qual veio primeiro, o *0* ou o *1*"?

Vamos nos aprofundar nisso um pouco mais. Suponha que a partícula esteja transportando uma carga de algum tipo, que poderia ser elétrica, ou, caso se tratasse de um *quark*, seria outro tipo de carga chamada de "cor", a qual é responsável pelas forças fortes dentro do núcleo. O resultado efetivo seria, digamos, que uma carga positiva de +*1* unidade foi aniquilada (ou simplesmente deixada da maneira como é vista pelo observador não plicado) em *0* e foi criada em *1* (ou chegou lá como é vista por ele). O resultado efetivo seria que em *0* a carga efetiva teria um valor negativo, –*1*, enquanto que em *1* a carga efetiva seria +*1*. Em resumo, uma carga positiva se dirigiu de *0* para *1*.

Do ponto de vista do nosso observador plicado, uma carga negativa abandonou o ponto *1*, deixando-o com uma carga positiva, e viajou para a frente no tempo até *0*, dando-lhe uma carga efetiva de –*1*. Que tipo de partícula seria ela? O resultado é o mesmo, independentemente de qual observador a viu. A transferência de carga foi um fato objetivo. Nosso observador plicado diria que foi uma antipartícula (com uma carga negativa) que progrediu no tempo de *1* para *0*. Para ele, nada de estranho aconteceu exceto que a partícula viajou mais depressa do que a luz. Ele diria que um táquion viajou de *1* até *0*, levando consigo uma carga negativa e uma energia positiva, assim como qualquer partícula sem carga ou com carga o faria. Uma vez que essa partícula era o mesmo táquion carregado positivamente que se moveu de *0* para *1* com energia positiva do ponto de vista do primeiro observador, como é que ele determinaria o propagador a partir do seu próprio ponto de vista, onde o tempo de *0* para *1* é negativo?

Assim, pela primeira vez, nós vemos uma explicação natural para as antipartículas: elas são partículas viajando para trás no tempo com energia negativa.

Naturalmente, o nosso observador plicado poderia igualmente bem considerar que o propagador estaria se dirigindo de *1* para *0*, e, uma vez que t' é positivo, ele simplesmente usaria o caminho do semicírculo inferior para circundar o polo de energia positiva. De qualquer maneira, ele calcularia o mesmo propagador.

Como a causalidade sai pela janela[92]

Há outra possibilidade que devemos considerar, a qual eu já havia mencionado no Capítulo 8. Suponhamos que ambos os polos estejam no semiplano inferior da energia. Em seguida, descobrimos que, como não há polos no semiplano superior, não haveria qualquer propagação no "mundo inferior" do tempo que corre para trás. Teríamos um mundo perfeitamente causal, ou assim pareceria. Muito bem, mas agora suponha que olhamos novamente para um táquion que se propaga entre *0* e *1*. Para o observador não plicado, encontraríamos ambos os polos de energia contribuindo para o propagador do táquion e, aparentemente, o táquion se propagaria no *outro lugar* sem nenhum problema. Acontece que isso é falso.

Para saber por que, considere com o que isso se pareceria para o nosso observador plicado. Para ele, o tempo de *0* até *1* é negativo; desse modo, ele determinaria que o propagador do táquion fosse zero, pois não haveria polo de energia no semiplano superior da energia e, portanto, nenhuma propagação ocorreria no *outro lugar*. No entanto, como acabamos de ver, o propagador não plicado vê o tempo correndo de *0* para *1* no sentido positivo; desse modo, ele descobriria que teve de fechar o caminho no semiplano inferior da energia, recuperando ambos os polos para o propagador.

Qual maneira é a correta? Deveremos determinar o propagador fechando o semiplano inferior e fazendo uma soma de propagadores para ambos os polos positivo e negativo? Ou deveremos fechar no semiplano superior, ficando, portanto, sem polos e com propagação zero? Está cauteloso em dar um palpite? Temos ou não temos propagação no *outro lugar*? Fizemos os táquions desaparecerem do nosso mundo?

Acontece que quando ambos os polos estão no semiplano inferior complexo da energia, o propagador táquion é sempre zero no *outro lugar* para todos os observadores, independentemente do fato de um observador estar ou não vendo o tempo correndo para a frente ou para trás. Para o fechamento no semiplano inferior, a contribuição do polo de energia positiva é exatamente igual à contribuição do polo de energia negativa, mas com o sinal oposto. O resultado é que elas se cancelam mutuamente e não há propagação. Ou então, se olharmos para essa situação do ponto de vista plicado, e fecharmos no semiplano superior, uma vez que não há polos nesse semiplano, o resultado ainda é zero dessa maneira lógica e muito simples. Em qualquer dos dois casos, não obtemos propagação no *outro lugar* nem conseguimos preservar um mundo causal. Na física, é comum encontrarmos resultados como esse. A probabilidade não pode mudar apenas mudando-se o ponto de vista de um observador. Sabendo disso, muitas vezes é conveniente procurar um ponto de vista que simplifique os cálculos, como vimos quando levamos em consideração o ponto de vista plicado.

Em qualquer dos casos, pareceria então que nós temos exatamente o que queremos: quando colocamos ambos os polos no semiplano inferior, obtemos um mundo causal de partículas, mas não de táquions, que ficam se lastimando no *outro lugar*. O que pagamos por isso? Um pouco de reflexão revela que não podemos ter essa situação, mesmo que não haja ocorrência de propagação de táquions. O problema é o mesmo que mencionei antes neste capítulo: nós violamos o axioma NENPAT – não há almoços grátis na sala de jantar do universo.

Vamos simplesmente olhar para os resultados que obtemos para eventos que ocorram dentro dos cones de luz. Esqueça por um momento o *outro lugar* e se concentre nos bons e velhos eventos causais normais. Ao incluir os dois polos no semiplano inferior da energia, estamos obtendo a adição dos propagadores de energia negativa e de energia positiva para o tempo que transcorre no sentido positivo. Isso incluiria a propagação de partículas com energias positivas e negativas dentro do cone de luz. Então, estamos de volta ao velho problema: temos a possibilidade de uma partícula de energia positiva que entrega sua energia para uma partícula de energia negativa, e, uma vez que não há limites para essa troca de energia (mesmo com as partículas confinadas ao interior do cone de luz), a matéria eventualmente desiste. Teríamos as partículas do universo, por assim dizer, precipitando-se ladeira abaixo, e não haveria nenhum limite que impedisse a queda da energia. Feynman enunciou isso como um axioma: não pode haver propagação de energia negativa avançando no Tempo, NENPAT.

Um argumento semelhante se aplica se tentarmos obter uma propagação para trás no tempo a partir de 0 até qualquer evento no cone luminoso do passado. Se deslocarmos ambos os polos para o semiplano superior da energia, encontraremos novamente o propagador na posição zero, uma vez que a contribuição de cada polo cancela a do outro, como antes. Ou se invertermos os nossos deslocamentos e simplesmente deslocarmos o polo da energia positiva para cima do eixo da energia real e o polo da energia negativa para baixo dele e, em seguida, considerarmos o tempo negativo como positivo, isto é, deixarmos o tempo correr para trás, como descrevi no capítulo anterior, acabaríamos criando os mesmos argumentos que acabamos de declarar. Por isso, não vamos mais levar em consideração esses deslocamentos.

Então o que podemos concluir disso? Precisamos manter os nossos polos de energia como são mostrados nas figuras 9b, 9c e 9d. Para interrompermos a energia negativa no nosso universo, precisamos permitir que as partículas se propaguem para dentro do *outro lugar*; precisamos permitir que táquions apareçam no nosso universo. A natureza diz "não" à causalidade nessa escala da existência, e diz "sim" a processos que ocorram no *outro lugar*, e "sim" apenas à propagação de energia negativa para trás no tempo.

Mas, espere um momento. Esses tárdions de energia negativa não fariam coisas fantásticas ao se encaminhar para trás no tempo? Estranhamente, não; como acabamos de ver, se um tárdion fizesse essa propagação para trás no tempo carregando uma carga positiva, ele pareceria estar se movendo para trás no tempo de maneira normal, carregando uma carga negativa como qualquer bom e velho tárdion normal movendo-se para a frente no tempo com energia positiva.

A natureza também diz "sim" aos táquions. Como veremos no próximo capítulo, os táquions são uma necessidade em nosso universo, mas eles não parecem estar presentes, a não ser que apareçam (ou sejam criados) em interações com os tárdions e, depois, desapareçam (ou sejam posteriormente aniquilados). Nesses casos, os táquions são chamados de partículas *virtuais* ou antipartículas *virtuais*.

Nas atuais pesquisas sobre partículas, em lugares como o CERN, na Suíça, e o FERMILAB, nas vizinhanças de Chicago, a busca continua. Entretanto, como mostrarei a você, os pesquisadores não chamam de táquions aquilo que estão procurando, porque são demasiadamente esquivos para se deixarem reconhecer. Em vez disso, eles estão procurando outro efeito taquiônico virtual que parece mais plausível e que poderia produzir um novo tipo de partícula chamada bóson de Higgs (voltaremos a falar sobre o Higgs mais adiante).

Como Feynman se expressa, o táquion de uma pessoa (ele disse partícula virtual) é o antitáquion de outra pessoa (antipartícula virtual). Se fôssemos efetivamente calcular o propagador de um táquion, descobriríamos que ele tem um valor muito menor do que o propagador de um tárdion; na verdade, quanto mais espacialmente distanciados estiverem os eventos *0* e *1*, menor será o propagador: isso significa que, embora os táquions existam, eles não vão muito longe mantendo pleno vigor. Alguns poderiam contestar esse aspecto, afirmando que os táquions não existem no mesmo sentido que as partículas comuns de matéria e de antimatéria existem. Eles não duram ou aparecem, por assim dizer, por si mesmos, e só aparecem durante brevíssimas irrupções, quando um tárdion interage com outro tárdion ou mesmo com o próprio vácuo do espaço. É por isso que Feynman e outros físicos referem-se aos táquions como partículas virtuais.

Eu prefiro pensar neles como partículas mais rápidas que a luz. Então, quando e como eles passam a existir e a deixar de existir? No próximo capítulo, veremos como tudo isso funciona. Acontece que um táquion surge quando um tárdion comum salta para o outro lado do muro de luz. Isso ocorre se uma perturbação for suficiente para arremessá-la.

Um breve resumo

Vamos resumir o que vimos até agora. Para que um universo bem-comportado, causal e obediente à lei exista — o universo que viemos a perceber e a compreender cada vez mais e que chamamos de o nosso lar —, é preciso que também exista um "mundo subterrâneo", invisível e fugaz de processos mais rápidos que a luz. Esses processos, embora se pareçam mais com ficção científica do que com fatos, fornecem a base para o nosso mundo obediente à lei.

Também descobrimos algo que talvez seja ainda mais importante. Não podemos obter algo a partir do nada, embora pareça que foi isso o que aconteceu no início do universo — o chamado *bigue-bangue*. A energia é necessária para modelar e dar forma ao universo e, na verdade, às próprias habilidades que temos para realizar tarefas no mundo cotidiano. A fim de garantir que o universo não exploda como aconteceu no *bigue-bangue* há muito tempo, há um sentido único de fluência do tempo — o sentido ao longo do qual as energias de todas as partículas materiais precisam ser positivas. Se foi possível que as partículas materiais tivessem energias negativas enquanto seguiam seus cursos ao longo da história e desse sentido único do tempo, seria possível extrair delas mais e mais energia, levando a um clímax catastrófico — um novo *bigue-bangue*. Esse cenário possível, que envolve a existência de um mundo simétrico de partículas de energia positiva e negativa que seguem suas histórias, pode ter sido a situação que ocorreu apenas logo após o *bigue-bangue*. Mas então essa simetria foi quebrada e as partículas de energia negativa não tiveram permissão para seguirem para a frente no tempo, como eu mostrei neste capítulo. Elas ficaram restritas a seguirem para trás no tempo. Ao fazer isso, essas partículas de energia negativa aparecem para nós como antipartículas de energia positiva. Desse modo, a restrição que impede o universo de explodir nos permite compreender porque é que existe antimatéria. Sem ela, nenhum universo seria possível.

Capítulo 10

Propagadores sem *Spin*

Primeiros Sinais de que Você Está no Caminho Certo

Se você atingir uma bifurcação na estrada, siga por ela.

– Yogue Berra[93]

O vácuo é um mar fervilhante feito de nada,
cheio de som e de fúria, significando tudo.*

– Anônimo[94]

Admito que este capítulo talvez seja o de mais difícil compreensão para muitos de vocês, mas, mesmo assim, eu os encorajo para que façam o esforço. O universo é um processo surpreendente, e você, como leitor, tem duas opções. Você pode pular toda essa parte com a qual não quer lutar, e, ao fazê-lo, talvez tenha uma pequena ideia do que Deus está fazendo em todo esse quadro. Ou então, você pode, por assim dizer, estudar a mão de Deus, para ver o mestre criador em ação. Nesses detalhes, pode-se ver como a própria vida, a mente da matéria, precisa existir. Acredito que, por meio de tal compreensão, ganhamos uma perspectiva que nos permite viver uma vida mais rica e mais satisfatória. Para mim, essa aventura nos mistérios da existência tem sido, e continuará sendo, minha jubilosa procura.

Neste capítulo, veremos como as antipartículas passaram a existir e como os propagadores se empenham em transpor em um salto o muro da luz. Acontece

* Paráfrase de um famoso trecho do Macbeth, de Shakespeare: "A vida ... é uma fábula contada por um idiota, cheia de som e de fúria, significando nada". (N.T.)

que os táquions desempenham efetivamente um papel necessário em nossos esquemas de propagação. Usaremos algumas noções novas para determinar como as amplitudes e as probabilidades da existência surgiram dos propagadores. Isso nos permitirá reconhecer como a teoria quântica dos campos descreve tanto a criação como a aniquilação das partículas no mundo e o que tudo isso tem a ver com o tempo e com a energia. Precisamos ver exatamente como as partículas se propagam para a frente no tempo com energia positiva e para trás no tempo com energia negativa. Para demonstrar isso, vou construir alguns roteiros para o propagador. Depois de algum tempo, você será capaz de lê-los. Na eletrodinâmica quântica, eles são chamados de diagramas de Feynman.

Os físicos se interessam por tais diagramas porque eles mostram, de uma maneira intuitiva visual, como a matéria e a antimatéria passaram a existir e, uma vez tendo feito isso, como elas interagem umas com as outras. Neste capítulo, examinaremos nesses diagramas as partículas que não têm *spin*, ao contrário dos elétrons e pósitrons que discutimos no capítulo anterior. Portanto, estudaremos agora as chamadas partículas de *spin 0*, enquanto os elétrons, os pósitrons e todos os outros léptons têm *spin ½* (vamos nos encontrar com eles no próximo capítulo). O imperativo de suma importância a lembrar aqui é regra de Feynman: NENPAT, isto é, não pode haver partículas que viajam para a frente no tempo com energia negativa. Uma partícula poderia viajar para trás no tempo com energia negativa; no entanto, para nós ela sempre se manifestaria como uma antipartícula viajando para a frente no tempo com energia positiva, como veremos em breve.

Enquanto o conduzo ao longo destes passos, você perceberá como pareço cair em armadilhas lógicas que eu próprio criei. Faço isso para lhe mostrar que os físicos não apenas chegam à resposta correta a cada passo que dão, mas também que eles caem em tais armadilhas. Por outro lado, também faço isso para lhe mostrar que o próprio processo de criar uma compreensão matemática da natureza está repleto de armadilhas e a tentativa de escalar por elas para transpô-las muitas vezes leva a uma nova, profunda e aguçada visão da mente de Deus — a de como Deus criou o universo.

Algumas Regras Quânticas Simples

Se alguma coisa pode acontecer, com uma possibilidade de, digamos, A, e depois outra coisa acontecer com uma possibilidade *B*, para determinar a possibilidade resultante, basta multiplicá-las: $A \times B$. Se alguma coisa pode acontecer com qualquer uma das possibilidades, ou com a possibilidade A ou com a possibilidade *B*, você soma as possibilidades: $A + B$. Então tudo o que você precisa entender é se uma coisa segue outra ou não. Para obter a probabilidade, você precisa multiplicar uma possibilidade A pelo seu complexo conjugado A^*, onde o asterisco indica o complexo conjugado. Assim, no primeiro caso, temos $A \times B \times A^* \times B^* = |AB|^2$. As barras verticais significam que você deve considerar o número que está cercado por essas barras com um valor absolutamente positivo e representa o valor absoluto, com o sinal positivo, da quantidade entre as barras. Por exemplo, tanto $|5|$ é de fato um 5 positivo como $|-5|$ também o é. $|A|^2$ significa: tome esse número absolutamente positivo e eleve-o ao quadrado. Desse modo, no segundo caso, temos $(A + B) \times (A^* + B^*) = |a + b|^2$. Se você multiplicar esses números, acabará com quatro termos: $AA^* + AB^* + BA^* + BB^*$. Você pode sempre determinar o complexo conjugado em qualquer expressão substituindo *i* por $-i$. Se você se lembra, uma possibilidade é sempre dada por um número complexo, digamos $a + ib$, de modo que o seu complexo conjugado é $a - ib$. Multiplique um pelo outro e você obterá $a^2 + b^2$, que é um número positivo. (Uma vez que *i* é a raiz quadrada de -1, lembre-se de que $-i \times i = 1$.)

Por exemplo, se temos $A = exp\,(ia)$ e $B = exp\,(ib)$, então obtemos para $(A + B) \times (A^* + B^*) = AA^* + AB^* + BA^* + BB^* = 1 + exp\,[i(a - b)] + exp\,[-i(a - b)] + 1$. Como você pode ver, uma vez que $exp\,[i(a - b)] = cos(a - b) + i\,sen\,(a - b)$ e $exp\,[-i(a - b)] = cos\,(a - b) - i\,sen\,(a - b)$, as funções seno se cancelam, deixando o resultado $2\,[1 + cos\,(a - b)]$.

Mais uma regra: $exp\,(iA) = cos\,(A) + i\,sen\,(A)$, onde *cos* (A) significa o cosseno e *sen* (A) significa o seno de uma onda com fase A. Essas funções trigonométricas são muito conhecidas e têm a propriedade de ter os seus valores repetidos à medida que sua fase A aumenta. Um exemplo disso é mostrado mais adiante neste capítulo, na Figura 10b1.

Vamos começar com a Figura 10a. Ela mostra de maneira pictórica a amplitude de um propagador de onda (representando uma partícula sem *spin*, ou de *spin* 0, como se costuma defini-la) progredindo no tempo e através do espaço a partir de um evento espaçotemporal 0 até um evento espaçotemporal *1*. Um pouco mais adiante, falaremos sobre a seta cinzenta na figura da direita. Tende-se a pensar que a seta preta representa uma partícula com um *momentum* p e uma energia E movendo-se como é mostrado na figura. Você pode remontar aos capítulos anteriores e lembrar-se de que, na física quântica, a frequência espacial é a mesma coisa que o *momentum* e a frequência temporal é a mesma coisa que a energia quando usamos a convenção segundo a qual a constante de Planck, h, é definida como unidade.

Assim, a Figura 10a nos fala sobre a construção básica da física quântica que chamamos de propagador de onda. A seta preta dirigindo-se para a frente no tempo, no lado esquerdo, significa que se trata de uma onda com uma frequência espacial p e uma frequência temporal E, que se move do evento 0 para o evento *1* para a frente no tempo e através do espaço. O lado direito da figura revela algo estranho, mas absolutamente necessário na física quântica. Algo que conta uma história um pouco diferente. Uma onda viaja para trás no tempo e no espaço a partir do evento 0 para o evento *1*. Ela tem um *momentum*-p e uma energia $-E$. Agora, ocorre que, na física quântica, por causa do *princípio da incerteza*, não podemos determinar com certeza os resultados das nossas observações. Por isso, os físicos estão interessados em probabilidades simplesmente porque a física quântica não nos permite prever qualquer outra coisa por causa do *princípio da incerteza*. Para determinar a probabilidade de ocorrência desses eventos, isto é, para uma partícula se propagar de 0 até *1*, temos de multiplicar os dois propagadores um pelo outro; para isso, multiplicamos a seta preta pela seta cinzenta.

Consideramos essas propagações movendo-se no tempo no sentido da seta. No capítulo anterior, eu lhe disse que cada propagador é expresso por uma função exponencial, como e^{iA}, em que A é a fase da onda, e você deve se lembrar de

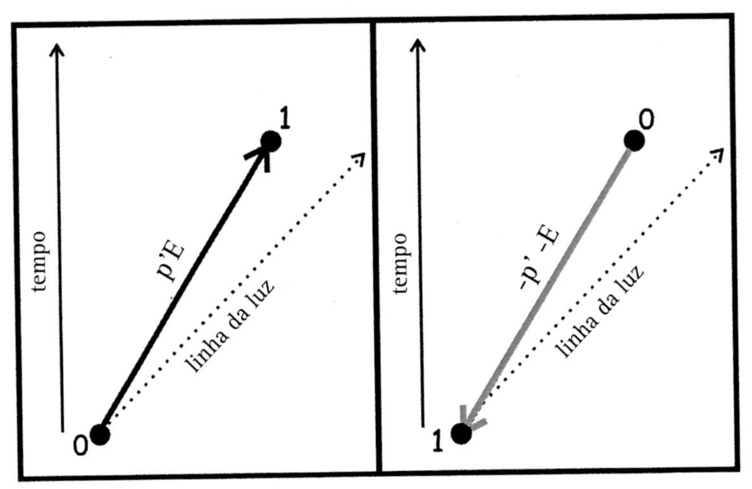

Figura 10a. Propagação de *0* para *1*.

que i é a raiz quadrada de menos um. Se você se lembrar, eu também lhe disse que quando você multiplica funções exponenciais, o que você efetivamente faz é somar as fases: por exemplo, $e^{iA} \times e^{iB} = e^{iA+iB}$. Para poupar seus olhos de ter de olhar expoentes pequenos, escreverei e^{iA} como $exp\ (iA)$ a partir de agora. Então, o que acontece com a nossa multiplicação de propagadores?

No Capítulo 5, expliquei que a fase da onda era dada por $px - Et$. Agora, deixe-me completar outro pequeno detalhe. O que entendemos por t e x? Eles se referem aos intervalos de tempo e de espaço entre os dois eventos assinalados pelo início da seta e o fim da seta, os quais, nesse caso, são o evento *0* e o evento *1*. Assim, o intervalo de tempo entre *1* e *0* é lido como o tempo no evento *1* menos o tempo no evento *0*, e de maneira semelhante para o intervalo de espaço. Para não precisarmos escrever isso com as letras t e x, vou indicar resumidamente todo o intervalo como *10*. É um recurso taquigráfico para indicar o intervalo espaçotemporal entre o evento *1* e o evento *0*. Além disso, vou economizar mais um passo e escrever a fase completa como *E10*. Aqui a energia, E, é positiva, e o *momentum*, p, também é positivo. Assim, *E10* significa uma onda com *momentum* p e energia E que se propaga a partir do evento *0* e se dirige para o evento *1*. Quando escrevo a fase dessa maneira, você pode considerar que E representa, ao mesmo tempo, a energia e o *momentum*, e você pode chamá-lo de *energia-momentum* ou até mesmo de frequência espaçotemporal. Ocorre que essa é a quantidade importante na teoria da relatividade especial de uma partícula.[95]

Multiplique a frequência espaçotemporal pelo intervalo espaçotemporal e você obterá a fase do propagador.

O propagador para a seta preta é então, simplesmente, *exp* (+ $iE10$). Agora olhe para a seta cinzenta do lado direito da Figura 10a. No que ela consiste? É a mesma coisa, só que temos o evento *0* ocorrendo depois do evento *1* na figura, como se estivéssemos em um mundo paralelo onde tudo virou de cabeça para baixo e seguiu no sentido oposto. A fase da seta cinzenta é então igual a $-E10$. Por que o sinal de menos? Porque a seta cinzenta aponta para trás no espaço-tempo, de modo que a energia-*momentum* é negativa, como expliquei no capítulo anterior. (Lembre-se, nada pode se propagar para trás no tempo a não ser que tenha energia negativa.) Nós ainda vamos de *0* a *1*, mas, uma vez que voltamos no tempo, a energia também é negativa. A seta cinzenta é também chamada de complexo conjugado da seta preta. (Ver o Box: "Algumas Regras Quânticas Simples" na página 190 para mais informações sobre esse assunto).

Então, uma vez que multiplicamos uma seta pela outra para chegarmos à probabilidade, vemos que tudo o que precisamos fazer é simplesmente somar seus expoentes:

$$exp\,(-iE10) \times exp\,(+iE10) = exp\,(-iE10 + iE10) = exp\,(0) = 1$$

Como expliquei antes, o resultado da multiplicação de funções exponenciais é obtido somando-se os seus expoentes. Então, você pode ver que, na Figura 10a, a soma dos expoentes é zero; e, lembre-se, qualquer número, como *e*, elevado à potência zero é um.

Uma vez que essas setas descrevem um propagador de onda com uma energia e um *momentum* fixos, E e p, respectivamente, podemos perguntar o que aconteceu com a partícula. Para respondermos a isso, precisamos aprender um pouco mais sobre o que uma onda significa na física quântica.

Na física quântica, os propagadores de onda nada mais são do que histórias matemáticas. Os físicos precisam contar essas histórias de faz de conta para descobrir o que realmente aconteceu. Como são histórias matemáticas, são histórias muito simples. Porém, como acontece em muitas histórias de faz de conta, elas narram o que poderia ter sido, o que poderia ser ou o que poderia vir a ocorrer em vez de narrar o que realmente ocorreu, ocorre ou ocorrerá.

Em outras palavras, elas estão relacionadas com o que chamamos de probabilidades. Para calcularmos uma probabilidade a partir de um propagador de onda, precisamos contar uma história bizarra sobre o tempo.

Na Figura 10a, à esquerda, estamos contando uma dessas histórias simples de faz de conta. Ela é mais ou menos assim: era uma vez e um lugar em que aconteceu um evento espaçotemporal *0*, sinalizando a criação de uma partícula. Mais tarde, em um tempo e lugar diferentes, aconteceu um evento espaçotemporal *1*, sinalizando que a partícula foi aniquilada. Peço desculpas se a história tem um final triste, mas é assim que ela acontece.

Há outra história para contar, que é francamente um pouco mais bizarra. Na primeira história, a partícula foi criada no evento *0* e destruída no evento *1*. A história foi contada em uma ordem temporal normal porque o evento *1* aconteceu depois do evento *0*. Nessa nova história, ocorre o oposto, com o tempo invertido. O lado direito da Figura 10a conta esta história: a criação ocorreu no evento *0* e a aniquilação no evento *1*, de modo que a seta aponta para baixo, como é mostrado pela seta cinzenta, mas tudo aconteceu na ordem reversa no universo às avessas.

Na física quântica, aprendemos a aceitar essas histórias bizarras porque elas constituem as únicas maneiras de prevermos, com o melhor de nossas habilidades, o que acontece no mundo "real". Damos a elas nomes matemáticos, e as chamamos de amplitudes do propagador de onda, e, para completar a história, precisamos multiplicá-las. Resumindo, o que sobe precisa descer e, em seguida, entrar em uma reviravolta em uma espécie de laço espaçotemporal. O mundo da seta cinzenta é também o mundo complexo conjugado da seta preta. Isso significa que é tudo o mesmo, só que cada vez que você vê um número imaginário i, você o substitui pelo número imaginário $-i$.

Propagadores de onda são amplitudes para que as coisas aconteçam

Agora preciso lhe falar um pouco mais sobre esses propagadores. Lembre-se de que eles são ondas, e por isso todos eles têm fases. O que torna a física quântica tão bizarra e diferente da física clássica é o que essas ondas e fases nos dizem sobre o quanto é provável, ou não, que algo aconteça. Em outras palavras, elas nos informam sobre as probabilidades de as coisas acontecerem; por exemplo, a probabilidade de uma partícula ser emitida no evento *0* e absorvida ou aniquilada no evento *1*. No Capítulo 12, especularei a respeito do que isso pode ter a ver com nossa mente, mas por enquanto queremos apenas examinar como essas probabilidades ocorrem.

Uma vez que as amplitudes são "ondulantes", elas fazem o que as nossas observações veem as ondas fazerem. Elas oscilam, passando de um valor máximo para um valor mínimo, e daí para um valor máximo, e então repetem. Elas também se propagam, e nós as vemos se moverem, assim como vemos o movimento das listras em um poste de barbeiro. No entanto, nunca vemos essas ondas como veríamos as ondas do mar ou até mesmo as ondas sonoras. Isso porque elas são, em certo sentido, "ondas mentais de possibilidade", e não ondas sólidas de substância.

Mas então algo aconteceu

Na Figura 10b, temos uma história um pouco mais complicada. Antes de alcançar o evento *1*, a partícula criada no evento *0* com uma energia-*momentum* *Z* interagiu no evento *2*, ou no evento *3*, e em seguida partiu, com uma energia-*momentum* *E*, para o evento *1*. Fim da história. O que aconteceu em *2* ou *3* depende do que aconteceu no restante da história. Poderia ter sido outra partícula a respeito da qual não temos nenhum interesse no momento. Ou poderia ter sido a energia de um campo que interagiu com a partícula criada em *0*, dando-lhe um cutucão que a desviou de seu caminho, encaminhando-a para sua morte no evento *1*. Usualmente, damos a esse evento que envolve mudança de energia-*momentum* o nome de *espalhamento* e simbolizamos essa interação pelo símbolo V, chamado de energia potencial ou campo de energia potencial, que provoca uma mudança na onda. Ocorre que essa interação é indicada por $-iV$, em que V significa um campo de energia que atua em um vértice (ponto onde duas linhas diferentes, com diferentes valores de energia-*momentum*, se cruzam). Você pode pensar a respeito dela concebendo-a como energia de interação ou, simplesmente, como um campo, semelhante ao campo magnético ou elétrico, que altera o curso da propagação ondulatória. Sabemos também que ela afeta a onda, introduzindo-lhe, além do mais, um fator $-i$, que muda a fase da onda em menos 90 graus, mas isso não é algo com o qual você precisa se preocupar ou entender aqui.

Desse modo, na Figura 10b, o campo em *2* ou em *3* espalha a partícula de energia-*momentum* Z criada em *0* e, em seguida, a reenvia por um novo caminho com energia-*momentum* *E* até sua morte no evento *1*. No mundo às avessas, acontece a mesma coisa, com a diferença de que nele os eventos estão na ordem temporal inversa. É aqui que a física quântica entra no cálculo, pois os eventos *2* e *3* poderiam ocorrer em qualquer lugar dentro do campo representado na figura pela área elíptica cinzenta. Nos cálculos efetivos, precisamos incluir todos os pontos possíveis entre *0* e *1* dentro da área cinzenta. No entanto, para manter as coisas no maior grau de simplicidade de que eu sou capaz de conseguir aqui, incluirei apenas dois pontos possíveis; mas não se esqueça de que esses dois pontos poderiam estar em qualquer lugar e ocorrer em qualquer tempo. As setas cinzentas no mundo complexo conjugado que caminha às avessas espalham a partícula nos eventos *2* e *3* para trás no espaço-tempo com a energia $+iV$ (o complexo conjugado de $-iV$).

Determinamos a probabilidade para essa história multiplicando um gráfico pelo outro. Multiplicamos novamente os propagadores mostrados nos lados

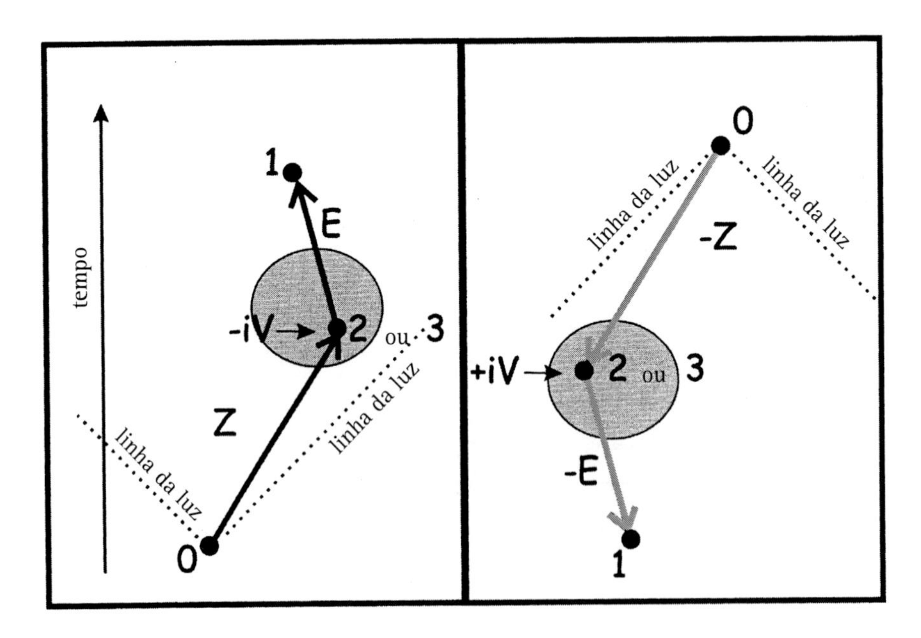

Figura 10b. Propagação de *0* a *1* com um evento interativo *2* ou *3* no meio.

direito e esquerdo da Figura 10b, e precisamos incluir os termos da energia da interação, $-iV$, em ambos os eventos interativos *2* e *3*. Recorrendo ao box ("Ordens são Ordens", na página 198 e efetuando as operações matemáticas como explicamos nesta nota,[96] teremos como resultado um mais um mais dois termos exponenciais somados com fases opostas: $V^2 [2 + exp(iE32) + exp(-iE32)]$. Uma vez que os dois termos exponenciais são complexos conjugados um do outro, como expliquei anteriormente (veja o exemplo na Figura 8e na página 145), quando somados suas partes imaginárias se cancelam.

O passo seguinte na matemática desse processo nos mostra que a soma dos dois termos exponenciais resulta no dobro da função cosseno sem mais partes imaginárias: $2V^2 [1 + cos(E32)]$. Agora, escreverei isso simplesmente como $+V^2D$. Esse resultado é sempre um número real positivo, como qualquer boa probabilidade deve ser. Ele é um tanto parecido com a curva na Figura 10b1 quando deixamos a fase *E32* mudar, mudando, para isso, o intervalo entre *2* e *3*.

Devemos agora deixar isso um pouco de lado. Embora eu lhe tenha prometido que você não teria de usar matemática nem calcular coisa alguma, se quiser fazer isso, você poderá seguir os passos indicados nas notas deste capítulo. Incluí a maior parte dos passos nas notas porque acredito que eles não são difíceis de seguir e você pode preencher o que está faltando. Tudo o que é realmente necessário é usar a sua mente lógica e seguir as regras matemáticas estrada abaixo.

Uma vez que incluí apenas duas posições possíveis, *2* e *3*, na Figura 10b, você obterá um padrão de interferência semelhante ao que é produzido no famoso experimento das duas fendas, no qual a interferência é causada por uma partícula que atravessa ambas as fendas ao mesmo tempo. No presente caso, estamos olhando para o que acontece quando se permite que o propagador interaja com ambos os eventos como possibilidades. As probabilidades, como expliquei, são obtidas multiplicando-se o propagador pelo seu complexo conjugado. O resultado é sempre o quadrado de um número e é sempre positivo. (Vou repetir: se um número c é complexo, digamos, $c = a + ib$, então sabemos que seu quadrado é $a^2 + b^2$. Indicamos isso escrevendo-o com duas barras verticais e um 2 sobrescrito, o que nos diz que temos um número elevado ao quadrado, assim: $|c|^2$. Isso significa multiplicar c por c^* ou $a + ib$ por $a - ib$. Todas as probabilidades são designadas dessa maneira na física quântica.)

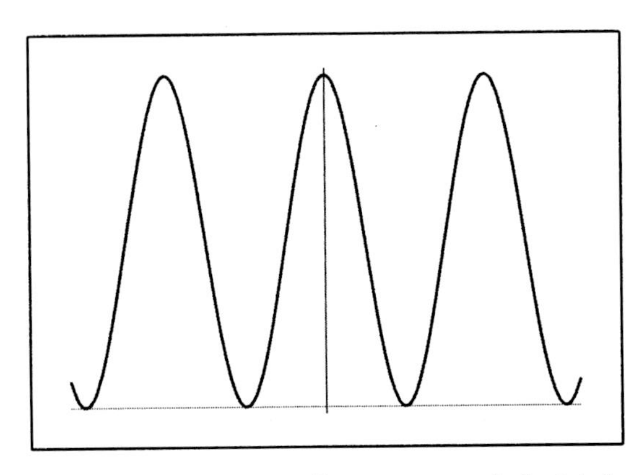

Figura 10b1. A probabilidade de um espalhamento a partir de dois locais possíveis.

Preciso agora assinalar mais uma coisa. Supondo-se que a energia de interação *V* é uma pequena perturbação, ela causa uma pequena mudança na probabilidade de se ter uma partícula indo de *0* a *1*. Quando determinamos a nova probabilidade, notamos que a perturbação da propagação de *0* a *1* nessa região onde atua a energia de interação acrescenta uma pequena mudança, indicada pela inclusão do quadrado dessa energia *V* na probabilidade, V^2D. Desse modo, precisamos indagar de que outra maneira essa região onde atua essa energia perturbadora poderia mudar o propagador ao alterar o seu curso simplesmente indo de *0* até *1*. Em suma, o que mais poderia acontecer na nossa história?

Ordens são Ordens

Lembre-se de que *V* é uma perturbação em um campo de energia no espaço-tempo em cujo âmbito a partícula pode se propagar. Quando passa por essa região, ela pode se espalhar uma, duas, três ou tantas vezes quantas forem possíveis antes de chegar ao evento *1* no espaço-tempo — o fim de sua jornada. Cada evento de espalhamento somaria um termo ao propagador, de modo que um único espalhamento acrescentaria um termo $(-iV)$, um duplo espalhamento, um termo $(-iV)^2$, um triplo espalhamento, um termo $(-iV)^3$, e assim por diante. Em física, dizemos que os expoentes nesses termos são *ordens* matemáticas e, nesse caso, a ordem significa quão grande é o expoente em um termo em comparação com o expoente no termo que vem depois dele, ou antes dele. Se desenvolvermos corretamente a matemática envolvida, então podemos considerar os resultados verdadeiros para cada ordem de V. Assim, por exemplo, se eu tenho uma série de termos no lado esquerdo de uma equação, como $1 + VA + V^2B + V^3C + V^4D$ e no lado direito da equação $1 + Va + V^2b + V^3c + V^4d$, é seguro e lógico eu concluir que a equação é verdadeira para cada ordem, de modo que $A = a$, $B = b$, $C = c$, $D = d$, e assim por diante.

Outra história possível

Há muitas possibilidades, dependendo de quantas ordens desejamos incluir. Aqui está outra: uma possibilidade de segunda ordem, e uma imagem dela na Figura 10c. Você notará que há uma diferença entre as figuras 10b e 10c. Na Figura 10b, consideramos duas ondas de possibilidade (*possibility waves*) atingindo o evento *1* depois que um único evento interativo ocorreu depois que a partícula sofreu um espalhamento a partir do evento *2* ou do evento *3*, mas não de ambos. Cada propagador contribuiu com um termo apenas para a primeira ordem, mas quando multiplicamos um pelo outro para obter uma probabilidade, o resultado foi um termo de segunda ordem.

Na física quântica, a fim de determinar o propagador total para um espalhamento de primeira ordem, precisamos acrescentar vários termos, um para cada localização espaçotemporal possível. Isso acontece porque estamos lidando com cada lugar separado do espaço-tempo na área cinzenta, onde tal espalhamento poderia acontecer, e realmente não sabemos onde ou quando isso aconteceu. Somamos todas essas ondas de possibilidade de primeira ordem antes de calcularmos a probabilidade real para um único espalhamento de primeira ordem. Para encontrarmos a probabilidade, multiplicamos essa soma pelo seu complexo conjugado. Na verdade, estamos determinando a probabilidade de que uma partícula que tenha partido do evento *0* com uma energia-*momentum* Z seja espalhada em algum ponto na região de interação (usei apenas dois pontos possíveis, *2* e *3*) por uma energia de interação V, e em seguida tenha prosseguido com uma energia-*momentum* E diferente de Z. Uma vez que nós multiplicamos um propagador de primeira ordem pelo seu complexo conjugado, que também é um propagador de primeira ordem, acabamos com uma probabilidade de segunda ordem. Somos então levados a olhar para processos de segunda ordem para ver se eles também poderiam contribuir para uma probabilidade de segunda ordem.

No lado esquerdo da Figura 10c, estamos considerando um processo de segunda ordem além do propagador de não espalhamento, o qual, uma vez que ele não envolve V, nós o chamamos de processo de ordem 0 (ou zerogésimo). Essa é claramente uma possibilidade com a qual devemos lidar. Para isso, onde a partícula vai diretamente de *0* para *1*, nós podemos acrescentar um termo de segunda ordem onde ela encontra dois eventos de espalhamento consecutivos, primeiro em *2* e em seguida em *3*, antes de alcançar *1* com a mesma energia-*momentum* Z com a qual deixou *0*. Entre *2* e *3*, o propagador pode mudar sua energia-*momentum* de Z para E. Depois de *3*, o campo muda sua energia-*momentum* novamente para Z. Aqui nós simplificaremos as coisas levando em consideração apenas dois desses eventos: o evento *3*, que ocorre em um diferente lugar ao mesmo tempo, ou em um tempo posterior ao outro evento *2*, mas não antes dele. Uma vez que começamos com a partícula no evento *0* e terminamos com a partícula no evento *1*, precisamos somar essas duas ondas de possibilidade – o processo de ordem 0 e o de segunda ordem – antes de multiplicarmos essa soma pelo seu complexo conjugado, mostrado pelas setas cinzentas dirigindo-se para trás no tempo no lado direito da Figura 10c.

Note agora como as duas possibilidades que são somadas ocorrem aqui. Novamente, repare que o primeiro termo, o qual representa a situação em que a partícula vai de *0* para *1* sem ser perturbada pelo campo de energia de interação, não tem nenhum V presente, sendo, por isso, um termo de ordem 0. A partícula também poderia ir para *1* interagindo duas vezes com o campo nos eventos *2* e *3*, exigindo que um termo de segunda ordem seja adicionado. Naturalmente, tudo está confuso no lado direito da figura, uma vez que precisamos multiplicar um dos propagadores pelo outro para obtermos o resultado. Repare que eu coloquei aqui o sinal mais para nos mostrar que estamos somando as duas possibilidades antes de multiplicar a soma pelo seu complexo conjugado.[97]

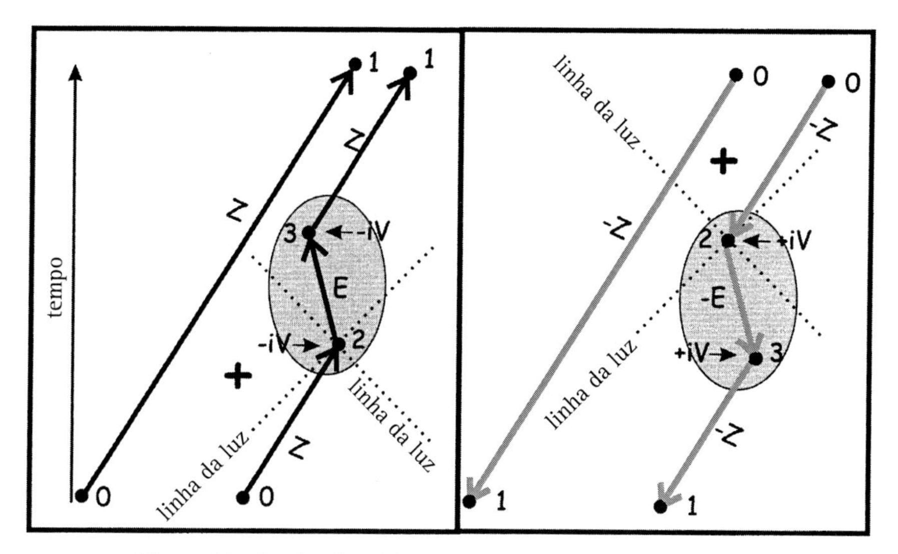

Figura 10c. Sinal rodoviário 2. Propagação de *0* até *1* com uma possibilidade adicional de dois eventos interativos entre eles.

Realizando as operações matemáticas, notamos que o mesmo fator D é computado como no propagador mostrado na Figura 10b, com a diferença de que um sinal de menos é colocado na frente dele. A soma dos termos de ordem *0* e de segunda ordem é $1 - V^2D$. Aqui, o fato importante é que o duplo espalhamento *subtrai* um termo de segunda ordem do termo de ordem *0* — na verdade, dizendo-nos que se tivermos uma partícula no vácuo, a probabilidade de ela sobreviver lá entre *0* e *1* sem mudar sua energia-*momentum* é menor que um. Na verdade, ela não pode fazer isso — o campo V provocará nela uma perturbação que a mudará em uma partícula com energia-*momentum* E, e novamente de volta para Z. Nesse exemplo, considerei apenas dois pontos do campo onde isso poderia acontecer e apenas um valor da energia-*momentum* para a mudança. Na realidade, precisamos levar em consideração todos os pontos no campo V sujeitos à seguinte restrição: o segundo evento não pode acontecer antes do primeiro. Também precisamos levar em consideração todas as energias-*momenta* possíveis (as Es) que o propagador poderia ter entre os eventos *2* e *3*.

No entanto, se levássemos em consideração todos os processos possíveis, não deveríamos terminar com uma probabilidade total de um? Considere o resultado de acordo com as ordens do expoente de V. É notável o fato de que, se realizarmos as operações matemáticas corretamente, descobriremos que quando somamos tudo conjuntamente, acabamos com 1 (um) para a probabilidade total de qualquer coisa acontecer até a segunda ordem em *V*, contanto que incluamos o processo mostrado na Figura 10b e nos lembremos de que o evento 3 nunca acontece antes do evento 2. Há outras possibilidades que poderíamos incluir com ordens exponenciais mais elevadas de *V*, envolvendo espalhamentos que ocorram três, quatro ou mais vezes consecutivas na região de espalhamento, somando muitos eventos de espalhamento a diferentes energias-*momenta*, mas sempre terminando com a mesma energia-*momentum* Z, e também com espalhamentos que ocorram em três, quatro ou mais lugares possíveis, terminando com energias-*momenta* diferentes de *E*.

Se realizarmos as operações matemáticas, incluindo todos os termos até os de segunda ordem, descobrimos, ao somarmos todos, que $1 + V^2D - V^2D = 1$. Em outras palavras, a probabilidade total é de fato um e a probabilidade de um duplo espalhamento de segunda ordem cancela exatamente a probabilidade um espalhamento único de primeira ordem.

Há mais uma coisa estranha e que aparece apenas na física quântica. Na verdade, ela contradiz algo que eu disse anteriormente, a saber, que todas as probabilidades deveriam ser positivas. A segunda ordem entre a probabilidade de dois eventos consecutivos é negativa! Mesmo que isso esteja correto, não é um problema quando consideramos que a natureza adota, ao mesmo tempo, um único espalhamento surgindo de eventos de primeira ordem e um evento de duplo espalhamento (ou mais que duplo) de segunda ordem em seu âmbito. Resumindo, se o campo pode causar um duplo espalhamento, ele também será capaz de causar um espalhamento único.

Se fôssemos considerar aqui apenas a física não relativista, esse problema terminaria aqui. Embora eu tenha restringido a suposição, de modo que 3 nunca ocorra antes de 2, certamente, como vimos no capítulo anterior, se tivéssemos incluído a possibilidade de o evento 3 ter acontecido antes do evento 2, não constataríamos nenhuma ocorrência, pois o propagador, nesse caso de tempo negativo, se revelaria igual a zero. Lembre-se, não havia nenhum polo de energia negativa para o propagador clássico contorná-lo (ver as figuras 8f e 8g nas páginas 154-155). No entanto, na física quântica relativista descobrimos que esse não é o caso. Há dois polos de energia, positiva e negativa, que o propagador pode contornar (ver as figuras 8h e 8i nas páginas 160-161). Então, o que acontece quando olhamos para tal caso?

Para trás no tempo?

Temos aqui um ponto sutil que precisa ser examinado. Na seção anterior, consideramos que o evento *3* nunca ocorreu antes do evento *2*. Estávamos, no entanto, olhando para a possibilidade de que o *3* possa ter ocorrido ao mesmo tempo que o *2* ou até mesmo logo após o *2*. O intervalo de tempo no intervalo espaçotemporal *3–2* pode, na verdade, ser tão curto que apenas uma partícula que se mova com a velocidade da luz ou com uma velocidade superior a ela poderia fazer a viagem. Em outras palavras, *E* pode não ser a energia-*momentum* de uma partícula tardiônica aparecendo depois do espalhamento por causa de *V*, mas pode ser a de um táquion com energia-*momentum E*, que então muda de volta para sua energia-*momentum Z* como um tárdion, como ela era antes de entrar na região espaçotemporal do campo *V*. Podemos ver tal possibilidade representada no lado esquerdo da Figura 10d.

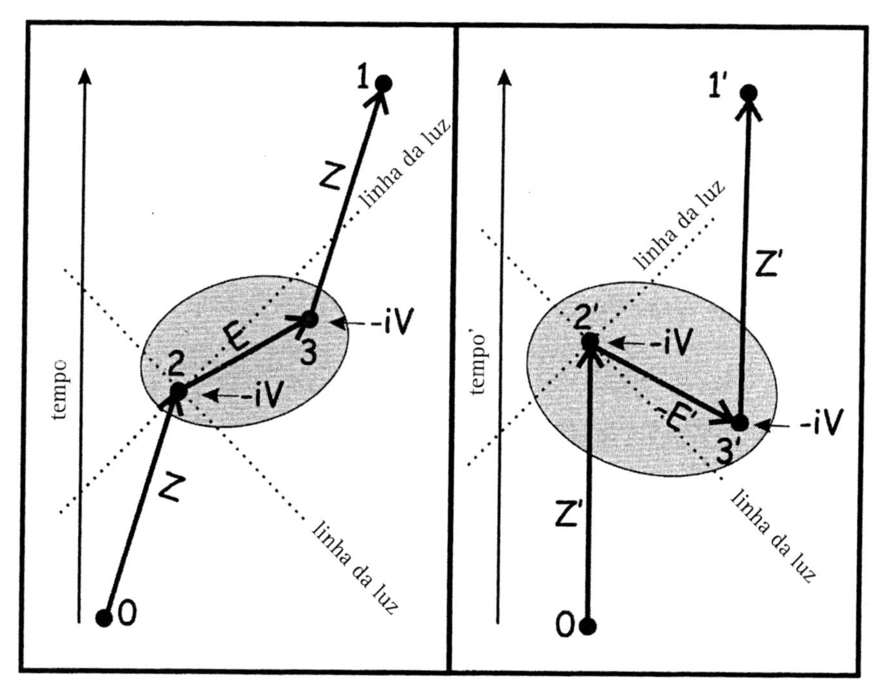

Figura 10d. Propagação de *0* até *1* como um táquion entre os eventos interativos *2* e *3* como é visto por diferentes observadores.

Como vemos, o propagador entre 2 e 3 situa-se no *outro lugar*, fora do cone de luz centrado em 2. Isso significaria que seria possível para outro observador, digamos um observador plicado, que estava se movimentando em relação ao nosso observador que permanece em casa, para ver o intervalo 3–2 na ordem temporal oposta, com o 3 vindo antes do 2. Ele se referiria ao intervalo como 3'–2'. Se fosse determinar o mesmo espalhamento a partir do seu ponto de vista, ele apareceria como é mostrado no lado direito da Figura 10d (note que esse não é o complexo conjugado do lado esquerdo); enquanto isso, o observador que permanece em casa, ou seja, o observador não plicado, veria o espalhamento como é mostrado no lado esquerdo da Figura 10d. Como o observador plicado determinaria esse resultado? Será que a probabilidade mudaria dependendo do ponto de vista do observador?

O senso comum nos diz que ela não deveria mudar, e a física quântica e a teoria da relatividade especial mostram que, na verdade, ela não muda. A fase do propagador para o observador plicado teria o mesmo valor, mas todos os ingredientes usados para computar esse valor seriam diferentes.[98] Por exemplo, um observador plicado diria que o táquion dirigiu-se para trás no tempo de 2' para 3' e que tinha uma energia negativa $-E'$.[99]

Uma vez que estávamos apenas considerando esse processo taquiônico a partir de dois pontos de vista, o processo deveria permanecer o mesmo. Porém, como é que isso realmente apareceria para o observador plicado? Para ele, o 3' acontece antes do 2'. O que ele veria acontecendo? Vamos também supor que a partícula tardiônica, ao ir de 0 até 2, e em seguida ao se converter em um táquion indo de 2 para 3, e, finalmente, ao se transformar de volta em um tárdion indo de 3 para o seu lugar de repouso final 1, carregava consigo uma carga positiva de, digamos, +1. O que os dois observadores diriam que aconteceu?

A história não plicada

Era uma vez, uma partícula tárdion com carga positiva que foi criada no evento 0. Em seguida, ela prosseguiu lentamente pelo seu caminho (como o faz qualquer bom tárdion), cuidando de sua vida, até que, no instante 2, ela penetrou em um campo de energia *V*, que a fez acelerar-se bruscamente e irromper através da parede da luz, fugindo taquionicamente e levando sua carga +1 à medida que prosseguia no seu caminho, até o instante *3*, quando o campo novamente a golpeou, desacelerando-a de volta até que atingisse uma boa e velha velocidade tardiônica, e prosseguisse no seu próprio caminho até atingir seu lugar de repouso final no evento *1*, carregando durante o tempo todo sua carga positiva enquanto seguia o seu caminho. Fim da história.

A história plicada

Era uma vez uma partícula tárdion com carga positiva (+1) que foi criada em um evento *0*. Em algum outro lugar (na verdade, no *outro lugar*), uma coisa estranha aconteceu no evento *3'*. O campo *V*, subitamente, como que por magia, produziu duas partículas: um antitáquion, com uma carga −1, que partiu de lá em disparada (como os táquions estão acostumados a fazer) para a esquerda, mais depressa do que a luz, e um tárdion, que era idêntico ao produzido no evento *0*, e que como esse também carregava uma carga +1, e que partiu em disparada para a direita. Foi realmente uma criação estranha, mas a carga total do Universo não se alterou, pois uma carga positiva e outra carga, idêntica em magnitude, mas de sinal oposto, foram criadas a partir do nada. O tárdion de carga +1 foi equilibrado pelo táquion de carga −1. Logo depois , no evento *2'* no campo *V*, o táquion −1 e o tárdion original +1 vindo de *0* sofrem uma colisão e os dois são aniquilados, não deixando nada para trás, com a colisão cancelando ambas as suas cargas. Enquanto isso, o tárdion recém-criado dirige-se para o seu lugar de repouso final em *1*. Seja qual for a energia que o campo *V* usou para criar o par de partículas tárdion/antitáquion no evento *3'*, ela foi devolvida ao campo quando a aniquilação ocorreu no evento *2'*. Fim da história.

Então, mais uma vez, vemos por que uma antipartícula – uma partícula que, quando interage com outra partícula de matéria, essa interação resulta na aniquilação de ambas – segue da ideia de que um táquion pode aparecer indo para trás no tempo com energia negativa ou como um antitáquion indo para a frente no tempo com energia positiva.

Somando quando não podemos conhecer, elevando ao quadrado quando podemos conhecer

Tudo o que acabei de lhe dizer está correto; no entanto, deixei alguma coisa de fora. O que determina a energia-*momentum* *E* em qualquer um desses processos? Determinamos a energia-*momentum* Z, e, portanto, podemos supor que a conhecemos. Mas realmente não sabemos o que *E* deveria ser; e quando não sabemos algo porque a natureza não nos diz a resposta, você pode adivinhar o que precisamos fazer. Sim, você está certo: precisamos levar em consideração todas as energias-*momenta* possíveis. Precisamos somar as possibilidades, uma para cada valor de *E*. Não vou entrar na matemática de como nós realmente fazemos essa soma, pois geralmente isso envolve cálculo integral, mas gostaria de usar um símbolo para nos lembrar de que nós, na verdade, somamos as probabilidades ou possibilidades para processos com diferentes *E*s. O símbolo para essa soma é a letra grega com um índice, Σ_E, que se pronuncia *sigma índice E* e significa somatório dos diferentes estados de energia-*momentum* *E*.

Vou lhe mostrar como isso funciona sem entrar no âmago matemático da questão, porque esse fato ilustra um aspecto importante da física quântica. Se um processo propagador pode ocorrer ao longo de vários caminhos diferentes, de modo que não podemos determinar que caminho foi efetivamente trilhado, precisamos somar todos os propagadores e depois multiplicar o resultado pelo seu complexo conjugado. Dou a esta regra o seguinte nome: "Se você não sabe, faça a soma e em seguida eleve ao quadrado". Se, por outro lado, você pode determinar os diferentes propagadores, use a regra: "Se você sabe, eleve ao quadrado e em seguida faça a soma".

Se compararmos os processos mostrados nas figuras 10b e 10c, temos propagadores para três processos: *(a)* a partícula sai de 0 com energia-*momentum* Z e vai diretamente para *1*, onde chega com energia-*momentum* Z; *(b)* a partícula sai de 0 com energia-*momentum* Z e vai para *2*, onde ela muda sua energia-*momentum* para *E*, dirigindo-se em seguida para *3*, onde muda de volta sua energia-*momentum* de *E* para Z e, finalmente, vai para *1*, e *(e)* a partícula sai de 0 com energia-*momentum* Z e vai para 2, onde muda sua energia-*momentum* para *E* e, em seguida, vai até *1*. (Uso *(e)* em vez de *(c)* por razões que serão explicadas mais adiante.) Então, quais propagadores nós somamos e, em seguida, elevamos ao quadrado, e quais propagadores elevamos ao quadrado e, em seguida, somamos?

Uma vez que, em *(e)*, temos uma partícula que chega com uma energia-*momentum E* diferente das que encontramos em *(a)* ou em *(b)*, em que a partícula chega com a mesma energia-*momentum Z*, temos diferentes resultados. Claramente, elevamos ao quadrado *(e)* primeiro antes de somá-lo a qualquer outra coisa. Uma vez que, em *(a)* e *(b)*, começamos e terminamos com uma partícula com energia-*momentum Z*, não podemos dizer qual dos dois processos, *(a)* ou *(b)*, ocorreu; por isso, somamos os seus propagadores e em seguida elevamos ao quadrado. Por fim, somamos os dois propagadores elevados ao quadrado, e, se efetuarmos corretamente as operações matemáticas e se nenhum outro processo de segunda ordem ocorrer, deveremos obter uma probabilidade igual à unidade.

Com isso, podemos fazer um mapa usando o sigma e mostrando os resultados obtidos até agora com os processos *(a)*, *(b)* e *(e)*, como na Figura 10e. Resumindo, o que nós temos é $|(a) + (b)|^2 + |(e)|^2 = 1$. O que o mapa nos mostra é que a probabilidade de uma partícula se propagar desde o seu nascimento no evento *0* até a sua morte no evento futuro *1* é *diminuída* pela sua passagem por um campo de energia e por sua submissão a um processo duplo que se realiza, primeiro, por meio de um espalhamento por todos os possíveis estados de energia-*momentum* e, em seguida, por um espalhamento regressivo, e terminando assim como começou, $|(a) + (b)|^2$. No entanto, ao se incluir o processo em que ela termina em todos os estados de energia-*momentum* possíveis, $|(e)|^2$, a soma compensa a redução da probabilidade, terminando com uma probabilidade total igual à unidade.

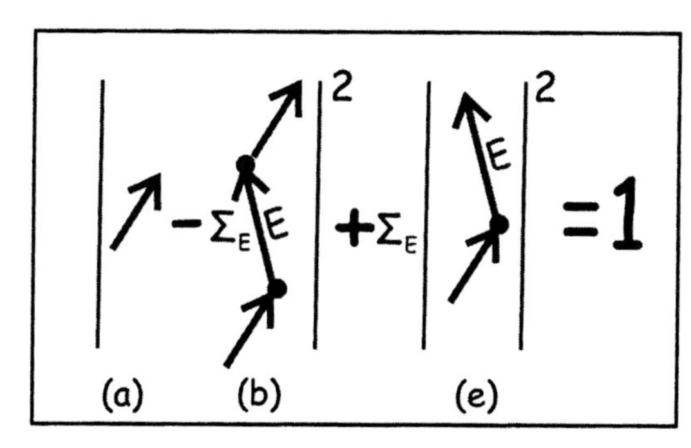

Figura 10e. Um mapa de probabilidades. Somando probabilidades.

Enquanto os eventos forem temporalmente ordenados de modo que o *3* nunca ocorra antes do *2*, esse será o caso para cada ordem no processo. Com efeito, estamos dizendo que, se levarmos em consideração tudo o que pode acontecer com uma partícula com energia-*momentum Z*, deveremos sempre acabar com uma probabilidade igual à unidade, apesar de alguns processos produzirem uma contribuição negativa para a probabilidade global.

O que acontece se um tárdion retrocede no tempo?

Uma vez que os táquions, que se dirigem por onde quer que seja no tempo, seriam apenas, como disse Feynman, partículas virtuais que nós realmente não conseguimos ver de maneira nenhuma, quem se importa se eles são estranhos e fantásticos? Na verdade, poderíamos sempre encontrar um observador dos eventos *2'* e *3'*, taquionicamente conectados, que seria capaz de experimentar esses eventos como simultâneos. Para ele, o táquion pareceria ter velocidade infinita (uma vez que transporia uma distância finita em tempo nenhum), mas, como nos diz a teoria da relatividade especial, sua energia seria igual a zero. Sempre que dois eventos estão conectados por algo que não tem energia e que ocorram ao mesmo tempo, nós usualmente não pensamos que esses eventos estejam relacionados um com o outro por meio de vínculos causais; pensamos neles, isso sim, como eventos conectados por meio de um *entrelaçamento quântico*. No entrelaçamento quântico, nenhuma informação pode ir de um evento para o outro como uma consequência, simplesmente porque nenhuma energia é transmitida entre eles. Diríamos que os eventos são, talvez, sincrônicos ou coincidentes. No entanto, como vemos, há uma conexão que os liga por causa do táquion que viaja entre ambos.

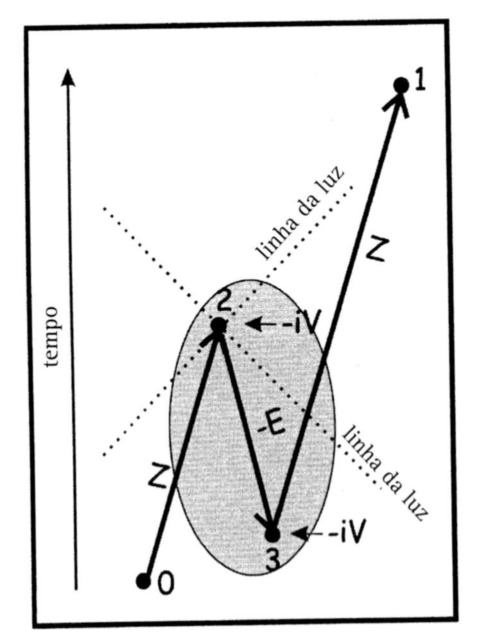

Figura 10f. Propagação de *0* para *1* como um tárdion que se dirige para trás no tempo entre os eventos interativos *2* e *3*.

Porém, é possível para um tárdion caminhar para trás no tempo levando informações consigo? Poderia uma boa e velha partícula tárdion realmente viajar para trás no tempo e contar a história? Que história, então, ela nos contaria?[100] Uma vez que esse é também um processo de segunda ordem, precisamos acrescentar à Figura 10c o diagrama mostrado na Figura 10f.

A matemática nos dá para cada energia-*momentum* E uma diminuição suplementar de $-2V^2 \{1 + \cos [(E + Z)32]\}$, que escreverei simplesmente como $-V^2S$; enquanto, antes disso, tivemos o termo de segunda ordem $-V^2D$, em que a fase era a diferença de termos $(E - Z)32$, o termo S refere-se à fase usando a soma das energias-*momenta* $(E + Z)32$. Se realizarmos as operações matemáticas, agora incluindo todos os termos até os de segunda ordem, encontraremos, somando tudo: $1 + V^2\Sigma_E\ (D - D - \underline{S})$. Acrescentamos outra contribuição negativa de segunda ordem para a probabilidade ($\underline{S}$ sublinhado)! Então, nosso mapa de probabilidades aparece agora como é mostrado na Figura 10g, quando levamos em consideração a soma suplementar dos diferentes propagadores de energia-*momentum* (usando o símbolo Σ_E).

Temos agora duas contribuições negativas ao nosso mapa de probabilidades: uma delas vinda de um espalhamento tardiônico que progride no tempo entre *2* e *3*, e na qual somamos todos os propagadores com energias *E* positivas; e a outra proveniente de um espalhamento tardiônico que regride no tempo e vai de *2* para *3*, e na qual somamos todos os propagadores com energias *–E* negativas. Vimos como o espalhamento único *(e)* de primeira ordem que progride no tempo cuidou do duplo espalhamento *(b)* que progride no tempo. Porém, que probabilidade de espalhamento de primeira ordem poderia cancelar a nova contribuição *(c)* de probabilidade de espalhamento negativa de segunda ordem obtida a partir da Figura 10f e que levaria a probabilidade total de volta à unidade?

Poderíamos supor que precisamos de um espalhamento de primeira ordem no qual a partícula de energia-*momentum* *Z* é espalhada para trás no tempo, resultando em uma partícula com energia negativa *–E*, ou talvez em um processo no qual o tárdion original *Z* viaja para trás no tempo e, em seguida, é espalhado para a frente no tempo com uma energia-*momentum* positiva *E*. Qualquer um

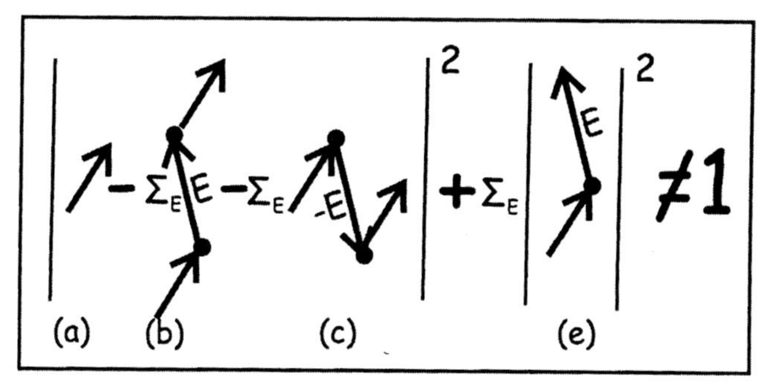

Figura 10g. Um mapa de probabilidades com o acréscimo do termo correspondente ao tárdion que regride no tempo. A soma das probabilidades não é igual a 1.

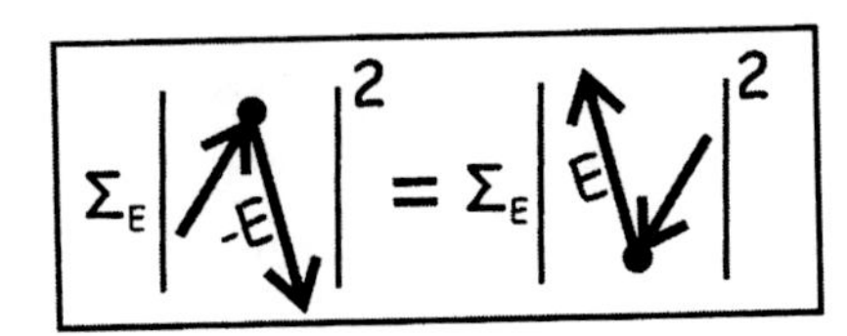

Figura 10h. Uma escolha de um entre dois termos positivos possíveis a serem adicionados para tornar a probabilidade total igual a 1.

desses processos funcionaria,[101] e constataríamos que um termo semelhante ao mostrado no lado direito ou esquerdo da Figura 10h fora acrescentado ao nosso mapa. As probabilidades para ambos os processos têm o mesmo valor.

Com o acréscimo de qualquer um desses processos, encontramos um resultado positivo, $+V^2S$, para cada *E* possível. Então, na verdade, qualquer um dos processos funciona, mas acrescentar o processo não faz qualquer sentido, mesmo que ele funcione. "Por quê?", você poderia perguntar. Porque nenhum dos processos começa com uma única partícula movendo-se para a frente no tempo com uma energia-*momentum* Z. Por exemplo, o lado esquerdo da figura 10h mostra um processo que começa, ao mesmo tempo, com uma partícula com energia-*momentum* Z e uma antipartícula com energia-*momentum* *E*, as quais, em seguida, se aniquilam uma à outra em algum ponto *2* ou *3*. O lado direito não é um lugar melhor, uma vez que partimos de um estado de vácuo sem partículas presentes, e temos, ocorrendo em algum ponto, *2* ou *3*, a criação de uma partícula com energia-*momentum* *E* e de uma antipartícula com energia-*momentum* Z. (Lembre-se de que uma partícula que recua no tempo com –*E* é o mesmo que uma antipartícula que progride no tempo com +*E*.)

Nós, na verdade, não podemos usar nenhum desses processos, uma vez que estamos interessados apenas no que acontece quando começamos com uma partícula partindo em disparada do evento *0* com uma energia-*momentum* Z. Em resumo, todas as histórias que contarmos precisam começar de maneira idêntica. Somamos todos esses propagadores que terminam de maneira idêntica e, em seguida, elevamos o resultado ao quadrado para obtermos a probabilidade. A essa soma, adicionamos os quadrados dos propagadores, os quais, embora comecem de maneira idêntica, terminam em estados diferentes. Então, o que podemos usar para cancelar a contribuição *(c)* da probabilidade negativa de segunda ordem introduzida por um tárdion de energia negativa que regride no tempo entre 2 e 3, como é mostrado na Figura 10f?

Criação e aniquilação: As duas faces da mesma moeda

Feynman diz: "Volte ao rascunho". Na verdade, o que vamos fazer é olhar para o que poderia acontecer se tivéssemos um vácuo sem nenhuma partícula presente. Agora que sabemos que o vácuo pode criar ou aniquilar pares partícula-antipartícula, como vimos na Figura 10h, o que mais pode acontecer nele? Como o autor anônimo que citei na epígrafe deste capítulo e que, escrevendo sobre o que o vácuo contém, afirmou: "Tudo", incluindo, talvez, a criação de todo o universo. Por ora, estamos começando a ter um vislumbre de como a criação ocorre. Parece haver a possibilidade de que o próprio nada, por si mesmo, possa criar, conjuntamente, matéria e antimatéria, partículas e antipartículas. À medida que prosseguirmos nesta arrojada aventura pelo interior da mecânica de Deus, veremos ainda muito mais. Em suma, porém, o assim chamado vácuo vazio está longe de ser o nada.

Vamos examinar apenas três processos de segunda ordem, como são mostrados na Figura 10i. Todos os três processos começam com o nada. Então, somamos os dois propagadores que saem do nada e vão para o nada e elevamos o resultado ao quadrado, e em seguida somamos o quadrado do propagador que começa com o nada e termina com alguma coisa – uma partícula e uma antipartícula.

Como você pode notar, temos um estranho propagador *(j)* na Figura 10i, indicado pela seta que aponta para cima e que vai de 0 até 0, indo, portanto, em essência, a lugar nenhum. É um propagador do vácuo que vai do nada ao nada sem que alguma coisa aconteça no intervalo intermediário. Se de fato nada aconteceu nesse intervalo, esse propagador teria uma probabilidade igual a 1. Você se lembra de como se calcula um propagador? Para isso, usamos um fator e com um expoente iP. Então, temos o propagador igual a e^{iP}. Como você deve se lembrar, P consiste no produto de uma frequência espaçotemporal Z por um

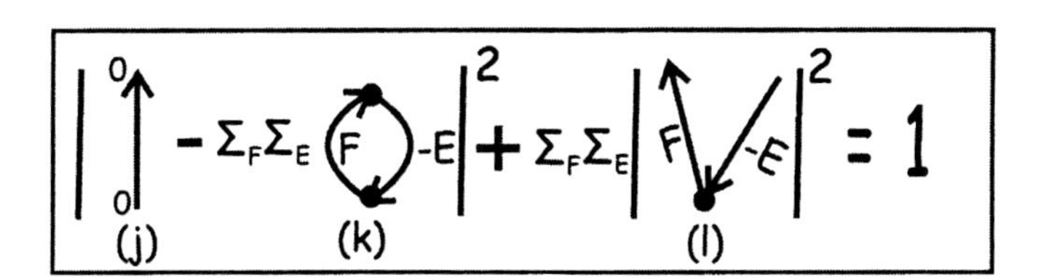

Figura 10i. Três pequenos processos que ocorrem no vácuo.

intervalo espaçotemporal, digamos, igual a *12*. Uma vez que a frequência espaçotemporal Z é zero, obtemos para o propagador 0-0 o termo e^{i0}, que podemos escrever como *exp (i0)*, que é simplesmente igual a 1. Isso responde com exatidão ao senso comum: a probabilidade para nada acontecer precisa ser a unidade, contanto que, realmente, nada aconteça.

Mas agora nós sabemos que o nada não gosta de permanecer sendo nada e continuará a borbulhar e a espumar em algo momentâneo. Por exemplo, entre *2* e *3*, um par consistindo em uma partícula com energia-*momentum* *F* e uma antipartícula com energia-*momentum* *E* poderia passar subitamente a existir em *2* e, em seguida seus dois termos poderiam se aniquilar mutuamente em *3*. Esse processo poderia ocorrer com todos os valores de *E* e *F*, de modo que seria necessário somar os valores de *E* e de *F*, simbolizados pelos dois sigma na figura, $\Sigma_F \Sigma_E$, que compõem o propagador duplo *(k)*. Nós, então, começaríamos e terminaríamos com nada; por isso, precisaríamos acrescentar esse laço a *(j)* e, em seguida, elevar ao quadrado a sua soma para obter a probabilidade até a segunda ordem.

Consideramos essas combinações de eventos de criação e aniquilação como *loops* temporais simplesmente porque, se rastrearmos os caminhos fechados que a partícula e a antipartícula tomam, podemos reconhecer o laço, em primeiro lugar, como uma partícula com energia-*momentum* *F* se movendo para a frente no tempo de *2* até *3*, quando ele inverte seu percurso temporal e volta para *2* com energia-*momentum* *–E*, onde reinicia o *loop*.

O vácuo pode realizar um processo de primeira ordem, como é mostrado pelo processo *(l)*. Aqui nós começamos com o nada, mas terminamos com um par – a partícula que tem uma energia-*momentum* *F* e a antipartícula que tem uma energia-*momentum* *E* – cujos membros não se aniquilam e, consequentemente, não formam um laço. Como esse é um resultado diferente, nós o elevamos ao quadrado, fazendo-o contribuir, para o processo do vácuo, com uma probabilidade de segunda ordem, antes de somá-la às probabilidades anteriores do vácuo, de ordem zero e de segunda ordem. Também precisamos levar em consideração que o vácuo pode criar e aniquilar pares partícula-antipartícula com muitos diferentes valores de energia-*momentum*, tais como *E* e *F*; de modo que, mais uma vez, precisamos usar as notações sigma para levar em consideração o fato de que precisamos somar todos os *E*s e *F*s possíveis.

Se efetuarmos as operações matemáticas,[102] encontraremos $|(j) + (k)|^2 + |(l)|^2 = 1$, e, mais uma vez, (k) é uma quantidade negativa, com $|(j) + (k)|^2 = 1 - V^2\Sigma_E\,\Sigma_F\,U$ e $|(l)|^2 = +\,V^2\Sigma_E\,\Sigma_F\,U$. Aqui, U é semelhante a S, como na Figura 10i. Além do mais, tudo acaba dando certo novamente e os processos (k) e (l) se cancelam para cada combinação de E e F.

Também notamos que, com a possibilidade adicional da criação e da aniquilação de partículas, temos o nosso primeiro vislumbre dos *loops* temporais, um dos principais assuntos deste livro. Como veremos em breve, eles desempenham um papel significativo no universo. Um grande fator referente a eles emerge aqui. Cada *loop* temporal sempre envolve um evento de criação e um evento de aniquilação, de modo que cada *loop* é um processo de segunda ordem. Além disso, cada laço diminui o vácuo — ele acrescenta uma contribuição negativa à probabilidade.

De volta à prancheta

Mas, em seguida, precisamos perguntar: "O que descobrimos pode estar perfeitamente certo para processos que ocorrem no vácuo, mas, uma vez que já temos uma partícula com energia-*momentum* Z presente no vácuo, como é que vamos resolver o nosso problema mostrado na Figura 10g? Como podemos encontrar um processo que cancele (c)"? Nossa primeira tentativa será a de considerar apenas a inclusão de uma partícula propagadora tárdion que desempenhe o papel de um verdadeiro espectador e que tenha uma energia-*momentum* Z, em vez de apenas somar (j), o propagador de 0 *a* 0, aos processos (k) e (l) da Figura 10i. Isso nos dará dois processos adicionais, (d) e (f), como é mostrado na Figura 10j.

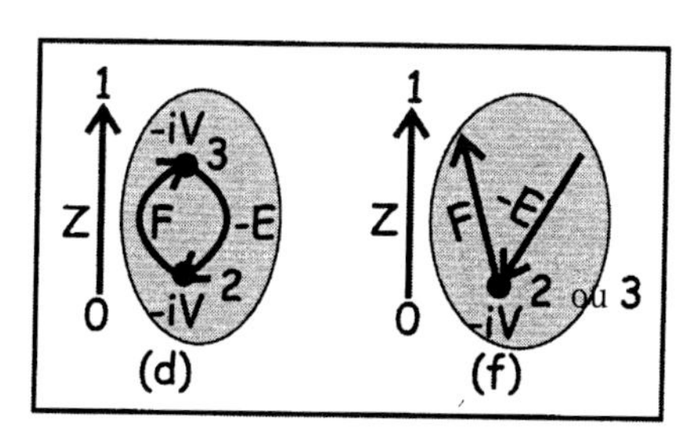

Figura 10j. Dois processos que se somam às possibilidades quando uma partícula Z está presente no vácuo.

Assim, nós redesenhamos a Figura 10g como é mostrado na Figura 10k com os processos (d) e (f) adicionados nos seus lugares apropriados. Como o processo (d) começa e termina com um único tárdion com energia-*momentum* Z, podemos somar (d) a (a), (b) e (c) da Figura 10g dentro das barras verticais para

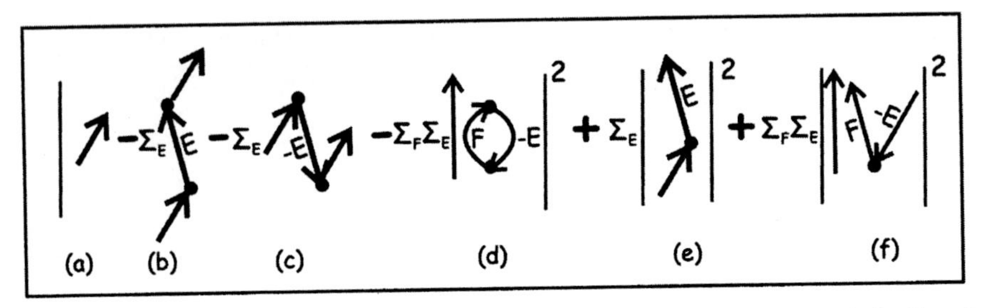

Figura 10k. Seis processos que se somam às possibilidades quando uma partícula já está presente no vácuo. Nós ainda não temos a probabilidade igual a 1. O que está faltando?

cada valor de *E* e *F*. Também podemos somar *(f)* elevado ao quadrado à Figura 10g, resultando em quatro processos que são adicionados antes de os elevarmos ao quadrado e dois processos separados elevados ao quadrado antes que os adicionemos à probabilidade total. Descobrimos que *(b)* é ainda cancelado por *(e)* como antes e que *(d)* é cancelado por *(f)* para cada valor de *E* e *F*, de modo que ainda ficamos com um termo negativo que não é cancelado: *(c)*, o único no qual estávamos interessados quando começamos a busca por processos alternativos. Nós ainda não temos nada para cancelar *(c)*.

Será que fizemos algo errado?

Como Feynman o descreveu,[103] não cometemos nenhum erro em nossa contabilidade de processos que partem, todos eles, da história que começa com a criação de um tárdion com energia-*momentum* *Z*; nós, simplesmente, não contamos a história toda. De fato, alguma coisa ainda está faltando. Lembre-se de que na física quântica precisamos levar em consideração todos os processos que possam resultar em um tárdion que vai de *0* a *1*. Mas vamos supor que reconsideramos *(f)*, só que dessa vez vamos voltar a atenção para um diagrama específico na soma: aquele em que $F = Z$.

Há muitos propagadores com diferentes *F*s para com eles lidarmos e, como já indicamos, precisamos somar todos eles. Talvez eu também precise falar um pouco mais sobre esses propagadores. *F* representa a energia-*momentum* de uma partícula que tem uma energia positiva F_q e um *momentum* q. Lembre-se de que, na física quântica relativista, $F_q = +\sqrt{(q^2 + m^2)}$. Então, quando afirmo que estamos somando propagadores com diferentes *F*s, quero dizer que estamos considerando os diferentes valores do *momentum* q, sendo que cada propagador tem um valor específico q do *momentum* e uma energia positiva específica F_q.

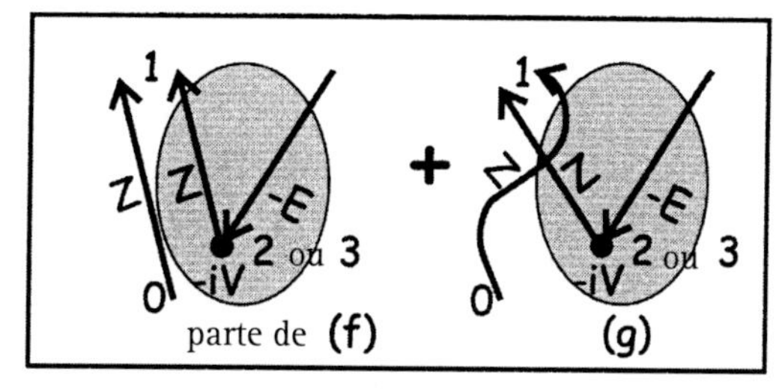

Figura 10l. Dois processos de primeira ordem idênticos que se somam às possibilidades quando uma partícula já está presente no vácuo.

Agora, se olharmos para o processo *(f)* com $F = Z$, de modo que não precisemos mais somar os termos com diferentes valores de F (razão pela qual o símbolo Σ_F não está aqui), verificamos que é preciso adicionar outro diagrama de modo a termos dois diagramas, como na Figura 10l.

Agora, parte do somatório Σ_F com diferentes Fs no diagrama *(f)* da Figura 10k contém um termo com $F = Z$, como é mostrado pelo diagrama à esquerda na Figura 10l. No fim, entretanto, quando fazemos a contabilidade do diagrama *(f)*, contaremos duas partículas idênticas, cada uma com energia-*momentum* Z, e uma antipartícula com energia-*momentum* E. (Lembre-se, uma partícula com energia negativa que retrocede no tempo é o mesmo que uma antipartícula com energia positiva que progride no tempo.) No entanto, como as partículas Z são idênticas, com ambas chegando no mesmo lugar com a mesma energia-*-momentum*, não temos ideia de qual Z emergiu do ato de criação e qual estava lá desde o começo, antes que a criação ocorresse. Na física quântica, quando um processo como o das duas partículas Z chegando a um detector pode ocorrer por meio de duas possibilidades separadas, precisamos responder por ambas as possibilidades e acrescentar outros termos, os diagramas *(g_1)* e *(g_2)*, aos termos que já estão em *(f)*, no qual F nunca é igual a Z, como é mostrado na Figura 10m.[104]

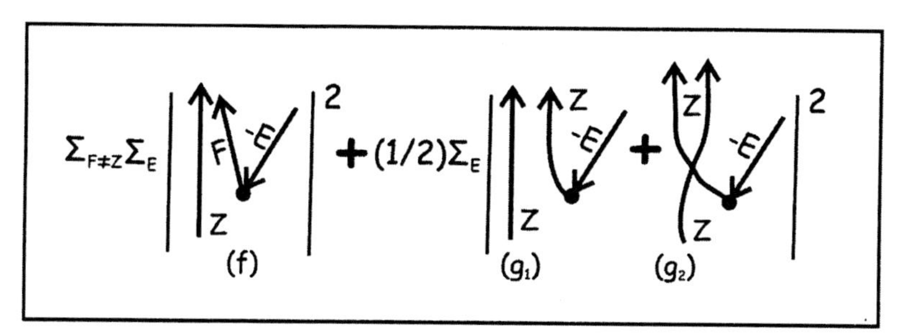

Figura 10m. Dois processos de primeira ordem que se somam à probabilidade do processo *(f)* quando uma partícula já está presente no vácuo para que tal soma resulte na unidade.

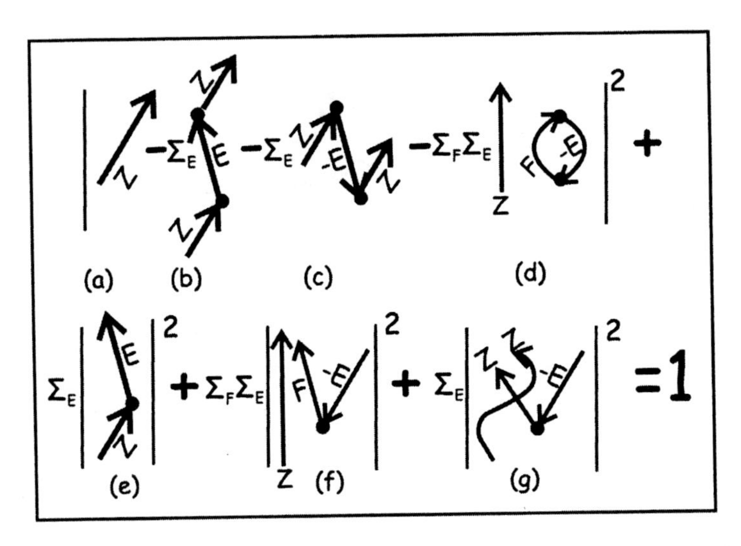

Figura 10n. Três processos de primeira ordem e quatro processos de segunda ordem que se somam à probabilidade quando uma partícula já está presente no vácuo para que se obtenha um resultado igual a 1.

Uma vez que (g_1) é igual a (g_2), podemos simplesmente rotular qualquer um deles como (g) e notar que $(½)\ \Sigma_E\ |(g_1) + (g_2)|^2 = 2\ \Sigma_E\ |(g)|^2$. Por isso, nós simplesmente colocamos uma das duas somas $\Sigma_E\ |(g)|^2$ de volta no termo *(f)* original e deixamos a outra, rotulada como *(g)*, do lado de fora. Isso produzirá o resultado mostrado na Figura 10n.

O termo extra *(g)* faz o trabalho: ele cancela a contribuição da probabilidade negativa do termo *(c)*. O que é novo aqui é que a partícula espectadora Z é realmente mais do que apenas uma espectadora – ela é uma jogadora ativa no jogo da física quântica. Sua mera presença altera o lance dos dados. Ela revela que, quando Z está presente, as chances para a criação de um Z adicional aumentam. Esse melhoramento adicional é necessário para cancelar a contribuição negativa trazida pela criação da possibilidade de produzir uma partícula Z idêntica (e uma antipartícula).

Na verdade, agora vemos algo novo que a criação e a aniquilação acrescentaram à nossa compreensão do universo – a *estatística bosônica* – que muda a nossa maneira de contar coisas idênticas a partir da maneira como contamos coisas distinguíveis na física quântica. Sem a estatística bosônica, o nosso universo nunca teria se formado. Deixe-me explicar.

Contando coisas idênticas

Há um velho quebra-cabeça a respeito de cartas e de um chapéu e que é mais ou menos assim: você tem um chapéu que contém três cartas. Uma carta é vermelha em ambos os lados, uma é azul em ambos os lados, e a terceira é vermelha de um lado e azul do outro. Você sacode o chapéu e o segura de tal maneira que não consegue ver o seu interior. Você puxa uma carta do chapéu, expondo cuidadosamente um dos lados de modo a não poder ver o outro lado. Suponha que o lado exposto é o azul. Qual é a probabilidade de que o outro lado também seja azul?

Você pode abordar esse pequeno quebra-cabeça de várias maneiras. Por exemplo, você poderia raciocinar assim: é claro que há três cartas no chapéu, e que apenas uma delas é azul em ambos os lados. Portanto, tenho apenas uma chance em três de apanhar essa carta. A resposta é 1/3. Ou então, você pode raciocinar assim: uma vez que há três cartas no chapéu e como a carta que eu estou segurando mostra um lado azul, eu, obviamente, não escolhi a carta vermelho-vermelho. Então, das duas uma, eu tenho a carta vermelho-azul ou a carta azul-azul. Isso significa uma divisão meio a meio nas probabilidades. Portanto, a resposta é 1/2.

Surpreendentemente, as duas respostas acima estão incorretas. A resposta correta é 2/3. Em outras palavras, se você vir que a face da carta que você tem nas mãos e voltada para você é azul, as chances são dois em três, ou dois para um, de que você tenha escolhido a carta azul-azul. Por quê? Porque você sabe mais do que você pensa que sabe, ou talvez seja melhor dizer que há uma chance maior de que ambos os lados sejam azuis, estatisticamente falando, se você sabe que um dos lados já é azul.

Antes de lhe mostrar como isso funciona, quero salientar que esse pequeno quebra-cabeça tem muito a ver com a estatística bosônica e com a conexão entre fótons, que é a razão estatística mais importante pela qual um *laser* funciona da maneira como funciona. Os fótons do *laser* tendem a entrar em um estado de grande coerência — eles formam o que é chamado de *condensado bosônico*. Em um condensado bosônico, quanto mais fótons houver em um mesmo estado, a probabilidade de qualquer fóton adicional se encontrar igualmente no mesmo estado aumenta enormemente. Isso também explica uma característica predominante dos fótons: todas essas partículas de luz aparentemente desejam estar no mesmo estado quântico.

Esse aparente desejo surge por causa da indistinguibilidade dos fótons idênticos. Vamos prosseguir com o nosso exemplo. A razão pela qual a probabilidade de a carta ser azul-azul é de 2/3 segue deste raciocínio: em primeiro lugar, há efetivamente seis faces possíveis para as três cartas, três vermelhas e três azuis. Rotularei as faces azuis como A_1 e A_2 na primeira carta, as faces vermelhas como V_1 e V_2 na segunda carta, e a terceira carta com A_3 e V_3. Assim, quando você, pela primeira vez, puxar uma carta e vir uma face azul, na verdade você estará olhando A_1, A_2 *ou* A_3. Isso lhe dará três experiências possíveis, dependendo de qual face azul você vê. A_1 lhe dará o outro lado como A_2. A_2 lhe dará o outro lado como A_1. A_3 lhe dará o outro lado como V_3, uma face vermelha. Há somente três possibilidades, e em apenas um desses casos há um lado vermelho escondido. Portanto, as chances são de dois para um de que, se você tem uma face azul voltada para você, a face oculta também será azul. Como eu disse, você tem, efetivamente, mais informações quando apanha uma carta com a face azul voltada para você do que você pensa que tem se ficar restrito ao uso do senso comum. A propósito, o mesmo tipo de raciocínio valeria se você tivesse puxado uma carta que lhe mostrasse uma face vermelha e se quisesse saber qual a probabilidade de a outra face também ser vermelha.

A presença de uma partícula espectadora Z, como a percepção de que você segura uma carta com a face azul, aumenta as chances de que uma segunda partícula criada também tenha energia-*momentum* Z. Poderíamos prosseguir e considerar processos mais complexos, talvez com duas partículas Z idênticas presentes no vácuo, e indagar qual é a probabilidade de que o ato da criação também produza uma partícula com energia-*momentum* Z. Supondo que já consideramos a dupla contagem para apenas duas partículas Z, verifica-se que a adição de outra partícula Z aumenta a probabilidade de um fator de três. Em geral, com n partículas no mesmo estado, a probabilidade de que mais uma partícula seja criada nesse estado sobe por um fator de $n + 1$. Esse mesmo fator é evidente no comportamento de um *laser*, o qual faz uso de fótons, que também são bósons. Uma vez que temos n fótons idênticos ao longo do feixe de *laser*, a probabilidade de que um átomo excitado no tubo de *laser* emita outro fóton como eles aumenta por um fator de $n + 1$.

Em contraste com o que acontece com os bósons, essa crise de identidade, como veremos, também desempenha um papel no comportamento de partículas de *spin* ½ ou, como às vezes são chamadas, partículas de *spin* semi-inteiro, como os elétrons: eles "não desejam", em absoluto, esse tipo de melhoramento. Na verdade, é exatamente o oposto que é verdadeiro. Uma vez que um elétron esteja presente no vácuo com energia-*momentum* Z, as probabilidades de o vácuo criar outro Z são iguais a zero, como veremos no próximo capítulo.

O que aprendemos e por quê?

Percebo que os estou levando por uma jornada complexa e que alguns de vocês podem ter-se perdido tentando acompanhar tudo isso. Meu objetivo era expô-los à nossa atual compreensão da maneira como nosso universo funciona no nível mais profundo possível de entendimento sem lhes ter efetivamente ensinado a teoria quântica dos campos. Destaquei alguns pontos-chave e vou resumi-los a seguir.

A *primeira chave*: para criar um universo, temos de criar, a partir de todas as possibilidades, um conjunto limitado de probabilidades. Para fazer isso, precisamos levar em consideração todo processo que acreditamos que aconteça. Para isso, representamos matematicamente cada processo por meio de um propagador juntamente com outro propagador, que representa o mesmo processo, mas que ocorre para trás no espaço e no tempo. Em seguida, multiplicamos esses propagadores um pelo outro para obtermos a probabilidade de ocorrência do processo. Ao fazê-lo, encontramos uma regra do universo: não há almoços grátis. Isto significa que um único sentido do tempo precisa emergir e que as partículas só podem viajar para a frente nesse sentido único com energias positivas. Segundo a teoria da relatividade especial, uma antipartícula que progride no tempo com energia positiva pode ser considerada como uma partícula que regride no tempo com energia negativa. Uma vez que emerge uma única ordem temporal, encontramos tanto partículas como antipartículas progredindo no tempo.

A *segunda chave*: para que o universo passe a existir, é preciso que ocorram interações entre os vários campos manifestando-se como partículas. Essas interações criam a matéria e a luz que vemos ao nosso redor. Quando nós simplesmente contamos o número de interações, ocorre uma ordem para elas. Uma interação é chamada de primeira ordem. Duas interações são chamadas de segunda ordem, e assim por diante.

Isso nos leva à *terceira chave*: é possível ordenar essas interações de acordo com o seu número, ou seja, com quantas ocorrerem. Essa ordem nos permite desenhar diagramas que simplificam os nossos cálculos, especialmente quando estamos lidando com as interações de elétrons e fótons. Com base em tais considerações relativas à ordem, encontramos uma relação entre possibilidades e seus resultados finais como probabilidades. Essa relação nos ajuda a compreender por que bósons idênticos tendem a se condensar no mesmo estado, que é, por exemplo, a razão pela qual os *lasers* são tão poderosos.

No próximo capítulo, veremos como essa consideração relativa à ordem, para o caso das partículas de *spin* ½ (denominadas *férmions*), leva à existência de núcleos, átomos, moléculas e até mesmo de todo o universo material. O universo passa a existir porque férmions idênticos não apenas não se condensam no mesmo estado como também fazem exatamente o oposto, isto é, cada um deles quer permanecer afastado dos seus gêmeos idênticos. Essa tendência que leva cada um deles a evitar cada um dos outros é chamada de *princípio da exclusão de Pauli*, e, sem ele, a matéria como nós a conhecemos não poderia, em absoluto, passar a existir.

Capítulo 11

Propagadores de *Spin* Semi-Inteiro, *Loops* Temporais e Distorções Espaciais

As menores unidades da matéria não são, na verdade, objetos físicos no sentido comum da palavra; elas são formas.

– Werner Heisenberg[105]

Neste capítulo, vamos examinar algumas ideias novas e, na verdade, estranhas, especialmente com relação à maneira como partículas de *spin* semi-inteiro – ou, como passarei a chamá-las, de *spin* ½ – se propagam no vácuo, e também o fato de que, diferentemente dos bósons do Capítulo 10, essas partículas de *spin* ½ não entram em um mesmo estado quântico. Esta afirmação aparentemente inócua acaba se revelando muito importante, tão importante que, se não fosse verdadeira, os diferentes átomos que constituem a tabela periódica jamais poderiam existir. Os átomos são feitos de elétrons e *quarks* de *spin* ½. Os elétrons preenchem as camadas atômicas dos átomos, possibilitando que estes últimos formem moléculas e que a enorme variedade de reações químicas ocorra no corpo humano e em todo o planeta, sem as quais não seria possível a existência da vida. Agora que você já leu o Capítulo 10, o próximo passo em nossa jornada é explorar o que acontece quando examinamos os propagadores para os campos quânticos associados com as partículas de *spin* ½.

Resumo do capítulo anterior

No Capítulo 10, o *spin* não desempenhou nenhum papel, e nós simplesmente tomamos como certo o fato de que o *spin* para as partículas e as antipartículas discutidas no capítulo era simplesmente zero ou, no jargão da física, partículas de *spin* 0. Tais partículas cujos *spins* são descritos por números inteiros, como 0, 1 e 2, são chamadas de *bósons*. Os físicos dizem que elas obedecem à chamada estatística bosônica. Essa estatística simplesmente significa a maneira como respondemos por essas partículas quando elas ocorrem em grande número. Vimos como nossa contabilidade de propagadores é alterada sempre que temos dois ou mais bósons idênticos: a possibilidade de criação de bósons com caminhos idênticos no espaço é intensificada, o que não ocorreria se eles não fossem idênticos. Se nós temos um bóson presente, a adição de outro idêntico a ele aumenta o propagador em um fator igual à raiz quadrada de dois. Esse fator faz com que, ao elevarmos ao quadrado a possibilidade, ou propagador, obtenhamos o dobro da probabilidade. Se tivéssemos dois bósons idênticos e acrescentássemos um terceiro, a possibilidade já intensificada aumentaria em um fator igual à raiz quadrada de três, e assim por diante. Em geral, com n bósons presentes, a probabilidade de criação de mais um é aumentada em um fator de $n + 1$, aumento esse que não ocorreria se os bósons não fossem idênticos.

Fomos capazes de responder pela capacidade do vácuo, quando nele está aninhado um campo quântico V, para criar e destruir pares partícula-antipartícula, porque acrescentamos uma restrição segundo a qual nenhuma partícula pode existir com energia negativa, embora a teoria de Dirac tenha previsto a existência de tais partículas. Tudo o que precisávamos fazer era permitir que elas existissem com energia negativa se viajassem para trás no tempo, mas não o contrário.

Tudo isso ocorreu de uma maneira natural simplesmente porque levamos em consideração o fato de que a probabilidade total para que algo aconteça quando temos uma única partícula (bóson) presente no vácuo e somamos todas as outras possibilidades que começam dessa maneira tem de ser a unidade. Vimos que a adição de probabilidades para processos de primeira ordem (espalhamentos isolados, produções de pares e aniquilações de pares por causa de um campo quântico V no vácuo), quando elevada ao quadrado, produzia uma contribuição positiva para a probabilidade total até a segunda ordem. Consequentemente, a probabilidade total, incluindo esse termo, aumentava até um número maior que um. No entanto, quando levamos em consideração processos de segunda ordem ocasionados por ação dupla de V (duplos espalhamentos nos quais, entre cada evento de espalhamento, a partícula poderia viajar com uma velocidade menor que a da luz para a frente no tempo, menor que a da luz para trás no tempo, e maior que a da luz em qualquer sentido no tempo), vimos que cada um desses processos de segunda ordem acrescentava à probabilidade uma contribuição negativa que contrabalanceava exatamente os processos de primeira ordem que tínhamos de elevar ao quadrado para obter as probabilidades apropriadas. No entanto, precisávamos levar em consideração um termo positivo adicional que acrescentava um evento de "espalhamento" especial onde o campo quântico criava uma partícula, que correspondia exatamente à partícula já presente, e uma antipartícula no vácuo.

Dessa maneira, Feynman foi capaz de responder por dois mistérios do universo: por que afinal há antipartículas e por que os bósons idênticos tendem a se aglutinar no mesmo estado quântico. Esse fato da vida do bóson é muito importante em várias tecnologias da atualidade, especialmente em qualquer tecnologia que use *lasers*. Você já sabe sobre eles se tem um aparelho de DVD ou de HD DVD ou se foi submetido a uma cirurgia em que o cirurgião usou um bisturi a *laser*. A razão é simplesmente esta: os *lasers* produzem fótons que estão todos em sintonia, marchando, por assim dizer, com passos cerrados no mesmo estado de energia, e produzindo assim uma enorme fonte de energia coerente.

Um novo giro pelas coisas

Assim como as partículas de *spin* inteiro são denominadas bósons, todas as estranhas partículas de *spin* semi-inteiro são denominadas *férmions*, em homenagem ao físico italiano Enrico Fermi. As partículas mais simples são as de menor massa com *spin* ½ chamadas *léptons*, que consistem em elétrons, múons, partículas tau e seus respectivos neutrinos, juntamente com suas respectivas antipartículas. Também ocorre que todas as partículas fundamentais que incluem léptons e *quarks* são partículas de *spin* ½ (e, portanto, são todos férmions) enquanto todos os bósons fundamentais têm *spin 1*, como se pode ver na Figura 11a.

Esse diagrama compõe o chamado de Modelo-Padrão da física das partículas. Para mim é incrível que com apenas seis *quarks*, seis léptons e quatro bósons temos todo o universo.[106] Naturalmente, precisamos acrescentar as

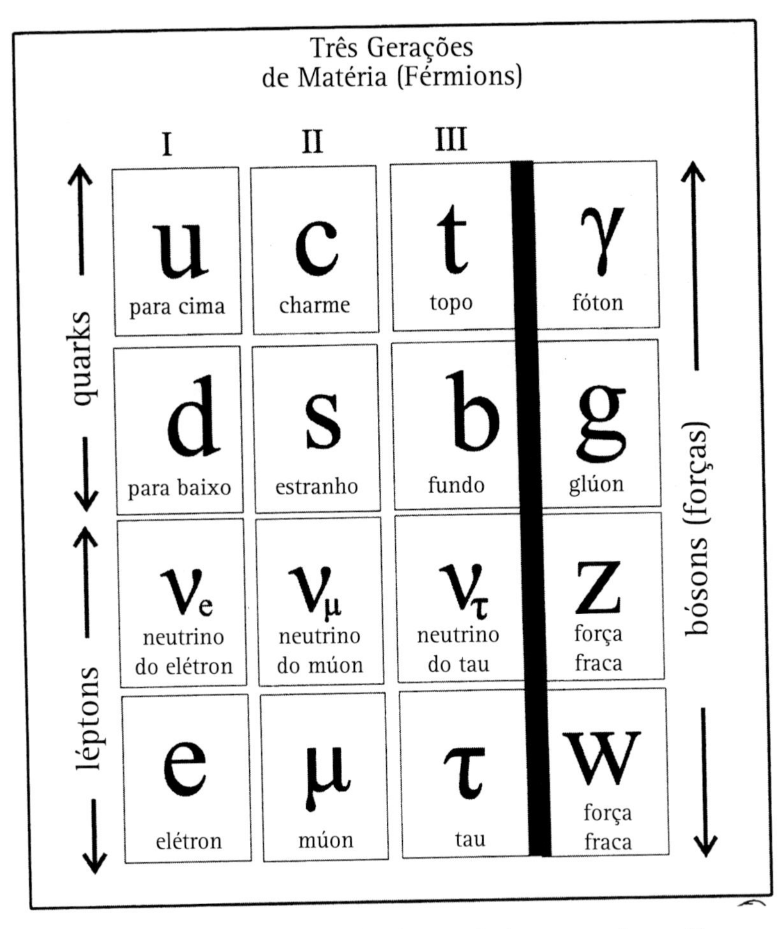

Figura 11a. Os ingredientes fundamentais do nosso universo.[107]

antipartículas para cada um, mas sabemos que elas são apenas imagens temporais invertidas das partículas originais.

Feynman explicou em *Elementary Particles and the Laws of Physics* que os férmions ou partículas de *spin* ½ introduzem uma torção extra na mistura sempre que interagem com um campo externo perturbador como $-iV$. De fato, sempre que uma partícula de *spin* ½ sofre uma mudança no seu eixo de rotação, passando, digamos, da direção z para a direção z', sendo que o ângulo entre z e z' é θ (pronuncia-se teta), a função de onda quântica associada ao seu *spin* sofre uma mudança de fase igual a $\theta/2$. Exatamente como tudo isso funciona tem a ver com alguns argumentos teóricos que lidam com representações de transformações de funções de onda quânticas associadas aos momentos angulares, o que Feynman não aborda, e nem eu. (Nas notas, apresento alguns fatores que você pode querer considerar, ou pode saltá-los se quiser evitar a matemática envolvida.[108])

Um breve resumo

Resumindo: na física quântica, descobrimos que as possibilidades para as coisas acontecerem da maneira como um observador as vê não mudam se elas forem observadas por outro observador que se move relativamente ao primeiro. Por exemplo, suponha que temos a possibilidade de observar uma partícula de *spin* ½ com seu sentido de *spin* apontando para cima ou, digamos, no sentido de z positivo. Se um segundo observador estiver sentado em um quarto cujo piso é inclinado de modo que para esse observador o eixo "vertical" é z', que forma com z um ângulo θ, ele irá calcular a possibilidade de uma maneira diferente, apenas multiplicando a possibilidade pela nossa velha amiga, a função exponencial com o expoente $-i\theta/2$. O que é estranho — e sem esse simples fato o universo como o conhecemos poderia não existir — é que se o ângulo θ for igual a 360 graus, o que pareceria significar que o quarto deu um giro completo voltando à sua posição original, você acreditaria que tudo acabou ficando do mesmo jeito que era, mas na verdade não é isso o que acontece. Uma vez que $exp\ (-i360°/2) = exp\ (-i180°) = -1$,[109] todos os propagadores e todas as possibilidades são multiplicados por -1. Apenas quando você girar a casa do segundo observador ao longo de outro círculo completo, de outros 360 graus, o propagador voltará a ser o mesmo que era antes.

Para mim, o reconhecimento de que este fato aparentemente inócuo — o de que a função de onda quântica de uma partícula de *spin* ½ muda em $e^{i\theta/2}$ quando o eixo de rotação é girado de um ângulo θ — é necessário para se criar um universo é quase pura magia. Ele nos diz que o fato de a partícula realizar uma rotação completa de 360 graus não a coloca de volta onde ela estava antes que a rotação ocorresse, pois esse giro completo muda o sinal da função de onda quântica para -1. Esse fato, por si só, responde pela principal descoberta batizada com o nome de Wolfgang Pauli (embora ele tenha feito essa descoberta, ele não a associou de início com as partículas de *spin* ½), o *princípio da exclusão de Pauli.*

Esse sinal de menos aparentemente misterioso acaba por se revelar extremamente significativo quando lidamos com todos os férmions e é mais facilmente visto com partículas de *spin* ½. Sem esse misterioso sinal de menos, nenhum átomo poderia existir da maneira que existe, e nada, nem a nossa vida, que depende de reações químicas, poderia ocorrer. Nenhum átomo seria capaz de submeter-se a qualquer interação com outro átomo, pois nenhuma reação química poderia ocorrer. Nada que se assemelhasse a um fio de cobre conduzindo eletricidade seria possível, e tudo simplesmente se amontoaria com tudo; o universo jamais teria se expandido e se diferenciado.

Agora, sigamos em frente com o *show*

Os fatores adicionais inerentes ao fato de que estamos lidando com uma partícula de *spin* ½ mudam a maneira pela qual uma propagação para trás no tempo funciona. Nós ainda temos $-E$ no propagador, mas também precisamos introduzir esses estranhos fatores rotacionais, como mencionei anteriormente e em detalhes nas notas que reuni no fim do livro. Aqui estão eles: para um propagador em direção ao qual nos dirigimos a partir de uma partícula Z em repouso no vácuo (mas avançando no tempo) e que sofre espalhamento como uma partícula que avança no tempo com E positivo, o fator não é preocupante — ele é simplesmente $\sqrt{(E + Z)}$. No entanto, para um propagador em direção ao qual nos dirigimos a partir de uma partícula Z em repouso no vácuo (avançando no tempo) e que sofre espalhamento como uma partícula que retrocede no tempo com energia negativa, o fator é preocupante — ele é $i\sqrt{(E - Z)}$. Vamos supor que Z representa uma partícula em repouso com uma energia de repouso dada pela massa da partícula, m. Isso significa que E é sempre maior do que Z se a partícula espalhada está em movimento.

Assim, com esses fatores de *spin* adicionados, podemos novamente determinar os propagadores de importância mostrados na Figura 10n (ver página 216). No entanto, com a inclusão desses fatores de *spin*, as relações entre os termos mudam. (Marque com o polegar a página deste livro onde está a Figura 10n para que você possa voltar a ela e examiná-la enquanto lê o que está aqui.) Também ocorre que o processo (*b*) continua a adicionar uma probabilidade de segunda ordem negativa e ainda cancela (*e*), mas o processo (*c*) não é mais negativo por causa dos fatores de *spin* adicionais; assim, ele não é cancelado pela contribuição positiva de (*g*), como era verdadeiro para o *spin* 0. No entanto, o processo (*d*) ainda é negativo, e tem dois termos a serem considerados: (d_1) e (d_2). Esses dois termos são negativos e, por isso, quando levamos em consideração que para um deles, (d_2), temos *F* = *Z*, nós efetivamente descobrimos que (d_2) cancela (*c*), enquanto (d_1) é cancelado por (*f'*). Então, surge a pergunta: "O que fazemos com os processos (g_1) e (g_2)"? Eles são necessários, como vimos no Capítulo 10: quando há partículas idênticas no mesmo estado, precisamos levá-las em consideração. E quanto aos férmions, eles parecem um obstáculo dificultando a passagem. Vamos reconsiderar tudo novamente, como é mostrado na Figura 11b.

Olhando para essa figura, vemos os seguintes cancelamentos: (*b*) e (*e*), (*c*) e (d_2), e, finalmente, (d_1) e (*f'*). Isso nos leva a considerar que, em vez de somarmos (g_1) e (g_2), como fizemos para o caso do *spin* 0 no Capítulo 10, nós precisamos fazer com que os termos (g_1) e (g_2) sejam cancelados – precisamos de um sinal de menos entre eles. Uma vez que (g_1) é igual a (g_2) em magnitude, esse cancelamento realmente ocorre. Mas nós temos uma nova lei da física que aparece quando lidamos com partículas de *spin* ½: duas delas não podem passar pelo mesmo processo que as leva a acabar no mesmo estado final. Nesse caso, não podemos ter ambas com energia-*momentum* Z. Mesmo que o propagador para um processo que envolva duas partículas idênticas de *spin* ½, digamos (g_1), e o propagador para o mesmo processo com as partículas trocando de posições, digamos, (g_2), sejam o mesmo propagador, esses processos se cancelam mutuamente.

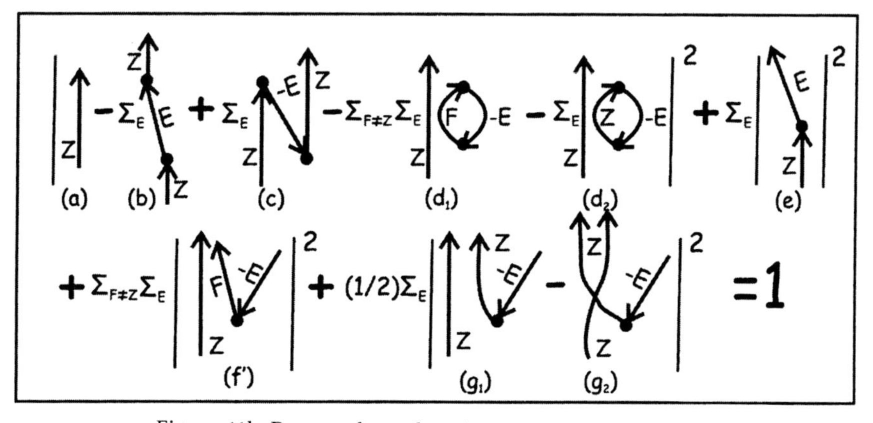

Figura 11b. Propagadores de *spin* ½ e seus canceladores.

Podemos relacionar esse sinal de menos entre (g_1) e (g_2) com aquilo que descrevi anteriormente sobre o semiângulo envolvido na mudança de *spin* dessas partículas. Imagine o seguinte: quando você troca duas partículas de *spin* ½, fazendo com que cada uma delas ocupe o lugar da outra, precisará deslocar cada uma delas com relação à outra de um ângulo de 180 graus, conforme mostrado na Figura 11c.

Do nosso ponto de vista, as partículas trocam de lugar, assim como nós as vemos mudar de lugar nos termos (g_1) e (g_2) da Figura 11b; elas apenas jogam o velho jogo da inversão. Do ponto de vista de A, *B* gira em torno de A para a esquerda em um semilaço superior segundo um ângulo de 180 graus, e do ponto de vista *B*, A gira em torno de *B* para a direita em um semilaço inferior somando outros 180 graus ao movimento. Juntos, eles se movem ao longo de um laço fechado de 360 graus, como vemos do nosso próprio ponto de vista. E isso introduz o sinal de menos, uma vez que (como eu já disse anteriormente), realizar uma rotação completa de 360 graus não coloca as coisas de volta onde elas estavam antes; em vez disso, ela muda o sinal da função de onda quântica para -1.

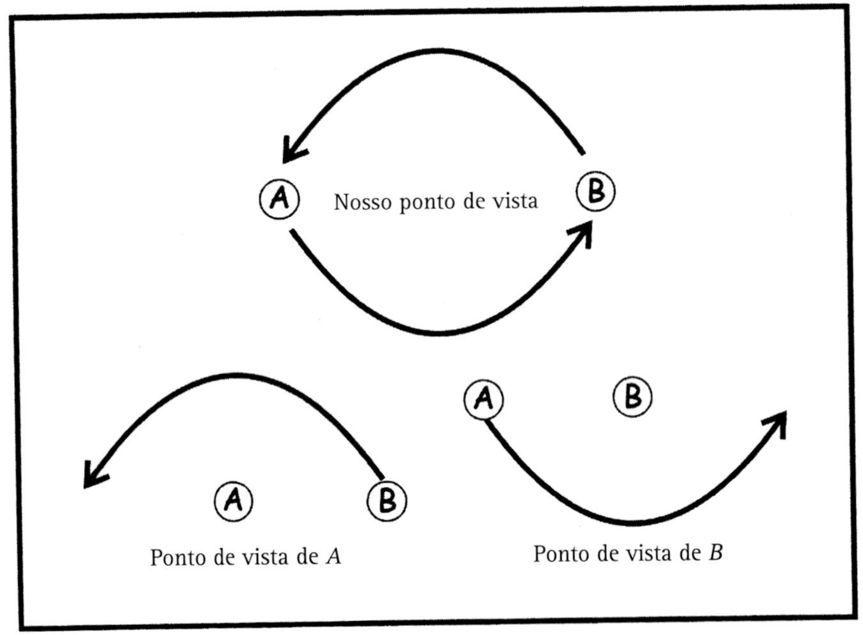

Figura 11c. Trocando parceiros a partir de diferentes pontos de vista.

A regra de Feynman para *loops* fechados pode ser enunciada aqui do seguinte modo: quando você tem um *loop* temporal fechado envolvendo férmions, precisa multiplicar o propagador do laço por menos um.[110] Isso faz sentido quando você percebe que um *loop* é uma partícula que se move para a frente no tempo desde o seu nascimento, então, mudando de sentido no tempo por ocasião de sua morte, e daí passando a se mover para trás no tempo até voltar para onde nasceu. Porém, uma vez que é uma partícula de *spin* ½, precisamos que ela complete duas revoluções para voltar ao ponto de onde partiu. Uma revolução só permite que ela perfaça metade do caminho de volta, por assim dizer, e nos dá o sinal menos um na frente do propagador.

Para que servem os *loops* temporais

Os *loops* temporais não são uma descoberta recente no campo sempre em expansão da física quântica, embora seja duvidoso que muitos de nós tenham ouvido falar alguma coisa a respeito deles. Essa "física mais recente", como estamos vendo, trata de escorregadias incertezas temporais e espaciais, em vez de postes indicadores firmemente instalados e nos mostrando o caminho. Ela oferece possibilidades como nossa única esperança de ganhar um terreno firme em um mundo deserto de miragens e areias movediças que todos nós, no entanto, nem por um momento duvidamos que se trata da realidade. É difícil imaginar que o nosso mundo ordinário, até mesmo mundano, e às vezes enfadonho é construído a partir de processos invisíveis que envolvem *loops* temporais e estranhas distorções espaciais associadas aos *spins*. Esses processos invisíveis, no entanto, são absolutamente necessários. A física foi e sempre será a história, em perpétuo desdobramento, de suas descobertas, e, possivelmente, de suas novas descobertas a respeito de como esse estranho mundo da física quântica é fundamental para tudo o que existe.

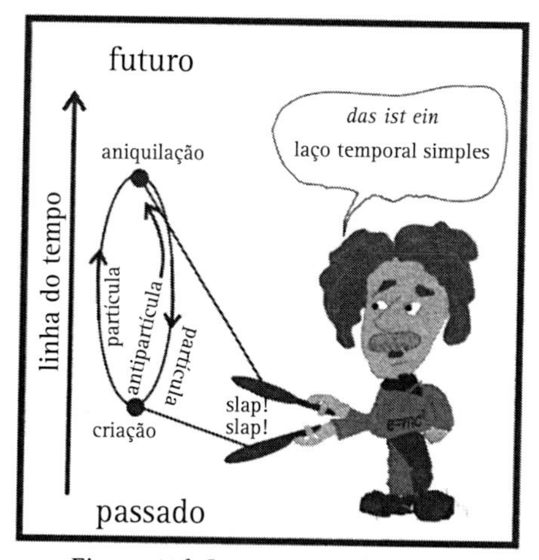

Figura 11d. Laço temporal simples. Uma antipartícula é uma partícula de energia positiva viajando para trás no tempo com energia negativa.

Do ponto de vista vantajoso do momento presente, como é visto pelos olhos de um físico quântico, uma partícula descreve um único laço no tempo, desdobrando-se em direção a um evento futuro e, em seguida, fechando o laço sobre si mesma e retornando para trás no tempo, como o movimento de uma bola de *paddleball*, voltando a bater em sua raquete, na qual é presa por um elástico, depois de ter sido por ela projetada. Os *loops* temporais também ligam momentos presentes com o passado mudando constantemente esse passado a cada batida da raquete temporal, como é ilustrado na Figura 11d.

De acordo com recentes desenvolvimentos teóricos da física quântica, *loops* temporais podem até mesmo conectar vários possíveis eventos futuros ou passados com um evento que está ocorrendo agora. Como resultado, nosso conhecimento ou percepção do evento presente, e até mesmo o significado que, conforme acreditamos, aplica-se a ele, depende da relação bola-raquete desse evento com todos esses passados e futuros possíveis, e não apenas com um passado único e supostamente já determinado.

A física quântica é um assunto fantástico, como estou certo de que a maioria de vocês já sabe, especialmente se você leu algum dos meus livros. Os *loops* temporais — como também acontece com todas as coisas estranhas da física quântica — são considerados como probabilidades — sobreposições espectrais, como fotografias de dupla exposição — de possíveis sequências de eventos que, por causa de razões que espero estar deixando claro, na verdade dão a volta no tempo e voltam ao lugar de onde partiram. Nesse mundo incerto da ciência quântica, lidamos com partículas que passam em disparada e se transformam em ondas fantasmáticas não observadas e voltam novamente a ser partículas observadas, sempre que alguém as observa ou sempre que a própria natureza as coloca em um ambiente onde suas observações em grandes grupos, tais como os cerca de 1 bilhão de átomos que compõem a fragrância de uma flor, tendem a ocorrer todos os dias (como quando você abre sua janela e sente o aroma das flores). Essas partículas, no entanto, usualmente seguem por um único caminho no tempo — em direção ao futuro. É nesse mundo não observado onde e quando o tempo e o espaço se fundem em espaço-tempo que esses *loops* aparecem. No entanto, ninguém realmente os viu, e nenhum detector de partículas jamais registrou um *loop* temporal.

Vamos agora revê-los e explicá-los. Na física quântica clássica, tomamos como certo que qualquer partícula, quando não está sendo observada ou quando não interage com um instrumento de observação ou de medida de qualquer tipo, não se comporta como uma partícula, mas como uma onda.[111] Essa onda se move de maneira perfeitamente contínua, espalhando-se à medida que se propaga ritmicamente com movimentos vibratórios suaves.

Quando os objetos associados a essas ondas estão se movendo com velocidades muito altas — próximas da velocidade da luz — as ondas quânticas que usamos para descrever átomos e moléculas comuns que se deslocam com movimentos relativamente lentos não podem mais ser movimentos ondulatórios contínuos que são interrompidos apenas por nossas observações. Elas mudam naquilo que chamamos de campos quânticos. Esses campos se tornam estranhamente afetados pelo vazio ou vácuo do próprio tecido do espaço-tempo. Eles começam a desaparecer e reaparecer, irrompendo por conta própria em partículas e antipartículas que, por sua vez, se recombinam rapidamente no campo que as criou. Acontece que cada evento de criação e aniquilação de pares partícula-antipartícula forma um *loop* temporal: em vez de observarmos um par de partículas viajando do evento espaçotemporal do seu nascimento até o evento de aniquilação final de sua morte, vemos uma única partícula que começa em seu nascimento, viaja ao longo de um dos lados do laço, atinge o evento de aniquilação, e em seguida dá meia-volta no tempo e no espaço e viaja de volta até sua criação, mais uma vez ao longo do outro lado do laço. Desse modo, a partícula viajando para trás no tempo aparece como uma antipartícula viajando para a frente no tempo (ver a Figura 11d).

Loops múltiplos

Como já mencionei, podemos ter *loops* múltiplos, e não apenas laços únicos. Na Figura 11e, vemos quatro eventos: dois eventos de criação e dois eventos de aniquilação.

Ao determinar os propagadores para esses diagramas, sempre que tiver férmions, você multiplicará cada *loop* por menos um. Assim, os dois *loops* do topo, nos quais cada par criado é marcado pela sua mesma aniquilação do par, temos dois sinais de menos que, multiplicados um pelo outro, resultam em um sinal

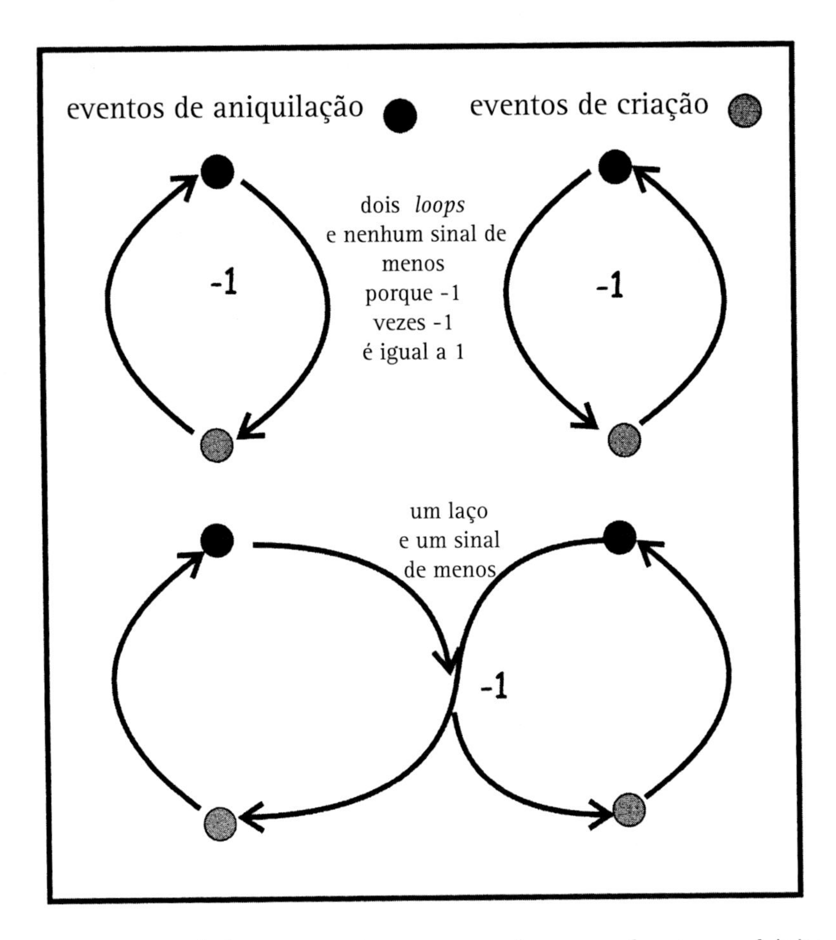

Figura 11e. Pares de *loops* temporais em comparação com um *loop* temporal único.

de mais para ambos os *loops*. Na parte inferior da Figura 11e, cada par criado é marcado por uma aniquilação com antipartículas cruzadas – a antipartícula vinda do par à esquerda se aniquila com a partícula vinda do par à direita, e vice-versa, formando um oito.

Se você seguir as setas na figura de baixo, verá que o propagador forma um laço contínuo que envolve quatro eventos, enquanto as duas figuras do topo envolvem dois *loops* temporais separados, cada um envolvendo dois eventos. Esses dois processos precisam se somar com um sinal de menos entre eles, de modo que eles não ocorrem para férmions porque o sinal de menos cancela os dois esquemas de propagação. Tal cancelamento a partir de propagadores tem importância vital, pois impede que os férmions se condensem nos mesmos estados de energia e permitem que os átomos se formem. Se eles se condensassem como os bósons o fazem, o universo simplesmente formaria uma gigantesca massa informe, com pouco espaço entre as partículas, e todos os férmions cairiam no mesmo estado de energia. Será que isso já ocorreu na natureza? Constatou-se que isso quase acontece em objetos massivos chamados *estrelas de nêutrons*, nos quais os nêutrons, que também são férmions de *spin* ½, são todos conjuntamente espremidos pela atração gravitacional até formarem um sólido muito denso, muito parecido com um gigantesco núcleo atômico.

Talvez a coisa mais importante que devemos considerar a respeito de um laço temporal seja o fato de que ele consiste em uma única partícula, que vai para a frente no tempo com energia positiva e, em seguida, reverte o seu movimento progressivo e passa a regredir no tempo com energia negativa. A partir do nosso ponto de vista, o de progredir constantemente no tempo, o laço temporal consiste em uma partícula e em uma antipartícula criadas a partir do vácuo, as quais, depois de percorrerem uma curta distância, voltam a se reunir e se aniquilam. Cada laço temporal é remanescente do *bigue-bangue* original, assim como um fóssil é remanescente de uma criatura morta e que há muitíssimo tempo perambulava pelo nosso mundo e agora está extinta. Os *loops* temporais são lembretes ou pistas que nos dizem como o universo foi criado.

No entanto, o que é verdade para os férmions não o é para os bósons. Para os bósons, não há nenhum sinal de menos acrescentado a um laço temporal, de modo que os dois processos da Figura 11e se somam, produzindo uma probabilidade maior para a ocorrência de pares de eventos de criação e aniquilação.

No próximo capítulo, reunirei tudo isso e especularei sobre a maneira como os táquions e os tárdions poderiam, literalmente falando, ser feitos de luz e também como a junção da ideia de voltar no tempo com a noção do movimento em zigue-zague pode, possivelmente, oferecer uma percepção esclarecedora sobre a maneira como a mente ingressa no mundo físico e o que o campo de Higgs poderia estar nos dizendo sobre a natureza do universo físico.

Capítulo 12

Sombras do Tempo e do Espaço, da Matéria e da Mente – Uma Conclusão

E Deus disse: "Faça-se a luz" e a luz foi feita.

– O Livro do Gênesis

ויאמד אלהים יהי אוד ויהי אוד

Va-Yomer Elohim, "Yehy Aur" Ve-Yehy Aur.

– A Bíblia Hebraica

Obter uma nova visão sobre como o universo passou a existir não é um trabalho fácil, independentemente da maneira como você tenta fazer isso. Durante a maior parte da minha vida, desde que eu era um calouro de faculdade (com 18 anos de idade), estive interessado nessas questões e acabei me inclinando para a física especialmente para estudar o comportamento da luz. Escolhi a física para ser a minha guia na aprendizagem sobre como o universo funciona. A física quântica e os muitos mestres sobre o assunto com quem tive o privilégio de estudar foram grandes professores. Eles iniciaram muitas mudanças nas minhas primeiras reflexões, especialmente por me dizerem que nós realmente não podemos compreender o Universo sem tentar compreender como a mente entra nele. A física quântica nos diz que a mente precisa desempenhar um papel (mesmo que esse papel esteja longe de ser claro) e que, de alguma maneira profunda, a mente está intimamente ligada ao tempo. Durante meus estudos com David Bohm, quando eu era professor visitante na Birkbeck College, em Londres, muitas vezes ele chamava minha atenção para esse fato.

Subsistem alguns problemas muito interessantes e especulações sobre as quais vale a pena refletir, e que se referem à maneira como a mente ingressa no universo. No jogo da física quântica, a mente desempenha um papel característico: ela atua como um cutelo, aparentemente fazendo escolhas lógicas de sequências de eventos, decidindo que eventos deverão ocorrer. A partir de um mar de possibilidades, algo faz com que ocorra a emergência de gotículas e, em seguida, sua transformação em sólidas gotas de realidade. Precisamos construir modelos que possam nos mostrar como a mente ingressa no domínio físico da existência. Acredito que é possível para as pessoas do planeta se tornarem seres humanos melhores e mais iluminados se lhes for oferecida uma compreensão mais profunda de como a mente e a matéria interagem. Meus objetivos ao escrever este livro foram mostrar como os nossos conceitos de tempo, espaço e matéria têm influenciado o pensamento humano e atualizar, em certo sentido, esse pensamento com uma compreensão mais recente.

Para realizar essa tarefa, eu deliberadamente optei por fazer uso de alguns conceitos matemáticos que, espero, o leitor ache simples. Fiz isso por várias razões. Já se passaram mais de 25 anos desde que escrevi *Taking the Quantum Leap*, no qual tentei explicar os conceitos básicos da física quântica para um público não científico. Nele, usei metáforas em vez de matemática para explicar as ideias alucinantes que os físicos tiveram de usar para expressar o significado da física quântica. Naqueles primeiros dias, os computadores estavam em sua infância, e muitos dos dispositivos tecnológicos que atualmente estão em uso eram então considerados nada mais que ficção científica.

Hoje, estamos imersos no que chamo de *era quântica* – uma era de tecnologia baseada em nossa compreensão dos minimundos da nanotecnologia. Átomos e moléculas estão nas pontas dos nossos dedos e sob o nosso controle, e estamos iniciando a exploração dos processos que ocorreram no universo por ocasião do seu nascimento, quando o tempo, o espaço e a matéria surgiram pela primeira vez. Assim como a física quântica básica tem sido importante para o pensamento do mundo ocidental nos dias de hoje, uma nova compreensão de como esses conceitos básicos – as pedras fundamentais da própria física – realmente funcionam tem importância vital para o amanhã de todo o planeta. O futuro é agora. Precisamos apreender uma nova visão dos blocos de construção básicos do universo se devemos sobreviver. Nossa sobrevivência depende da nossa compreensão da natureza em seu nível mais profundo.

Aqueles que percebem o crescimento constante da visão segundo a qual a clássica linha divisória entre o observador e o objeto de sua atenção se revela, no melhor dos casos, indistinta no nosso nível comum de existência, estão se encaminhando para essa nova compreensão da natureza. É possível que tal divisão possa nem mesmo existir nos níveis mais profundos da realidade. Neste livro, explorei com você esse nível mais profundo – o domínio da realidade onde a energia e o tempo jogam um jogo de fazer o "saldo contábil" de sinais de mais e de menos. A luz e a matéria atuam como peças do jogo ziguezagueando através do universo em contínua e eterna interação com alguma coisa que muda a luz em matéria (que é, atualmente, a visão aceita pelos teóricos da teoria quântica dos campos[112]) e, possivelmente, muda a luz em mente (especulação que eu desenvolvo mais adiante neste capítulo).

Escrevi este livro para ajudar pessoas que não são físicos a entender esse novo jogo. Embora as metáforas sejam atraentes, elas também podem ser enganadoras; por isso, tentei melhorar minhas explicações anteriores introduzindo um pouco de matemática básica – coisas que você deve ter aprendido nas escolas de ensino médio, como trigonometria, álgebra e números complexos. Penso que essas matérias, se já não são ensinadas no nível de ensino médio, certamente deveriam ser.

Com a inclusão de tais conceitos matemáticos, acredito que lhe é possível atualmente apreender a teoria quântica dos campos assim como os leitores de vários anos atrás eram capazes de apreender a física quântica básica sem recorrer a esses conceitos. Embora eu não espere que a leitura deste livro vá torná-lo um especialista na teoria quântica dos campos, ela deveria lhe permitir uma apreensão mais profunda do por que os físicos pensam dessa maneira sobre os fundamentos da natureza.

O que nós, finalmente, viemos a entender sobre o mundo é que ele não é, de maneira alguma, como parece ao senso comum, definido por uma clara divisão espaçotemporal entre observadores ou mentes, de um lado, e observados ou partículas, de outro lado. Neste último capítulo, ofereço algumas especulações, especialmente sobre uma nova maneira de compreender o que é hoje chamado de campo-mestre ou campo de Higgs. Acredita-se que esse campo preencha o vácuo do espaço-tempo e forneça a matriz das interações necessárias para que a matéria passe a existir como partículas de massa provenientes da luz (lúxons de *spin* ½). Ele também é capaz de fornecer uma visão do que podemos chamar de mente universal lógica – um campo de consciência que permeia o universo e usa o mecanismo de Higgs para gerar o pensamento de maneira tão completa e abrangente quanto gera a matéria com um sentido e uma ordem temporais únicos.

A ideia básica é a de que o campo de Higgs atua no sentido de fazer os elétrons ziguezaguearem através do espaço na velocidade da luz, dando-lhes massa e levando-os a parecer que se movem com uma velocidade mais lenta que a da luz. Aqui eu especulo: proponho que o campo de Higgs também causa nos elétrons um movimento em zigue-zague através do tempo, e, ao fazê-lo, age com velocidade maior que a da luz. Dessa maneira, ele responde pelo colapso, mais rápido que a luz, da função de onda quântica, e desse modo age como alguns acreditam que a mente o faça. Com efeito, a memória estaria contida no campo de Higgs como uma espécie de retrorreação (*back reaction*).

No princípio

De acordo com as linhas de abertura da Bíblia, no princípio, Deus criou o universo. Nós, na ciência moderna, acreditamos que essa criação pode de fato ter ocorrido "no princípio" de tudo, inclusive de toda a matéria e até mesmo do espaço-tempo. Portanto, tudo isso passou a existir nesse princípio, não apenas criando um universo material, mas também colocando-o em movimento com a energia e nos dizendo como essa energia devia ser colocada em uso. Uma vez que nós sabemos algo sobre isso ou pensamos que sabemos sobre isso ou, pelo menos, estamos começando a reconhecer pistas sobre como tudo isso começou, é de algum interesse considerar essa figura do *bigue-bangue* tanto à luz da realidade física como à luz espiritual – algo que estive inclinado a fazer em minhas muitas reflexões e livros.

Na epígrafe no início deste capítulo, coloquei uma das famosas passagens da Bíblia fora de contexto, a saber, aquela em que Deus diz simplesmente: "Faça-se a luz" e a luz foi feita. Aqui nos interessa ler essa declaração simples no original hebraico, onde podemos ler como se pronuncia: "Va-Yomer (E falou) Elohim

(Deus), 'Yehy (Que haja) Aur (luz)' Ve Yehy (e há) Aur (luz)". Na antiga prática espiritual e mística conhecida como Cabala, aprende-se que cada letra do alfabeto hebraico é, na verdade, uma palavra e, portanto, cada letra tem seu próprio significado distinto. Embora eu não pretenda dar um curso de Cabala neste livro, gostaria de indicar o que as letras hebraicas realmente querem dizer aqui de acordo com a Cabala.

Va-Yomer (E falou, soletrado como Vav-Yod-Aleph-Mem-Raysh) significa tornar reais o espírito e a memória ao longo de todo o universo. **Elohim** (Deus, soletrado como Aleph-Lammed-Hay-Yod-Mem) é uma espécie de equação significando que o espírito (Aleph) move-se para dentro do universo, permitindo potencialmente que a vida exista e, ao mesmo tempo, resistindo à vida por meio da criação da memória. **Yehy** (Que haja, soletrado como Yod-Hay-Yod) que, em conformidade com o que precede, diz que, uma vez iniciado, o próprio universo continuará a gerar vida, permitindo-lhe recorrer repetidas vezes, trazendo **Aur** (Luz, Aleph-Vav-Raysh) à existência. A luz é uma ação do espírito propagando-se no espaço-tempo. **Ve Yehy** (E haja, soletrado como Vav-Yod-Hay-Yod) **Aur** (luz, Aleph-Vav-Raysh).

A chave aqui é o fato de que a luz *(aur)* é mencionada duas vezes na mesma frase, o que, de acordo com cabalistas como Carlo Suarès,[113] indica que foi preciso que houvesse duas formas de luz para que o universo passasse a existir.

Agora, quando nos voltamos para a teoria quântica dos campos, descobrimos, como também o fizemos nos capítulos anteriores, que a matéria ou energia é na verdade feita de dois tipos de luz associadas a dois tipos de distorções: uma forma bosônica que emerge do campo quântico como fótons e glúons, que têm *spin 1*, e uma forma fermiônica que emerge como léptons e *quarks*, de *spin* ½. O universo da matéria é, então, feito a partir da interação desses bósons e férmions, os quais, por sua vez, surgem como esses dois tipos de luz: lúxons de *spin 1* e lúxons de *spin ½*.

Um campo que atualmente está sendo procurado nos laboratórios dos aceleradores de alta energia em todo o mundo, chamado de campo de Higgs, supostamente interage com os lúxons de *spin ½*, levando-os a ziguezaguearem e a mudarem sua qualidade destra, que apresentam durante seu zigue, para sua qualidade canhota, que se manifesta durante seu zague através do espaço, mas sempre se movendo unidirecionalmente para a frente no tempo. Dessa maneira, esses lúxons, na média, parecem diminuir sua velocidade e podem até parecer em repouso (ziguezaguear para a frente e para trás, mesmo na velocidade da luz, significa que você não irá a lugar algum), aparecendo, por isso, com massas inerciais de repouso, tão seguramente quanto uma bola de neve incorpora mais neve a si mesma quando desce por uma colina coberta de neve. A bola de neve vai ficando cada vez mais inerte à medida que ganha massa.

Se, por outro lado, esses lúxons de *spin* ½ ziguezagueiam para a frente e para trás no tempo à medida que avançam unidirecionalmente pelo espaço, eles se movem mais depressa do que a luz como táquions e, desse modo, constituem o arcabouço para processos de criação e aniquilação, como os apresentou Richard Feynman com tanta elegância. Se vocês se lembram, foi a capacidade de um processo taquiônico ou virtual ocorrendo entre dois eventos de espalhamento, digamos *A* e *B*, que fez partículas de matéria retrocederem no tempo com energia negativa e, movimentando-se mais rapidamente do que a luz, indo de *A* para *B*, aparecerem como antipartículas se movimentando mais rapidamente do que a luz com energia positiva, e para a frente no tempo, indo de *B* para *A*. A maneira como um táquion aparece depende do ponto de vista do observador dos dois eventos. Como se expressa Feynman: "A partícula virtual de um homem [táquion] é a antipartícula virtual de outro homem [antitáquion]".

Será que vivemos no "além da imaginação"?*

Em um episódio da série de televisão *Twilight Zone* (Além da Imaginação), as pessoas acordam um dia para descobrir que o mundo foi alterado de alguma maneira. Elas têm a estranha sensação de que o quarto onde se encontram ou o espaço ao ar livre que ocupam, para onde quer que se dirijam, é o único espaço que existe. É como se não houvesse nada além dos seus horizontes imediatos e como se alguém estivesse por trás dos cenários construindo tudo à medida que elas se moviam de um lugar para o outro, reconstruindo as cenas à medida que se moviam de volta para o lugar de onde vieram e construindo novos cenários para os lugares que voltariam a visitar.

Novos conceitos da física aparecem sob uma luz semelhante. A ciência sempre teve de aturar o desaparecimento ou a mudança de fronteiras à medida

* Literalmente: "Será que vivemos na zona crepuscular"? (N.T.)

que ela sondava continuamente a existência. De fato, o papel da ciência é o de questionar todos os limites que ela encontra e indagar que consequências se seguem dessas condições às quais a fronteira está sujeita.* Por exemplo, até os dias da revolução de Einstein, que tanto instigou e provocou o pensamento, imaginava-se que o universo era como a maioria das pessoas de hoje provavelmente o imagina: um imenso oceano de espaço, sem limites, infinito em todas as direções, eterno, sem princípio nem fim, nada além de espaço que se estendia para onde quer que você pudesse olhar, duradouro, eterno, para sempre e situado "lá fora".

O tempo também não começou nem poderia acabar mesmo que o quisesse. A fé em sua existência como algo eterno prevaleceu não só na religião, mas também nos *halls* da ciência. Newton disse isso. O tempo era eterno. Ele também disse isso. E Newton, corajosamente, pronunciou isso como evidente por si mesmo, pois foi ele mesmo quem o propôs: "Não faço hipóteses". Essencialmente, ele declarou: "Não tenho de apresentar nenhuma desculpa. Estou reduzindo a nossa compreensão do universo a uns poucos, mas importantes, pensamentos".

Nos séculos que se seguiram a Newton, muitas hipóteses surgiram e desapareceram. Durante o século XX, a ciência moderna passou por uma revolução silenciosa, mas constante. A imagem – baseada na antiga noção reducionista segundo a qual toda ciência está empenhada em uma tentativa de simplificar sua busca pelo controle supremo – e que afirma que somos compostos de minúsculos pedaços de matéria que, de algum modo, conspiram para produzir tecido vivo, músculos e órgãos sofreu uma transformação radical. O sonho da ciência – na verdade, seu credo fundamental – é o de que somos capazes de lidar com qualquer coisa complicada, contanto que apanhemos o arado e lavremos o terreno fundamental onde o complexo se manifesta apenas até o momento em que as raízes mais simples passam a ser trazidas à luz. Gradualmente, em apenas um século de descobertas, pudemos ver como tudo isso mudou.

Há muitas coisas interessantes que vieram à luz na física quântica ao longo dos últimos cem anos. Eis um exemplo: uma coisa que descobrimos é que quando você está tentando representar a maneira como um objeto como uma partí-

* No original: *boundary condition*, conceito matemático traduzido como "condição de contorno", mas que o autor utiliza aqui pelo potencial sugestivo dessa expressão. (N.T.)

cula se move, tem de representá-la como uma onda. Este é um dos primeiros paradoxos que a física quântica coloca na mistura: mesmo que uma partícula pareça ter uma posição, uma localização bem definida no espaço e no tempo, quando ela não está sendo observada, ela age de maneira muito estranha, como um campo de ondas que se espalham ao longo de todo o espaço e o tempo para o infinito em todas as direções.

Outro efeito bizarro aparece quando você tenta combinar a teoria quântica com a teoria da relatividade de Einstein. Esta última diz que nada pode viajar com uma velocidade maior que a da luz: nenhuma partícula, nenhuma onda, nenhum processo físico. Agora, quando você tenta combinar a relatividade com a física quântica, verifica-se que as partículas parecem ter energia tanto positiva como negativa. Uma vez que nunca observamos partículas com energia negativa e não temos sequer certeza do que isso significa, podemos apenas supor que as partículas não podem ter energia negativa e ver o que emerge de nossa teoria quando impomos essa restrição.

O que de fato emerge, como Feynman nos mostrou intuitivamente, é a teoria quântica dos campos, a antimatéria e as partículas que podem se deslocar para trás no tempo! Todas essas coisas foram verificadas experimentalmente. Desse modo, ao tentar restringir nossas teorias sobre o universo de modo que as coisas façam mais sentido, o que emerge é alguma coisa ainda mais surpreendente e aparentemente mais sem sentido. Veja você, se você só permitir que sua teoria trabalhe com partículas que se deslocam para a frente no tempo com energia positiva, então também precisa permitir a existência de partículas que se movimentam com velocidade maior que a da luz. No entanto, partículas mais rápidas do que a luz são algo realmente fantástico: elas são chamadas de táquions e têm propriedades muito estranhas.

Por exemplo, dois eventos em nosso universo que um observador observa simultaneamente serão vistos acontecendo em uma ordem particular, digamos, *A* seguido por *B*, por outro observador que se move para a esquerda do primeiro observador. Mas, em conformidade com isso, alguém que está se movendo para a direita do primeiro observador veria toda a sequência ocorrendo na ordem inversa: o acontecimento *B* ocorrendo antes de *A*. É como se um dos observadores estivesse experimentando o tempo indo para a frente, mas o outro experimentasse o tempo indo para trás. Então, o que descobrimos com a relatividade é que não há uma ordem temporal universal para eventos que acontecem simultaneamente quando vistos por um observador: observadores que se movem com diferentes velocidades não concordam necessariamente com a ordem em que essas coisas acontecem. Quando você combina a física quântica com a relatividade, percebe que nem tudo tem de viajar mais lentamente do que a luz: algumas partículas podem realmente viajar mais depressa do que a luz, e isso faz com que elas pareçam, como eu disse, viajar para trás no tempo. Uma partícula que viaja para trás no tempo nos parece estar indo para a frente em um sentido único do tempo como uma antipartícula que caminha para a frente no tempo, mas com carga oposta. Então, o que chamamos de antimatéria consiste em partículas com a mesma massa e a mesma carga, mas que se dirigem para trás no tempo!

Mas será que elas realmente voltam no tempo? Eis onde precisamos usar uma nova maneira de pensar. Acredito que sim, mas pelo fato de que nós seguimos por um único caminho no tempo, vemos essas partículas de energia negativa indo para trás no tempo como antipartículas de energia positiva indo para a frente no tempo. Por isso, podemos entender as antipartículas como uma reflexão de partículas com inversão temporal, e, portanto, explicar por que elas existem. Como expliquei nos Capítulos 9, 10 e 11, é a própria existência das partículas de energia negativa que vão para trás no tempo que define o nosso sentido temporal único como o sentido segundo o qual as partículas com energias positivas precisam se encaminhar.[114]

Só pelo fato de lidarmos com algumas restrições sobre nossas teorias para tentar descobrir em que tipo de universo nós realmente vivemos, a caixa de Pandora de surpresas se abre em uma explosão e toda essa notável loucura sai para fora! Eu acho que esse é realmente o universo jogando o seu jogo.

A física é, na verdade, um conjunto de regras que os físicos descobriram ao reconhecer limites sobre a maneira como a natureza precisa se comportar. Sempre que eles se defrontam com tais restrições, em vez de acalmar as coisas e de torná-las mais razoáveis, às vezes o que acontece é que coisas aparentemente impossíveis ou surpreendentemente desafiadoras da intuição saltam para fora. Partindo de Dirac, Feynman e vários outros físicos,[115] incluindo Peter Higgs, em cuja homenagem o campo de Higgs foi batizado, passamos agora a um minucioso exame sobre como tudo passou a existir.

Será que o campo de Higgs é a mente de Deus?

Deixe-me falar um pouco mais sobre o campo de Higgs. Se você se lembra, eu lhe falei sobre o *princípio da ação* no Capítulo 6. Em resumo, esse princípio nos diz que podemos formular a física por meio de uma função especial chamada *lagrangiana*, que expressa tudo nos termos de duas formas básicas de energia: um termo cinético, T, e um termo potencial, V.

É possível teorizar sobre diferentes tipos de campos na teoria quântica dos campos. Tudo o que é necessário é que os campos tenham uma forma particular que os torna analisáveis quando expressos em uma lagrangiana. Se você se lembra da lagrangiana, também se lembrará de que L é expressa como a diferença entre dois tipos de energia, T e V. Escrevemos simplesmente $L = T - V$. Quando os físicos viram que a teoria de Dirac previa ambos os tipos de partículas, destras e canhotas, que podiam mudar de uma quiralidade para a outra simplesmente em consequência da presença da outra, eles se perguntaram se não seria necessário um campo para fazer com que tais mudanças acontecessem.[116] Assim, eles teorizaram a presença de um novo campo, que agora eles chamam de campo de Higgs, e o formularam em um novo conjunto de termos na lagrangiana.

O termo V, da energia potencial, para o campo de Higgs é expresso em função de várias potências do campo.[117] O campo de Higgs é usualmente simbolizado pela letra grega φ (phi) e o termo para o potencial tem uma forma algébrica simples, $V = -m^2\varphi^2 + \lambda\varphi^4$. Este campo V forma o estado que comumente chamamos de vácuo vazio.

Consequentemente, podemos plotar V como uma função de φ. Só mais uma coisa precisa ser mencionada. O campo φ é definido por um número complexo,[118] e por isso ele existe em um plano complexo, como vimos no Capítulo 8. Por isso, podemos desenhar V como é mostrado na Figura 12a.

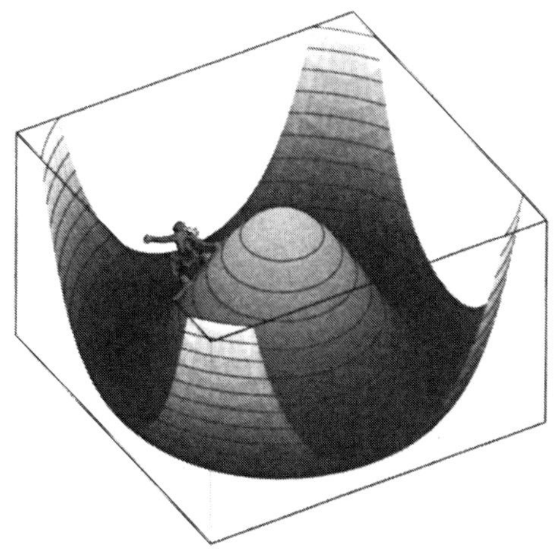

Figura 12a. O potencial "chapéu mexicano".[119]

A energia potencial V sobe para a parte superior da caixa como uma função do campo φ representado por uma variável complexa. No pico do chapéu, no centro da caixa, onde φ é 0, a energia potencial *V* do vácuo também é igual a zero.[120] Idealmente, um campo de intensidade zero poderia ser considerado o estado do vácuo, uma vez que, por definição, o vácuo significa vazio de toda energia e matéria. Mas ao longo da calha ou vale que forma a base do chapéu mexicano, forma tridimensional que representa o comportamento da energia potencial *V*, descobrimos que *V* é negativo, indicando que o vácuo adquiriu uma energia potencial negativa. No jargão comum, os físicos associam o pico do chapéu com a condição que vigorava no vácuo quando o universo começou – o campo de Higgs começou sem nenhuma energia potencial. No entanto, é uma situação instável. A mais ligeira flutuação no campo φ faz com que ele dê um impulso como um garoto em um *snowboard*, que passa a descer de esqui por uma colina com a neve recentemente preparada. No final, ele se vê dando voltas ao longo da calha que cerca a borda. O garoto pode dar voltas completas pelo fundo da calha sem nenhum esforço, mas qualquer tentativa de subir pela borda em qualquer lado é recebida com resistência.

Os físicos acreditam atualmente que o universo começou com tal deslizamento no campo φ, como o garoto do *snowboard*, até que ele passou a manobrar sua prancha inclinando-a ao redor da borda e ao longo da calha. O vácuo experimentou uma espécie de ruptura e desceu para o vale da energia negativa, onde permanece até hoje. A condição do vácuo no pico do chapéu é chamada de *falso vácuo*, que é uma maneira engraçada de dizer não é o vácuo real, enquanto a aba-calha chama-se vácuo real de energia negativa, que é preenchido por esse campo de Higgs.

Quando algo assim acontece espontaneamente, como os físicos acreditam que aconteceu no início do universo, nós dizemos que ocorreu uma quebra de simetria. Nesse caso, a quebra de simetria é o movimento da energia do vácuo a partir de um estado de perfeita simetria no topo do chapéu para um local menos simétrico onde ocorre o giro ao longo da borda. Mas, então, o que está acontecendo? O que significa estar girando ao longo da borda? Na borda, temos um vácuo com energia negativa, e nós imaginamos esse campo do vácuo como se ele estivesse flutuando como uma panela de água fervente. Cada flutuação, como uma bolha de ar produzida na água da panela, emerge como uma partícula produzida pelo campo. Isso ocorre na criação de cada partícula do universo.

Como a partícula de Higgs não tem *spin* – nenhuma torção no espaço – ela é um bóson. Então, podemos imaginar o campo de Higgs gerando uma partícula, um bóson, no vale de energia negativa do vácuo, que pode correr livremente ao longo da calha sem ter qualquer massa para levarmos em consideração. Nos primeiros dias da teoria quântica dos campos, os físicos pensavam que esse bóson sem massa girando ao longo da calha de Higgs fosse uma partícula instável, de peso leve em comparação com um próton. Acreditava-se que a partícula candidata era o *píon*, que atua como um portador da força nuclear entre prótons ou entre prótons e nêutrons.[121]

Mas há uma flutuação adicional que pode ocorrer no "chapéu mexicano". O campo de Higgs também pode gerar uma partícula massiva chamada bóson de Higgs, uma vez que, se ele tenta subir de volta até o pico ou até a borda externa, a resistência que a partícula encontra à medida que ela emerge do campo aparece como a sua massa associada a esse esforço. Essa massa emerge do campo sempre que uma flutuação ocorre transversalmente à calha ao longo da borda, situação ilustrada pelo garoto do *snowboard* na Figura 12a. Assim como você sentiria o seu próprio peso se subisse pelos lados de uma caverna a partir do seu fundo, a flutuação transversal "sente" a massa quando ela faz a mesma coisa. Como expliquei, por causa da quebra de simetria do campo, os físicos acreditam atualmente que o vácuo do nosso universo encontra-se agora em tal estado de energia potencial negativa, preenchido com o campo de Higgs capaz de gerar dois tipos de partículas: as que correm ao longo da calha do chapéu e que não têm massa e as que se movem transversalmente à calha e que carregam massa. As pesquisas atuais que estão sendo realizadas no Fermilab, em Chicago, e no Grande Colisor de Hádrons no CERN, na Suíça[122] estão tentando encontrar o esquivo e massivo bóson de Higgs, aquele que consegue subir para fora da calha.

Assim, em resumo, esse processo original de deslizamento para baixo a partir do pico do chapéu é chamado de *quebra espontânea de simetria*. Tendo ocorrido nos primeiros trilionésimos de segundo após o *bigue-bangue*, quando o campo de Higgs se estabelecia na calha do chapéu, ele se tornou o campo mestre, interagindo com qualquer outra coisa que aparecesse, como o primeiro movimento de Deus criando dois tipos de luz.

O que o campo de Higgs faz?

Expliquei no Capítulo 5 como os lúxons – partículas de *spin* ½ que se movem com a velocidade da luz – poderiam ziguezaguear no espaço-tempo. Nós agora suspeitamos que tais movimentos ocorrem porque quando os lúxons interagem com o campo de Higgs – especificamente, com o bóson de Higgs, que é a partícula massiva de *spin* 0 associada ao campo de Higgs –, eles adquirem massa. Como expliquei, a partícula que tenta escalar as paredes do "chapéu mexicano" é o bóson de Higgs.

Alguns de vocês podem estar inseguros quanto a essa ideia de partículas de luz de *spin* ½, ou lúxons, que introduzi nos Capítulos 4 e 5. No entanto, sabemos que essas partículas realmente existem e são chamadas de *neutrinos*. No Capítulo 5, descrevi partículas canhotas e destras. Expliquei que os elétrons podem manifestar ambas as possibilidades; na verdade, durante o zigue, eles têm helicidade canhota, e durante o zague, têm helicidade destra. Lembrem-se de que a helicidade tem a ver com o sentido do *spin* da partícula ao longo do seu eixo de rotação em comparação com o sentido do seu *momentum* – o sentido em que ela está se movendo.

Desse modo, no vácuo de Higgs, os lúxons de *spin* ½ adquirem as suas massas quando colidem com o bóson de Higgs, que os faz ziguezaguear e, por isso, diminuem sua velocidade efetiva, que fica, por isso, inferior à velocidade da luz. Os fótons são lúxons sem massa de *spin* 1, e eles não interagem com o bóson de Higgs. A maioria das partículas de *spin* ½, inclusive os elétrons e os *quarks*, mudam de helicidade quando colidem com o bóson de Higgs; isto é, partículas canhotas, como expliquei, se tornam destras, e vice-versa.

Experimentos têm mostrado que, por alguma razão, os neutrinos são, aparentemente, sempre canhotos. Uma vez que os neutrinos destros, pelo que parece, não existem na natureza, os neutrinos nunca podem adquirir massa, simplesmente porque eles nunca podem realizar a dança em zigue-zague, como os elétrons e as outras partículas de *spin* ½ o podem. Você já deve saber o porquê disso. Se um neutrino não pode jamais aparecer destro, não é possível para ele ser uma partícula que executa um zague. Isso significa que ele seria unicamente capaz de "ziguear", por assim dizer, e se movimentar com a velocidade da luz.

No entanto, foram constatadas recentemente algumas evidências experimentais de que tanto os neutrinos canhotos como os destros existem.[123] Os neutrinos canhotos têm uma massa realmente leve, enquanto os neutrinos destros têm uma massa realmente pesada. Consequentemente, um neutrino canhoto pode se transformar em um neutrino destro, mas, uma vez que as massas são tão diferentes, o neutrino canhoto percorre uma distância maior do que o neutrino destro.

Um vácuo de energia zero?

Se, em vez disso, usássemos um sinal de mais na frente do termo m^2, teríamos $V = m^2\varphi^2 + \lambda\varphi^4$. Neste caso, o potencial V não se mostraria com a forma de um chapéu mexicano. Em vez disso, ele se pareceria com uma tigela, aumentando em valor à medida que φ aumentasse a partir de 0 em todas as direções, como é mostrado na Figura 12b.

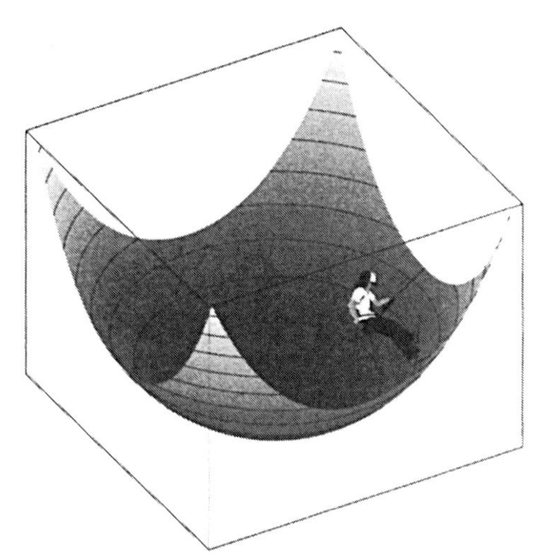

Figura 12b. O potencial "tigela".

O potencial "tigela" é realmente o que poderíamos esperar que a natureza produzisse. A energia potencial desse campo do vácuo tem um valor zero no fundo da tigela, onde o campo φ é zero; então nós temos o que é chamado de vácuo de energia estável zero. Como esse campo φ flutua, o vácuo tende a não exercer nenhum efeito efetivo sobre qualquer coisa que esteja passando em disparada através dele. Olhando cuidadosamente para a lagrangiana (ver Capítulo 6), nesse caso, onde V tem um termo $+m^2$, podemos imaginar com o que uma partícula que emergisse desse vácuo se pareceria; nesse caso, a partícula acaba por ter uma massa de repouso exatamente igual a m! Em outras palavras, uma velha e boa partícula massiva. Na verdade, foi isso o que examinamos no Capítulo 8.[124]

Um vácuo de energia negativa?

No entanto, quando consideramos o potencial "chapéu mexicano", estamos olhando para uma situação que, embora não fosse tão evidente, já havíamos examinado nos Capítulos 10 e 11. Para que o potencial "chapéu mexicano" seja o que nós vimos, precisamos tornar negativo o termo m^2 da energia potencial V. Mas o que significa a presença de um termo m^2 negativo? Volte ao *box* no Capítulo 1 ("Será Que Eu Preciso Mesmo de Matemática?"), no qual discuti os números imaginários. Se o quadrado de um número é negativo, como em $-m^2$, isso significa que a massa m é imaginária, o que, por sua vez, significa que a partícula de Higgs, se ela fosse emergir de um vácuo de energia zero, seria na verdade um táquion. Lembre-se de que os táquions têm massas de repouso imaginárias.

Teóricos contemporâneos não acreditam que isso possa acontecer.[125] Em vez disso, eles acreditam que o vácuo real tem uma energia potencial negativa[126] capaz de gerar um verdadeiro e massivo bóson de Higgs que, por sua vez, interage com todos os outros *quarks* e léptons luxônicos de *spin* ½, proporcionando assim ao vácuo uma espécie de melaço para esses lúxons e dando a eles as suas massas de repouso observadas.

Uma especulação realmente grande sobre um campo mental

Agora, quero sugerir outra maneira pela qual esse campo de Higgs poderia atuar. É certamente uma proposta especulativa. Suponhamos que, por alguma razão, o campo de Higgs seja "reinicializado", voltando ao topo do potencial "chapéu mexicano", restaurando assim o vácuo de volta ao seu estado de energia zero. Não posso explicar por que isso poderia ocorrer; talvez tenha algo a ver com um efeito adicional ocasionado pela presença da gravidade. Se o campo de Higgs pudesse agir dessa maneira, o termo m^2 na energia potencial V permaneceria negativo, o que resultaria na produção de táquions ou, em outras palavras, na emergência de um campo mental taquiônico fora do vácuo de energia zero que é capaz de promover uma correlação espacial entre eventos. Como mostrarei a seguir, isso poderia resultar na emergência de uma ordem lógica de eventos que constituiriam as ações associadas com a atividade atenta e perceptiva ou a emergência da ordem lógica encontrada nos processos de pensamento. Como isso pode parecer difícil de compreender, deixe-me explicar como tudo isso funciona.

Ziguezagueando no espaço e derivando para a frente no tempo

Se você voltar ao Capítulo 5 e examinar com atenção a Figura 5a (na p. 91), verá como um tárdion ziguezagueante pode mudar a sua velocidade em consequência de súbitos espasmos descontínuos em casos aparentemente aleatórios. A Figura 12c mostra uma representação ampliada do percurso do tárdion. Se você se lembrar, chamamos de zigue um lúxon que vai para a direita e de zague um lúxon que vai para a esquerda. Os lúxons zigue se movem para a direita com os seus *spins* antialinhados com o sentido do movimento, enquanto os lúxons zague se movem para a esquerda com os eixos dos seus *spins* alinhados com o sentido do movimento. Esse rápido ziguezaguear aparece como uma sólida linha reta na figura e compõe um propagador tárdion fundamental. Todos os *quarks* e elétrons de *spin* ½ obedecem a esta máxima: eles trocam sua qualidade destra pela canhota, e vice-versa, quando interagem com o campo de Higgs e, assim, adquirem suas chamadas massas de repouso ou massas nuas. Por outro lado, como discutimos, todos os neutrinos parecem ser canhotos e não fazem isso, embora algumas evidências atuais indiquem que eles poderiam fazê-lo (os neutrinos canhotos são muito leves, mesmo quando comparados com um elétron, enquanto seus parceiros destros são muito mais massivos).[127]

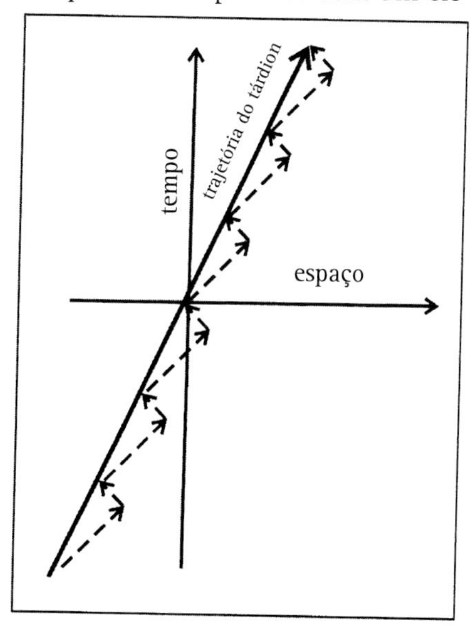

Figura 12c. Um tárdion se propaga como um lúxon ziguezagueante seguindo para a frente no tempo.

O zigue-zague avança no tempo, e, na medida em que um intervalo zague é mais curto do que um zigue, o movimento efetivo será para a direita, como é mostrado na figura. Se o zigue e o zague são iguais em comprimento, o tárdion resultante aparece em posição de repouso, e a trajetória do tárdion corre ao longo da linha do tempo; se o zague for mais longo do que o zigue, o tárdion se dirige para a esquerda. A inspeção da Figura 12c revela a situação.

Ziguezagueando no tempo e derivando para a frente no espaço

Por outro lado, uma vez que, efetivamente, não se passa nenhum tempo para os lúxons, poderíamos muito bem considerar que o zigue-zague ocorre tanto no sentido progressivo como sentido regressivo com relação ao tempo, como se pode ver na Figura 12d. Aqui, nós temos um longo zigue "normal" para a frente no tempo seguido por um curto zague "anormal" para trás no tempo, resultando no movimento mostrado pela linha reta sólida que se move da esquerda para a direita. Uma vez que o zague vai para trás no tempo, o resultado efetivo é um movimento com uma velocidade maior que a da luz, o que indica um táquion. Uma linha de raciocínio semelhante se aplica aqui. Se o zigue e o zague têm os mesmos comprimentos, a partícula se move ao longo do eixo espacial não indo para lugar algum no tempo, e aparecendo assim como um táquion de velocidade infinita, que, em conformidade com isso, tem energia zero. Se o zague é mais longo do que o zigue, o táquion se move para trás no tempo à medida que se desloca da esquerda para a direita.

Uma vez que os táquions podem sempre ser vistos movendo-se com uma velocidade infinita, eles parecem constituir-se em uma boa maneira de se lidar com o fenômeno da *não localidade espacial* na física quântica. Isto é, entre dois eventos remotos descrevendo o movimento das chamadas partículas *back-to-back* em um entrelaçamento coerente, se ocorrer uma medição de uma das partículas, a outra instantaneamente parecerá ter sido medida, resultando em uma

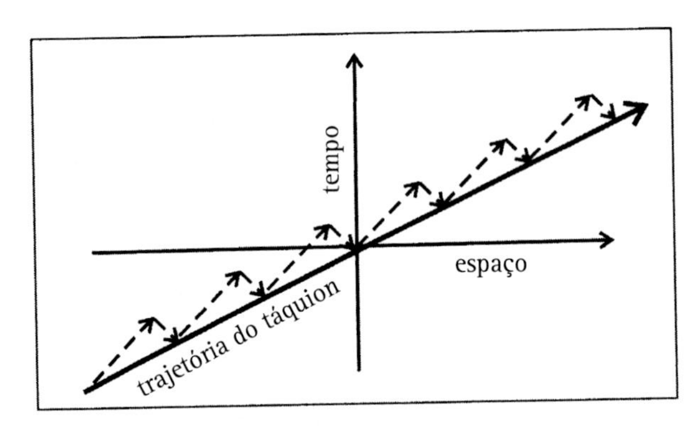

Figura 12d. Um táquion se propaga como um lúxon ziguezagueando para a frente no espaço.

correlação entre os dois eventos de medição. Diferentes observadores que se movimentam um em relação ao outro podem ver qualquer um dos dois eventos ocorrendo antes do outro. Esse fator de entrelaçamento atemporal da física quântica parece desempenhar um papel na capacidade de organização da mente para produzir pensamentos em uma ordem temporal lógica. Voltarei a isso em seguida.

Como já explicamos antes, é claro que, classicamente falando, concebe-se que as partículas de massa imaginária têm a velocidade da luz como seu limite inferior de velocidade e são chamadas de táquions, ao passo que as partículas de massa real positiva têm a velocidade da luz como seu limite superior de velocidade e são chamadas tárdions. Por conseguinte, na teoria quântica dos campos, os campos taquiônicos não são considerados reais (eles não geram partículas de matéria real); na verdade, pode-se pensar que eles geram imagens de espelho imaginais representadas por massas associadas a números imaginários. Essa característica é extremamente importante, tanto por causa de sua qualidade imaginal ou "mental (*mind-like*)" como por sua capacidade para produzir a ordem temporal lógica da experiência. Isso porque como tais partículas com massas imaginárias estão confinadas a velocidades superiores às da luz, elas poderiam desempenhar um papel nos processos da memória e na sensação de intenção que se segue a um processo de pensamento ordenado. Essa especulação taquiônica pode ser importante como um modelo para a maneira como uma mente temporalmente ordenada surge de táquions interagindo com tárdions, e que, ao fazê-lo, emitem luz à medida que atravessam um observador ou que passam perto dele. Mas essa especulação também indica outra coisa. A mente pode não surgir do cérebro, mas existir, efetivamente, em todo o universo — na Mente de Deus, por assim dizer, como um campo mental taquiônico. De alguma maneira, nosso cérebro funciona como um receptor de rádio que, por meio de nossas ações de intenção, simplesmente entra em sintonia com essa mente maior para produzir nossos pensamentos, sentimentos e intuições, e até mesmo as percepções que temos por meio dos nossos cinco sentidos, sejam eles mundanos ou, às vezes, talvez até mesmo profundos.

Aqui o ponto-chave está no fato de que, na física quântica, sabemos que a observação muda o que é observado. A observação é um evento mental — sem mente não há observação. Também sabemos que a observação provoca instantaneamente o colapso da onda de possibilidades a partir de um espectro de muitas possibilidades para a emergência de apenas uma delas.[128] Se devemos associar um campo a esse colapso, ele precisa ser um campo taquiônico, uma vez que esse evento repentino precisa ocorrer de uma maneira espacial – mais rápida que a luz.

Como você verá a seguir, uma sequência de eventos de colapso produzidos pela interação de um táquion com um tárdion parece seguir uma ordem lógica peculiar que é semelhante à maneira pela qual um pensamento se forma em uma sequência de palavras. Devo admitir que, de início, não percebi que uma ordem temporal lógica poderia surgir dessa maneira taquiônica e fiquei muito impressionado ao reconhecer que os táquions poderiam de fato criar essa ordem quando interagissem com os tárdions por meio de sinais luminosos. Para manter a simplicidade nos raciocínios que se seguem, vou supor que toda comunicação entre táquions e tárdions ocorre por meio de sinais de luz, ou seja, de bósons de *spin 1*.

Para ver como a ordem temporal surge dos táquions, vamos considerar um fenômeno muito conhecido chamado efeito ou deslocamento Doppler. Você já está familiarizado com esse efeito, mesmo que possa não conhecê-lo pelo seu nome. Ele ocorre quando você escuta o apito de um trem que se aproxima quando você está parado perto de um cruzamento ferroviário. A altura do apito aumenta à medida que o trem se aproxima – ou seja, o som se torna mais agudo – e diminui à medida que ele se afasta. A mesma coisa acontece com a frequência da luz emitida por uma fonte em movimento, mas em vez de uma mudança de frequência sonora, o que vemos é uma mudança de cor. A cor que vemos desloca-se para o azul quando a fonte da luz se aproxima de nós e se desloca para o vermelho quando ela se afasta de nós.

Assim como usamos nossos ouvidos para percebermos quando algo está se aproximando ou se afastando, podemos fazer o mesmo com os nossos olhos e a luz. Assim, podemos determinar, a partir de uma luz que se deslocou para o azul, onde e quando o objeto emitiu essa luz enquanto se aproximava de nós, e a partir da luz que se deslocou para o vermelho, podemos saber onde e quando o objeto emitiu a luz enquanto se afastava de nós.

Na Figura 12e, vemos um objeto real – um tárdion – em disparada através do universo e emitindo luz à medida que se movimenta. Colocamos um obser-

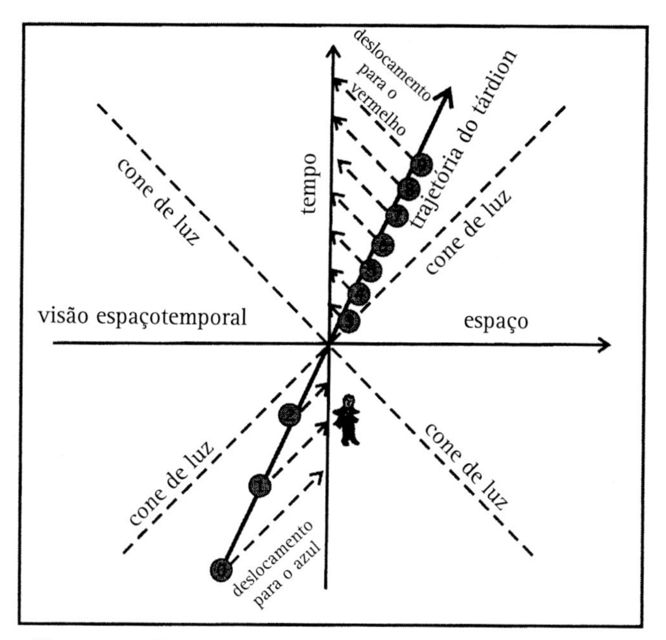

Figura 12e. Um tárdion comunicando-se com um observador.

vador nesse gráfico espaçotemporal, mostrando apenas a luz que o tárdion emite em sua direção. Naturalmente, como vimos neste livro, tanto o tárdion como o observador se movem nesse diagrama à medida que ambos viajam ao longo do tempo. A diferença é que, em relação ao observador, o tárdion parece se mover em direção a ele e, em seguida, afastando-se dele enquanto emite luz à medida que passa. O observador vê a luz à medida que faz a sua viagem no tempo e determina de onde a luz está vindo e se está se aproximando ou se afastando dele. Conforme o objeto se aproxima, os raios de luz parecem mais azuis, e conforme se afastam, parecem mais vermelhos, assim como também ocorre com as mudanças, mais para o agudo ou mais para o grave, na altura do apito do trem.

O observador é perfeitamente capaz de distinguir entre a luz deslocada para o azul emitida pelos eventos anteriores *0*, *1* e *2* e a luz deslocada para o vermelho emitida pelos eventos posteriores *3*, *4*, *5*, *6*, *7*, *8* e *9*, e pode em seguida, dizer como o tárdion está se movendo. Resumindo, ele vê a luz deslocada para o azul gerada pelo tárdion antes de ver sua luz deslocada para o vermelho. A ordem dos eventos de emissão, de *0* a *9*, corresponde à ordem das recepções. Ele vê os eventos na ordem temporal de *0* a *9* exatamente como ocorreram.

Mas o que acontece quando um objeto se move mais depressa do que a luz? Poderíamos igualmente indagar sobre um fenômeno semelhante na transmissão ondulatória sonora e por meio da água, quando um objeto se move mais depressa do que qualquer onda que ele poderia produzir no meio através do qual viaja. Para o som no ar, temos o efeito sônico de estrondo causado por um avião a jato, e na água vemos com frequência um barco se movimentar mais depressa que a velocidade com que as ondas que ele produz se espalham para fora dele. E, nesses casos, o objeto torna o familiar estrondo ou onda de choque especialmente perceptível quando estamos de lado observando, por exemplo, quando um avião supersônico voa acima da nossa cabeça ou um barco a motor passa velozmente por nós em um cais, enviando uma grande massa de água em forma de onda sobre nós.

Na Figura 12f, vemos um táquion em corrida através do espaço-tempo. Olhe com cuidado e perceba que nenhuma luz emitida pelo táquion atinge o observador até que o primeiro tenha efetivamente cruzado o caminho do segundo. Situação bem diferente da do tárdion mostrado na Figura 12e (partícula com velocidade menor que a da luz), na qual o observador vê a luz que vem do tárdion bem à frente de quando seus caminhos se cruzam. Note também que tanto a luz deslocada para o vermelho como a luz deslocada para o azul são vis-

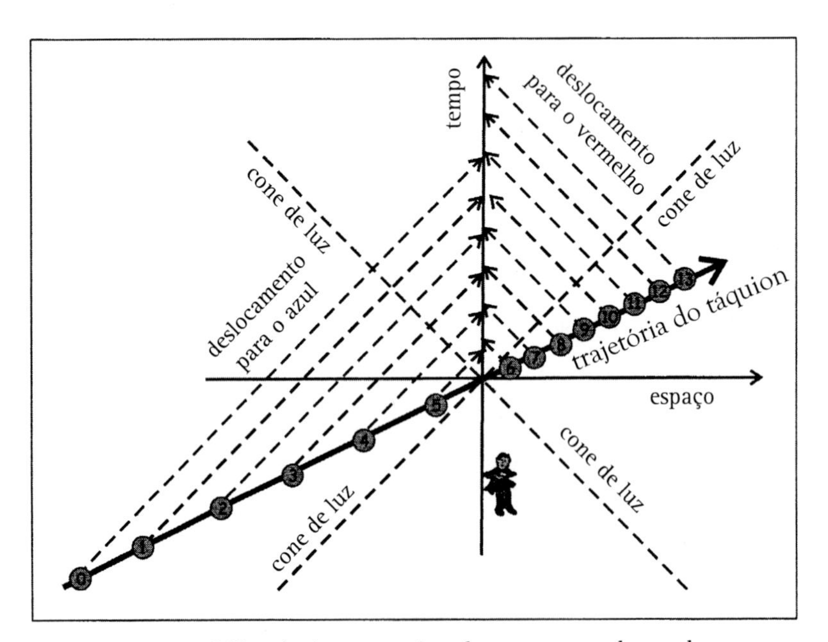

Figura 12f. Um táquion comunicando-se com um observador.

tas depois que o táquion cruzou o seu caminho, de modo que o observador vê o táquion vindo em direção a ele a partir de posições passadas ainda mais para trás, no passado, depois que seus caminhos se cruzam, e mais tarde no tempo. Nesta sequência, ele vê *5, 6, 4, 7, 3, 8, 2, 9, 1, 10, 0, 11*, e assim por diante. Misturado com a ordem lógica da sequência de eventos da luz que se desloca para o vermelho *6, 7, 8, 9, 10*, ele vê os sinais da luz que se desloca para o azul vindos do passado na ordem inversa *5, 4, 3, 2, 1, 0*. Em outras palavras, é como assistir a um filme "azul" rodado de trás para a frente.

Por isso, a luz deslocada para o azul aparece para o observador, à medida que ele se move para o futuro, como um registro das posições passadas do táquion (o qual se parece com um tárdion recuando no espaço), com a luz deslocada para o vermelho aparecendo como um registro de suas posições futuras (em que o táquion se parece com um tárdion progredindo no espaço). Consequentemente, nós também vemos que, à medida que o táquion se aproxima do observador, a luz deslocada para azul emitida mais cedo chega depois da luz deslocada para o azul emitida posteriormente. Assim, à medida que o tempo passa, vemos que a luz deslocada para o azul vem de um passado ainda mais recuado, aparecendo como se fosse emitida de alguma coisa que estivesse se movendo para trás a partir do ponto de cruzamento. Uma vez que um táquion se move com velocidade maior que a da luz, não podemos vê-lo se aproximando ou se afastando. Então, depois que ele passou, nós apenas seríamos capazes de ver duas imagens dele, surgindo e partindo em sentidos opostos.

Como expliquei anteriormente, os táquions não são partículas físicas, simplesmente porque se movem mais depressa do que a luz. Poderia o campo mental taquiônico, que é não físico e, portanto, não está confinado a movimentos no mundo material, comunicar-se com nosso cérebro usando táquions como portadores de informação? Enquanto tais, esses táquions não estão limitados aos seus sentidos de percurso através do tempo, pois eles podem ir para trás e para a frente. Especulo que não apenas nós podemos descobrir a interação mente-matéria nesse domínio interativo taquiônico-tardiônico como também podemos descobrir nele a fonte de toda matéria e de toda energia nele colocada como informação ou como um campo de informação — o campo quântico (possivelmente o que os antigos chamavam de registros akáshicos).

Para quem não sabe, *akáshico* é um termo teosófico referindo-se a um sistema de arquivamento universal que registra cada ocorrência de pensamento, palavra e ação. Os registros são gravados em uma substância sutil chamada *akashi* (ou éter). No misticismo hinduísta, concebe-se *akashi* como o princípio fundamental da natureza a partir do qual os outros quatro princípios naturais — fogo, ar, terra e água — são criados. Esses cinco princípios também representam os cinco sentidos do ser humano.

Alguns pesquisadores comparam os registros akáshicos com uma consciência cósmica ou coletiva. Esses registros também são conhecidos por diferentes nomes, inclusive Mente Cósmica, Mente Universal, inconsciente coletivo ou subconsciente coletivo. Outros pensam que os registros akáshicos tornam possíveis a clarividência e a percepção paranormal.

Talvez o que chamamos de fantasmas possa ter algo a ver com os registros akáshicos. Também poderia explicar o que acontece conosco no momento da morte. Além disso, pode ter igualmente muito a ver com a maneira como a memória funciona. Táquions correndo através do nosso cérebro poderiam nos trazer a lembrança de eventos passados que aparecem como imagens virtuais ou como voos da imaginação. Talvez por ocasião da morte ou durante um acidente, temos um *flash* rápido da ocorrência de eventos por causa da investida de uma torrente de táquions. No cérebro, a luz deslocada para o vermelho registra uma antecipação do futuro, e a luz deslocada para o azul registra mais e mais os detalhes do passado à medida que o tempo passa. Isso também poderia indicar como nós podemos formar sentenças.

Deixe-me explicar. Uma sentença ou pensamento ordenado consiste em uma distribuição lógica — uma sequência linear de palavras ou frases. Na Figura 12f, vemos a trajetória do táquion cruzando a trajetória do pensador (uma simples pessoa que permanece em casa). Chamarei de passado os eventos que ocorrem antes que as duas trajetórias se cruzem, e de futuro os eventos que ocorrem depois que elas se cruzam. À medida que o táquion passa diante do pensador, como é mostrado na Figura 12f, a luz deslocada para o azul vinda das mais profundas posições do passado sobre a trajetória do táquion chega antes do próprio táquion. Depois de o táquion passar, chega a luz deslocada para o vermelho. Os dois sinais, a luz deslocada para o azul, que vem do passado, e a luz deslocada para o vermelho, que vem do futuro, formam uma sequência misturada, que ocorre continuamente à medida que o pensador avança no tempo em direção ao seu futuro. Assim, à medida que o tempo passa, novas informações vindas de localizações futuras do táquion e informações antigas vindas de posições passadas do táquion tendem a se misturar. Nossos processos de pensamento poderão funcionar desta maneira: nós pensamos examinando novas informações e comparando-as com informações antigas para ver se as duas correntes de informações "batem" ou fazem um sentido lógico. Esse modelo de interação táquion-tárdion também poderia nos ajudar a compreender como os processos cerebrais ordinários funcionam de acordo com processos atemporais semelhantes, como indicam os trabalhos do fisiologista neuronial Ben Libet.[129]

Como mencionei resumidamente, as interações táquion-cérebro poderiam, de fato, indicar como os nossos pensamentos se formam e como nossa mente funciona. Deixe-me explicar isso com mais detalhes. Conforme ponderamos sobre qualquer coisa e dispomos nossas palavras de modo a formar sentenças, precisamos não apenas ver para onde estamos indo (o futuro do nosso pensamento), mas também precisamos modificar esse futuro constantemente, remontando ao passado para ver de onde tal ordem das palavras poderia ter surgido. Consequentemente, se os táquions estão interagindo dessa maneira com o tecido cerebral, vemos que, à medida que o nosso pensamento continua, com mais palavras e sentenças entrando na figura, a memória precisa desempenhar um papel contínuo, permitindo-nos testemunhar eventos ou pensamentos vindos do passado mais profundo, à medida que nossos pensamentos se tornam mais complexos. A ordem temporal que emerge dessa atemporalidade é de suma importância para a compreensão do processo.

Pode não lhe parecer que é isso o que fazemos quando formamos sentenças. Como podemos formular enunciados a partir da matéria-prima de nosso passado linguístico e de outras experiências? Expressamos novas ideias, descrevemos novas experiências, usando e adaptando os recursos que adquirimos até agora. Para isso, precisamos entrar no campo da nossa memória, remontarmos no tempo, por assim dizer, e fazer isso em uma ordem lógica. Para expressarmos ideias radicalmente novas, será que precisamos usar uma espécie de tratamento de choque linguístico para nos projetarmos, com um súbito impacto, em um novo nível de percepção e/ou compreensão – um salto quântico? Poderíamos, de fato, precisar fazer isso. Esse choque súbito é a experiência da interação táquion-tárdion – o ponto onde os caminhos do táquion e do tárdion se cruzam –, como Joyce poderia ter experimentado com seu fluxo de consciência e seus jogos de palavras, García Márquez com seu realismo mágico, e Kierkegaard com seus desafios existencialistas ao pensamento convencional.

De acordo com a teoria quântica dos campos e com a busca atual pelo bóson de Higgs, precisamos ter campos quânticos taquiônicos e tardiônicos presentes em nossos cálculos contábeis, como Feynman mostrou. Continua a ser uma questão sujeita a discussões se isso também é verdadeiro ou não no que se refere à natureza. Neste capítulo, minhas especulações poderiam, com certeza, não constituir a imagem atual da natureza como é vista por muitos físicos. É uma fórmula que pode ser considerada como uma interação entre o registro akáshico do campo taquiônico e os campos tardiônicos da matéria, ou, de maneira equivalente, um gerador de campos quânticos de um universo físico com diferentes massas tardiônicas. O grande problema que o campo de Higgs pode resolver, se manifestar-se como taquiônico, é não apenas o de esclarecer como diferentes massas passam a existir, mas também como uma mente está lá para saber disso. Mais uma vez, eu previno o leitor de que isso é uma especulação sobre a maneira como a interação táquion-tárdion poderia explicar o colapso da função de onda quântica e o aparecimento da mente na natureza.

Equações e palavras

Neste livro, tentei fazer o que é usualmente proibido ou não discutido em livros de física populares. Usei alguns conceitos matemáticos baseados em equações usadas atualmente na teoria quântica dos campos. Essas equações ocorreram nas mentes dos maiores físicos da nossa época e dos tempos passados e constituem o que chamamos de teoria quântica dos campos.[130] A partir delas, todas as teorias mais recentes, inclusive a teoria das cordas e a cosmologia contemporânea, surgem e estão em contínuo desenvolvimento. A grande questão que estive explorando aqui nestes últimos parágrafos é o que isso pode ter a ver com a mente de Deus ou, por isso mesmo, com qualquer mente. Deixe-me explicar.

A teoria quântica dos campos baseia-se na ideia de que, oculto sob o universo comum dos objetos cotidianos que vemos em nosso mundo, há uma matriz criada a partir de campos invisíveis. Esses campos são capazes de gerar todos os objetos que percebemos no nível mais diminuto da nossa existência — o mundo da matéria e da energia nas escalas atômica, subatômica, nuclear e subnuclear. Esses objetos surgem como gotículas ordenadas de névoa no ar frio ao nosso redor e, tão rapidamente como surgem, se não forem observadas, elas evaporam ou desaparecem; toda essa atividade é, às vezes, concebida como a energia não observada do ponto zero do vácuo do espaço. Porém, se forem observadas, essas "gotas" de existência nos afetam — elas nos dão a percepção de um universo e a visão de mundo que experimentamos em nossa vida cotidiana.

Krishna e as mentalidades humanas

Na antiga filosofia da Índia, Krishna nos conta que o tempo, a criação e a aniquilação são parceiros íntimos na produção do *show* de luzes cósmico. E, sim, a física quântica nos diz que essa antiga, profunda e iluminadora percepção sobre a natureza da realidade em uma escala cósmica de 300 trilhões de anos desempenha um papel semelhante em uma escala de tempo muito menor, de 1.280 trilionésimos de um trilionésimo de segundo.

Seguindo o nosso zigue-zague de lúxons de *spin* ½, que se transformam em férmions massivos, descobrimos que tudo no universo, incluindo nós mesmos, é feito de dois tipos de luz — o tipo que todos nós conhecemos e vemos com os nossos olhos e instrumentos que detectam o espectro eletromagnético (bósons de *spin 1*), e lúxons ziguezagueantes de *spin* ½. Na relatividade de Einstein, "o próprio tempo e o próprio espaço desaparecem em meras sombras", disse Hermann Minkowski na citação que reproduzimos como epígrafe ao Capítulo 3. Podemos dizer que passamos nossa vida nessas sombras. Em seu lugar, há uma escultura quadridimensional conhecida como uma linha de universo, que encapsula toda a história e evolução de uma pessoa ou de todo um universo. Vimos exemplos de linhas de universo nos capítulos iniciais deste livro. Elas eram as trajetórias de espaçonaves e de observadores que permanecem em casa. Tais linhas de universo compõem a nossa visão dinâmica do universo em evolução.

O significado de tudo isso

Percorremos um longo caminho, e talvez eu tenha exigido muito de você, leitor leigo, fazendo-o seguir as peregrinações da natureza à medida que ela tece sua teia com *loops* temporais e distorções espaciais. Os *loops* temporais, como vimos, explicam como e por que a simples ideia de mover uma partícula para trás no tempo aparece como sua própria antipartícula avançando no tempo. Vimos que a natureza insiste no fato de que partículas e antipartículas só podem ir para a frente no tempo com energias positivas. Ao olhar para esses movimentos como se eles regredissem no tempo, elas parecem mudar magicamente; uma antipartícula que se move para a frente no tempo é a mesma coisa que uma partícula que se move para trás no tempo, e uma partícula que se move para a frente no tempo é a mesma coisa que uma antipartícula que se move para trás no tempo. Um *loop* temporal aparece quando colocamos uma antipartícula junto com sua partícula correspondente; as duas aparecem na observação realizada para a frente no tempo como uma criação de um par e uma posterior aniquilação – um *loop* temporal – um lembrete do *bigue-bangue* e de que tudo o que foi criado precisa acabar sendo destruído.

Ao explorar distorções no espaço, que se refletem em partículas como seus *spins*, descobrimos que há dois tipos de partículas de *spin* ½ (chamados de férmions) – destros e canhotos. Também descobrimos que nenhum desses tipos de partículas possui massa. Dei a essas partículas o nome de lúxons de *spin* ½, o que significa que elas se movem com a velocidade da luz. Há também duas famílias de partículas de *spin* ½: os *quarks* e os léptons. Descobrimos que esses lúxons fermiônicos adquirem suas massas ao interagir com o campo de Higgs à medida que eles ziguezagueiam através do espaço com a velocidade da luz, movendo-se sempre para a frente no tempo. Ao fazerem isso, as partículas em suas trajetórias parecem se mover com velocidade menor que a da luz e, como tais, elas ganham inércia; elas aparecem com massas. A partir da teoria da relatividade especial, descobrimos que, tendo adquirido "sementes" de massa por meio de suas interações com o campo de Higgs, esses lúxons agora massivos ganham ainda mais massa simplesmente movendo-se mais depressa. Por isso, os férmions são, fundamentalmente, distorções espaciais luxônicas (isto é, movimentando-se com a velocidade da luz) de *spin* ½ sem massas intrínsecas.

Também descobrimos que há lúxons que não interagem com o campo de Higgs, chamados de bósons de *spin 1*. Todos os férmions, que têm *spin ½*, interagem com o campo de Higgs. Os bósons de *spin 1* não o fazem. Estamos familiarizados com esses bósons, principalmente com aqueles que chamamos de fótons, os quais constituem o que chamamos de luz comum. Esses bósons de *spin 1* são responsáveis pelas interações entre os férmions de *spin ½*, uma vez que tenham adquirido massa do campo de Higgs. O Modelo-Padrão explica tudo isso exatamente dessa maneira, embora eu tenha certeza de que alguns físicos irão discordar da minha interpretação.

Uma vez que toda a matéria é feita de léptons e de *quarks* que interagem por meio de bósons de *spin 1*, acho que é uma perspectiva surpreendente termos chegado à conclusão de que o universo nada mais é que um grande *show* de luzes tanto na escala do imenso – todo o universo – como na menor escala que poderíamos imaginar – o mundo subatômico.

Em resumo, do que o universo é feito? De partículas de luz de *spin ½* e de *spin 1*. O que torna o *show* de luzes realmente um *show* é sua interação contínua; primeiro, os lúxons de *spin ½* interagem com o campo de Higgs para adquirirem massa, e em seguida eles interagem com os lúxons de *spin 1* para modificar e modelar o universo em suas várias formas de estrelas, galáxias, planetas, pessoas, células e estruturas genéticas.

O único mistério é o próprio campo de Higgs. Especulei que esse campo atua como um campo mental – a mente de Deus, por assim dizer. Prossegui especulando que esse campo gera táquions que interagem com férmions por intermédio da troca de bósons, e, ao fazê-lo, vimos como uma atividade lógica aparentemente mental passou a existir por todo o universo. Precisamos dos táquions para produzir os súbitos colapsos associados com as observações, de acordo com a física quântica, segundo a qual qualquer única observação reduz todo um campo de possibilidades a uma única realidade. O campo de Higgs, ao agir dessa maneira, cria partículas a partir dos campos quânticos que preenchem o universo.

Somos feitos de luz, e somos, todos nós, partes da mente de Deus. E, ainda mais importante, somos o próprio universo tendo a experiência de conhecer isso.

Notas

1 Richard P. Feynman, *The Character of Physical Law*, Cambridge, MA: MIT Press, 1967, p. 128.

2 Kala – o tempo eterno, em http://www.heart-disease-bypass-surgery.com/data/articles/143.htm. Essencialmente, citei a partir desse site.

3 Essa afirmação pode parecer um pouco estranha para o leitor instruído. Por que eu deveria dizer que tudo é feito de luz? Usarei a palavra *lúxon* para descrever a luz e a matéria quando posso dizer que a matéria se move à velocidade da luz. Quero dizer que os campos associados à matéria, que examinaremos mais adiante, como o campo do elétron e o campo do *quark*, não têm massas intrínsecas, e por isso eles passam em disparada de um lado para o outro na velocidade da luz, se não houver interações. Consequentemente, partículas de matéria, como partículas de luz comuns denominadas fótons, não têm efetivamente nenhuma massa "nua" ou massa de "descanso" e, como veremos, elas se movem na velocidade da luz. No entanto, as partículas de matéria têm de fato outras propriedades, como carga elétrica ou outros tipos de carga (tais como a carga de cor) associados com as interações fortes.

4 Kala – tempo eterno.

5 *Ibid.*

6 Veja o glossário para a definição de termos novos. Um pósitron é um elétron de antimatéria.

7 Kala – tempo eterno.

8 *Ibid.*

9 A "matéria escura" não bariônica, que se move lentamente e se aglomera, afetando, por exemplo, as taxas de rotação das galáxias espirais, parece contribuir com cerca de 25% para a densidade de energia total do universo. "A energia escura", o estranho material não aglomerado com uma equação de estado consistente com uma constante cosmológica e que é responsável pela aceleração global da taxa de expansão do universo, contribui com cerca de 70% para a densidade de energia total do universo.

Assim, juntas, a matéria escura e a energia escura contribuem com cerca de 95% para a energia (ou massa, se você preferir) total do universo.

10 Por exemplo, Joyce usa a palavra *vicus* para dizer uma vila, aldeia, rua, fileira de casas ou quarteirão de uma cidade, mas também a utiliza para significar um círculo vicioso – uma situação em que uma causa produz um resultado que volta a produzir a causa original – um laço causal paradoxal. Falarei mais sobre isso no devido tempo. Mais adiante no texto, Joyce usa "embora *venissoon* depois", em que ele cria um duplo sentido com a palavra *venison* (veado) para significar qualquer animal de caça ou outro animal selvagem morto em caça, e também como trocadilho para *very soon* (muito breve). À medida que continuamos para a frente e para cima, veremos que Joyce poderia ter usado a física quântica no seu jeito de usar as palavras, com uma palavra podendo ter, simultaneamente, vários significados, às vezes muito diferentes um do outro.

11 Dava Sobel, *Longitude: The True Story of a Lone Genius Who Solved the Greatest Scientific Problem of His Time*, Nova York: Walker, 1995. Uma vez que a Terra gira com uma velocidade constante de 360 graus por dia, ou de 15 graus por hora (em tempo sideral), há uma relação direta entre o tempo e a longitude. Se o navegador sabia qual era o tempo em um ponto de referência fixo quando algum evento ocorreu em sua localização, a diferença entre esse tempo e sua hora local aparente lhe daria sua posição em relação ao local fixo. Por exemplo, se estivermos levando um cronômetro de precisão a bordo e, por isso, sabendo a hora em Greenwich, Inglaterra, quando o sol estiver diretamente na vertical lá, isto é, ao meio-dia, podemos olhar para a posição do sol no céu a bordo do navio e medir o ângulo que ele faz com o horizonte ou com o zênite. Se esse ângulo medir, digamos, 30 graus, o navio deverá ter se movido 30 graus de longitude. Dada a latitude, podemos calcular a distância que o navio está de Greenwich.

12 http://en.wikipedia.org/wiki/Minkowski_diagram. Citei: "Hermann Minkowski desenvolveu em 1908 um diagrama que passou a ser conhecido como diagrama espaço-temporal de Minkowski. Ele fornece uma ilustração simples de como as propriedades do espaço e do tempo são alteradas na teoria da relatividade especial. É interessante observar que ele permite uma compreensão quantitativa de como os intervalos de tempo e de espaço podem mudar em fenômenos como a dilatação do tempo e a contração do comprimento sem usar quaisquer equações matemáticas.

"O diagrama de Minkowski é geralmente desenhado com apenas uma dimensão espacial. Ele é mais útil quando examinamos como dois observadores que se movem com velocidade constante um em relação ao outro veriam um ao outro usando seus sistemas de coordenadas correspondentes. A partir dessa correspondência biunívoca entre as coordenadas, a ausência de contradições em muitos enunciados aparentemente paradoxais da teoria de relatividade torna-se óbvia. Além disso, o como e o porquê de a velocidade da luz ser constante e superior a todas as outras velocidades envolvidas em todos os processos físicos surgem graficamente das propriedades do espaço e do tempo.

A forma do diagrama segue de imediato e sem qualquer cálculo dos postulados da relatividade especial, e demonstra a estreita relação entre o espaço e o tempo descoberta com a teoria da relatividade".

13 Foi na ETH que Einstein não passou nos seus exames de admissão. No entanto, na ETH, Einstein finalmente recebeu seu treinamento de graduação em física.

14 H. Minkowski, "Space and Time", *in* H. A. Lorentz, A. Einstein, H. Minkowski e H. Weyl, *The Principle of Relativity: A Collection of Original Memoirs on the Special and General Theory of Relativity*, Nova York: Dover, 1952, pp. 75-91.

15 Esse teorema demonstra que, em um triângulo retângulo, o quadrado da hipotenusa é igual à soma dos quadrados dos lados opostos (os catetos). Talvez você se lembre de ter estudado isso nas aulas de geometria na escola.

16 Ronald W. Clark, *Einstein: The Life and Times*, Nova York: Henry N. Abrams, 1984, p. 92.

17 Isso corresponde a cerca de 9,7 trilhões de quilômetros por ano. É muito quando você considera que 1 trilhão de segundos é apenas um pouco menos do que 32.000 anos.

18 No caso de você ter se esquecido, bissectar significa dividir em duas partes iguais.

19 Um pouco de pensamento geométrico pode ser aplicado aqui se você se lembrar de suas aulas de geometria. O triângulo *0-3-4* é chamado de triângulo isósceles — aquele que tem dois lados iguais. O comprimento *0-3* é igual ao comprimento *3-4*. Agora, desenhe uma linha *2-3* e você verá que fez dois triângulos congruentes: *2-3-4* e *2-3-0*. Isso torna *2-4* igual a *0-2*.

20 Isso significa que ela divide a fatia de pizza imaginária definida pelas duas linhas em duas partes iguais.

21 Se estudou trigonometria, talvez se lembre de que a tangente do ângulo está envolvida, de modo que se chamarmos esse ângulo de α e a velocidade relativa de β, a fórmula é $\beta = tan\ (\alpha)$.

22 Citado em *Albert Einstein, The Principle of Relativity*, Nova York: Dover, 1952, p. 75.

23 Isso significa que ela não muda independentemente de quão depressa estamos nos movendo. Mais precisamente, significa que ele tem a mesma velocidade no vácuo. Se a luz viaja através de um meio material, sua velocidade diminui. Há mesmo alguns experimentos que a reduzem até uma velocidade de caminhada e outras que parecem acelerá-la!

24 No nosso exemplo, a fração era, como indiquei, de 0,6. Assim, se a velocidade do disco fosse reduzida pela metade, a razão diminuiria para 0,3.

25 Isso está mudando à medida que avançamos no século XXI e que as viagens espaciais se convertem, cada vez mais, em uma realidade.

26 Para aqueles que gostam de fazer as contas, isso significa apenas inverter a razão anterior, de modo que 6/10 se torne 10/6.

27 A palavra "táquion" vem do grego *ταχνόνιον*, *takhyónion*, que, por sua vez, vem de *ταχύς*, *takhýs*, que significa "veloz, rápido".

28 G. Benford, D. Book e W. Newcomb, "The Tachyonic Antitelephone", *Physical Review* D2 (1970), p. 263. Os autores discutem uma divertida situação criada por táquions que permitem às pessoas se comunicarem com elas mesmas em seus passados. Veja também O. Bilaniuk, V. Deshpande e E. Sudarshan, "'Meta' Relativity", *American Journal of Physics* 30 (1962), p. 718.

29 A. Einstein, H. A. Lorentz, H. Weyl e H. Minkowski, *The Principle of Relativity*, Nova York: Dover, 1923, p. 63.

30 G. Feinberg, "Possibility of Faster-Than-Light Particles", *Physical Review* 159 (1967), p. 1.089. Gerald Feinberg foi um dos primeiros físicos a levar os táquions a sério e foi ele que, efetivamente, os batizou com esse nome.

31 Y. Terletskii, *Paradoxes in the Theory of Relativity*, Nova York: Plenum, 1968, p. 71.

32 Redesenhado do meu livro anterior, *Taking the Quantum Leap*.

33 *Sir* James Jeans, *The Mysterious Universe*, Nova York: Macmillan, 1932, pp. 193-94. A parede da caverna a que Jeans se refere é a daquela conhecida como caverna de Platão, com a alegoria dos prisioneiros acorrentados que só podem ver suas próprias sombras projetadas na parede pela luz que entra pela abertura da caverna.

34 Essa distinção, ao que parece, desempenha um papel significativo no comportamento de todas as partículas que formam o universo, as quais consistem em seis *quarks*, seis *léptons*, dois tipos de *fótons*, as partículas que vemos com os nossos olhos, e um tipo mais poderoso de partículas chamadas de *glúons*. Os detalhes completos sobre todas essas partículas constituem o que chamamos de *Modelo-Padrão*, um nome inexpressivo para a interessantíssima imagem que a física quântica nos apresenta.

35 Na física de partículas, *helicidade* é a projeção do *spin* na direção do *momentum*. Costumamos chamar esses dois sentidos de rotação de *spin* para cima, se o eixo de rotação está apontando no sentido do movimento, e de *spin* para baixo, se ele está apontando no sentido oposto ao do movimento. Veja: http://en.wikipedia.org/wiki/Helicity (física das partículas).

36 Para quem estiver interessado em mais detalhes matemáticos, a frequência espacial l costuma ser dividida pela circunferência de um círculo cujo raio mede uma unidade. Usualmente, ele é denotado por k (lembre-se de que a circunferência de um círculo é duas vezes *pi* vezes o raio) e, portanto, $k = l/2\pi$. De maneira semelhante, costuma-se definir a frequência temporal f da mesma maneira, indicando-a por ω (pronuncia-se ômega), de modo que $\omega = f/2\pi$. Então, a fase é simbolizada pela letra grega φ (pronuncia-se fi), que é, portanto, a fase espacial mais ou menos a fase temporal. Fazemos isso

porque a fase é mais frequentemente usada em funções trigonométricas como o *sen* (φ) e o *cos* (φ), ou na função exponencial $e^{i\phi} = cos\ (\varphi) + i\ sen\ (\varphi)$, em que a fase é tratada como o ângulo de uma função trigonométrica medido em unidades de 2π. Você pode pensar nas unidades assim definidas, de modo que, com efeito, $2\pi = 1$.

37 Albert Einstein, *The Evolution of Physics*, Nova York: Simon & Schuster, 1938, p. 33.

38 Para mais informações sobre como a física quântica começou e sobre os primórdios de sua história, veja: Fred Alan Wolf, *Taking the Quantum Leap*, Nova York: HarperCollins, 1989.

39 O valor de h é 6,63 x 10^{-34} joules × segundo. Um joule de energia produz um watt de energia contínua quando ele é aplicado durante um segundo. É também a energia necessária para erguer verticalmente uma pequena maçã até um metro acima do solo.

40 Na verdade, na física quântica, define-se usualmente a quantidade $\hbar$ (pronuncia-se h barra), em que $\hbar$ é h dividido por 2π, então $\hbar = h/2\pi$, comparável às fórmulas para a frequência espacial k e a frequência temporal ω. O *momentum* é usualmente simbolizado pela letra p, de modo que $p = \hbar k$, e a energia é usualmente simbolizada pela fórmula $E = \hbar\omega$. Evitarei essa distinção. Com efeito, costuma-se usar unidades onde $2\pi = 1$ unidade, chamada de *radiano*.

41 Dirac inventou uma equação física quântica para explicar o comportamento de elétrons que se movem com velocidades muito próximas da velocidade da luz. Dirac descobriu que todas as partículas de matéria se movem na velocidade da luz seguindo caminhos denteados do espaço. Este movimento de *jitterbugg* [dança que se popularizou nos Estados Unidos na década de 1930, precursora do *rock and roll*, e que incluía movimentos rápidos e, por vezes, frenéticos, cujo nome vem de uma gíria para o *delirium tremens* dos alcoólatras (N.T.)] — produz a ilusão de que a matéria está se movendo mais lentamente do que a luz. Ele também mostrou que toda partícula subatômica é capaz de existir abaixo do limiar de percepção e que um número infinito de partículas deve existir nesse nível. Quando certas energias são criadas, pode-se fazer uma dessas partículas se manifestar a partir do nada, deixando para trás um buraco. Esse buraco também tem propriedades físicas e aparece como a antipartícula da partícula que se manifesta.

42 Por isso, simplesmente quero dizer que, na física quântica, as partículas são frequentemente substituídas por ondas; então, qualquer movimento atribuído a elas seria discutível, pois, como as ondas não são localizadas, elas realmente não se movem de qualquer maneira sensata.

43 Muito difícil, mas não impossível. Esse campo de estudo, denominado eletrodinâmica quântica, tem se mostrado muito bem-sucedido, embora ainda haja algumas dificuldades para se lidar com as energias próprias das partículas. (Imagina-se que a energia própria de uma partícula está distribuída dentro do volume ocupado pela partícula. Uma vez que a partícula está eletricamente carregada, pergunta-se como a energia

da carga da partícula se distribui através do seu volume e por que ela não explode em consequência da repulsão ocasionada por essa distribuição da carga elétrica.)

44 Antipartículas são partículas de antimatéria, como você já deve ter suspeitado. Veja: Richard P. Feynman e Steven Weinberg, *Elementary Particles and the Laws of Physics: The 1986 Dirac Memorial Lectures*, Nova York: Cambridge University Press, 1987, pp. 1-2.

45 O elétron é a menor partícula subatômica. Ele tem certas propriedades mensuráveis, que incluem carga elétrica, massa inercial ou resistência ao movimento acelerado, *spin* (que pode ser concebido aproximadamente imaginando-se o elétron como uma bola minúscula girando ao redor do seu eixo), exclusão eletrônica (a tendência que um elétron tem para impedir que outro elétron ingresse no mesmo estado quântico que o dele, a qual se manifesta sempre que dois ou mais elétrons estão próximos entre si). O fóton é a menor unidade de energia luminosa. Tem propriedades mensuráveis que consistem na ausência de carga elétrica e de massa inercial, embora seja capaz de dar um "soco" com o seu *momentum* e tenha um *spin* duas vezes maior que o do elétron. O próton carrega uma carga elétrica igual, mas de sinal oposto, ao do elétron e, como o elétron, tem igualmente *spin* ½, mas uma massa 1.836 vezes maior. Em comparação com os *quarks*, que compõem os prótons, o próton é infinitamente estável. Ninguém jamais observou um único decaimento de próton.

46 Para um guia excelente às complexidades dos zigue-zagues e *spins* com um pouco mais de sofisticação matemática do que a que eu apresento aqui, veja o excelente livro de Roger Penrose, *The Road to Reality*, Nova York: Knopf, 2004; veja, em especial, pp. 628-44.

47 Wolfgang Pauli (que descobriu o princípio da exclusão de Pauli) e seu então jovem assistente Victor Weisskopf ficaram tão indiferentes à ideia de Dirac do mar de energia negativa que, informalmente, referiram-se ao próprio artigo que escreveram em meados da década de 1930 – e no qual eles demonstraram que os bósons precisavam ter parceiros feitos de antimatéria – como o seu "artigo antiDirac". Veja David Kaiser, "Weisskopf, Victor Frederick", in *The Complete Dictionary of Scientific Biography*, vol. 25, org. Noretta Koertge (Detroit: Scribner's, 2008), pp. 262-69.

48 A antimatéria, os pósitrons, podem ser criados em nosso universo durante certos decaimentos radioativos de núcleos atômicos específicos. Sempre que um elétron e um pósitron se combinam, isto é, quando eles se aniquilam mutuamente no processo, eles emitem radiação gama – ondas de luz de altíssima frequência temporal. A energia positiva do elétron, mc^2, é $2mc^2$ maior que a energia negativa, $-mc^2$, do pósitron – o buraco no mar de Dirac. Consequentemente, uma quantidade $2mc^2$ de energia é liberada na aniquilação matéria/antimatéria elétron/pósitron. Esse processo é comumente usado em hospitais para diagnosticar doenças. Injetando isótopos radioativos na corrente sanguínea e, em seguida, observando os raios gama emitidos, a tomografia por emissão

de pósitrons, ou escaneamento PET, assim obtida revela, por exemplo, a localização de um tumor canceroso.

49 Werner Heisenberg, *Across the Frontier*, Woodbridge, CT: Ox Bow Press, 1990, pp. 105-06.

50 Mihas Pavlos, "Use of History in Developing Ideas of Refraction, Lenses and Rainbow", Demokritus University, Trácia, Grécia, 2005; http://www.ihpst2005.leeds.ac.uk/papers/Mihas.pdf.

51 Newton nasceu em 1642 e morreu em 1727.

52 Joseph-Louis Lagrange, *Analytical Mechanics*, 4ª ed., 2 volumes, Paris: Gauthier-Villars et fils, 1888-1889 [1788].

53 Isso é complicado para ser expresso em palavras. Em matemática, escrevemos essa expressão que indica a mudança de uma mudança como $d[\partial L/\partial v]/dt - \partial L/\partial x$. Para aqueles de vocês que gostam de matemática, posso mostrar como isso funciona em um exemplo. Para uma partícula de massa m em um campo de gravidade g, a energia cinética T é simplesmente $\frac{1}{2} mv^2$ e a energia potencial V é simplesmente mgx onde x é a altura do objeto acima do solo. Uma vez que $L = T - V$, a expressão $\partial L/\partial v$ é a mudança de L em relação ao v, o que vem a ser simplesmente mv. O termo $d[\partial L/\partial v]/dt$ é a mudança com relação ao tempo da mudança de L com relação a v. Essa dupla mudança é então igual a $d[mv]/dt$ ou, simplesmente, ma, onde a é a taxa de variação temporal da velocidade, dv/dt, ou aceleração. $\partial L/\partial x$, então, vem a ser simplesmente mg. Isso nos dá a equação, bem conhecida dos estudantes do primeiro ano de física, $ma - mg = 0$, ou simplesmente $a = g$, a qual diz que um corpo de massa m qualquer cairá com a mesma aceleração em um campo gravitacional, como Galileu observou pela primeira vez em Pisa, na Itália, há muito tempo.

54 R. Feynman, R. Leighton e M. Sands, *The Feynman Lectures on Physics*, vol. I, Reading, MA: Addison-Wesley, 1965, p. 3.

55 *Ibid.*

56 *Ibid.*

57 James Gleick, *Genius: The Life and Science of Richard Feynman*, Nova York: Pantheon, 1992.

58 Fred Alan Wolf, *Taking the Quantum Leap*, Nova York: HarperCollins, 1989.

59 Richard P. Feynman, *QED: The Strange Story of Light and Matter*, Princeton, NJ: Princeton University Press, 2006.

60 Albert Einstein, *The Expanded Quotable Einstein*, org. Alice Calaprice, Princeton, NJ: Princeton University Press, 2000, p. 75.

61 As galáxias e novas têm, ambas, natureza astronômica. Uma **galáxia** é um sistema massivo gravitacionalmente interligado e coeso, que consiste em estrelas e remanescentes estelares, um meio interestelar de gás e poeira, e um componente importante, mas

ainda deficitariamente compreendido e provisoriamente apelidado de *matéria escura* (para saber mais sobre ela, consulte http://en.wikipedia.org/wiki/Galaxy). Uma **nova** é uma explosão nuclear cataclísmica causada pela acresção de hidrogênio na superfície de uma estrela anã branca, que se inflama e dispara um processo de fusão nuclear de maneira descontrolada (para saber mais, consulte http://en.wikipedia.org/wiki/Nova).

62 T. Hellmuth, Arthur C. Zajonc e H. Walther, "Realizations of Delayed Choice Experiments", *in* Daniel M. Greenberger (org.), *New Techniques and Ideas in Quantum Measurement Theory*, Nova York: New York Academy of Sciences, 1986.

Veja também: por John A. Wheeler: (1), "The Mystery and the Message of the Quantum", apresentado no Joint Annual Meeting of the American Physical Society and the American Association of Physics Teachers, janciro de 1984; (2) "The 'Past' and the 'Delayed-Choice' Double-Slit Experiment", *in Mathematical Foundations of Quantum Theory*, org. A. R. Marlow, Nova York: Academic Press, pp. 9-48, in *Mathematical Foundations of Quantum Mechanics*, organizado por A. R. Marlow. Nova York: Academic Press, 1978, (3) "Beyond the Black Hole", *in* Harry Woolf (org.), Some Strangeness in the Proportion: A Centennial Symposium to Celebrate the Achievements of Albert Einstein", Reading, MA: Addison-Wesley, 1980, p. 341, e (4) "Delayed-Choice Experiments and the Bohr-Einstein Dialogue". Os artigos da The American Philosophical Society e da Royal Society lidos no encontro realizado em 5 de junho de 1980, Joint Meeting, Londres: Library of Congress Catalog card number 80-70995, 1980.

63 Fred Alan Wolf, *Parallel Universes: The Search for Other Worlds*, Nova York: Simon & Schuster, 1989; e Fred Alan Wolf, *The Yoga of Time Travel: How the Mind Can Defeat Time*, Wheaton, IL: Quest Books, 2004.

64 Para uma descrição popular desse experimento, ver: William F. Allman, "Newswatch: The Photon's Split Personality", *Science* 86, junho de 1986, p. 4. Veja também: T. Hellmuth, Arthur C. Zajonc e H. Walther, "Realizations of Delayed Choice Experiments", *in* Daniel M. Greenberger (org.), *New Techniques and Ideas in Quantum Measurement Theory*, Nova York: New York Academy of Sciences, 1986.

65 No turbulento universo primordial, o espaço-tempo e a matéria passaram por constantes interações, e, portanto, qualquer partícula quântica estava constantemente interagindo com seu "ambiente". Muitos físicos acreditam que, em consequência disso, um processo *ad hoc* adicional, chamado de "descoerência", ocorreu na física quântica, resultando em todas as muitas possíveis superposições de possibilidades quânticas reduzindo as realidades individuais em escalas de tempo ridiculamente curtas, e tornando discutíveis tais experimentos cósmicos de escolha retardada. Os experimentos sobre a escolha retardada realizados em Maryland (e em outros lugares) trabalham com condições laboratoriais controladas, que utilizam, por exemplo, um vácuo de qualidade anormalmente elevada etc., permitindo que os experimentos suspendam de maneira

breve e artificial as interações indesejáveis com o meio ambiente. Em outras palavras, é extremamente difícil que qualquer efeito de escolha retardada não seja imediatamente removido; as superposições são extremamente frágeis. E, portanto, muitos físicos discordariam de mim quando afirmo que é correto sugerir que as nossas observações realizadas hoje podem antedatar as propriedades físicas básicas do universo. Para obter mais informações sobre a descoerência, veja Wojciech Zurek, "Decoherence and the Transition from Quantum to Classical", *Physics Today* 44 (outubro de 1991): 36-44.

66 Fred Alan Wolf, *Parallel Universes: The Search for Other Worlds*, Nova York: Simon & Schuster, 1989.

67 Renee Weber, *Dialogues with Scientists and Sages: The Search for Unity*, Londres: Routledge and Kegan Paul, 1986, p. 151.

68 O adjetivo *spacelike* (do tipo espacial ou simplesmente espacial) se refere ao intervalo de tempo e de espaço entre dois eventos. Se o intervalo de tempo multiplicado pela velocidade da luz for maior que o intervalo espacial que separa os eventos, estes são chamados de eventos *timelike* (do tipo temporal ou simplesmente eventos temporais). Se, por outro lado, o intervalo de tempo multiplicado pela velocidade da luz for menor que o intervalo espacial que separa os eventos, estes são qualificados de *spacelike*. Eventos *espaciais* não podem ser unicamente ordenados de maneira temporal para todos os observadores em movimento, enquanto eventos *temporais* são sempre unicamente ordenados de maneira temporal.

69 Os físicos imaginam que um *cone de luz* circunda um evento com o vértice do cone no evento e o próprio cone estendendo-se de modo a ter como eixo a dimensão do tempo. Explicarei isso no próximo capítulo. Por enquanto, você pode simplesmente considerar que os processos reais ocorrem dentro dos cones de luz e os processos virtuais ocorrem fora deles.

70 Talvez a expressão "feito de luz" pareça enganadora. Como eu disse no Capítulo 1, parece que a matéria é feita de sutilíssimas partículas semelhantes às da luz, que se em si mesmas não têm massa nem resistência.

71 O qual diz que duas partículas com *spin* ½ jamais podem ocupar o mesmo estado quântico. Partículas com *spin 1*, que não obedecem ao princípio de exclusão de Pauli, como os fótons, podem ocupar o mesmo estado quântico, e é essa tendência que faz os *lasers* funcionarem.

72 Como gotículas de chuva que tendem a escorrer juntas e se fundir em um para-brisa frio, partículas conhecidas como bósons tendem a se coagular unindo-se em um mesmo estado.

73 Steven Weinberg, *The Quantum Theory of Fields*, Nova York: Cambridge University Press, 2005. Veja também: Anthony Zee, *Quantum Field Theory in a Nutshell*, Princeton, NJ: Princeton University Press, 2003.

74 Richard P. Feynman e Steven Weinberg, *Elementary Particles and the Laws of Physics*, Nova York: Cambridge University Press, 1987.

75 Aqui está uma. A primeira ideia tem a ver com a relação entre números e expoentes de números. O número 4, como você pode facilmente provar para si mesmo, é o número 2^2, isto é, $2 \times 2 = 4$. Agora olhe para o número 16, que é igual a 2^4. Se multiplicarmos 4 por 16, obtemos 64. Também podemos escrever isso como $2^2 \cdot 2^4$. A resposta é 2^6. Em outras palavras, nós somamos os expoentes. Veremos isso novamente no Capítulo 8.

76 A palestra também está disponível em forma de DVD, que pode ser adquirido junto ao Scientific Consulting Services, PO Box 515, Port Angeles, WA 98362-5445. Veja também: http://scsintl.com/trader/.

77 O tipo de palestra que os públicos parecem gostar mais é a que discorre sobre os estranhos e surpreendentes conceitos da teoria quântica dos campos, contanto que eu os apresente com humor e entusiasmo. Atribuo minha habilidade nesse assunto ao fato de ter aprendido como fazer isso vivenciando esses ensinamentos nas aulas de Feynman.

78 Quando a física quântica se desenvolveu, os físicos deram um nome especial a esses pulsos: eles os chamaram de *propagadores*, e você pode ver por quê. Eles descreveram como a física quântica lida com a causalidade — levando alguma coisa daqui para lá ao deixar que as ondas corressem livremente e se propagassem para dentro do futuro.

79 A fórmula para aquele da esquerda é e^{-iEt}, e para o da direita é e^{+iEt}, em que E é a energia da partícula representada pela função de onda quântica e t é o tempo. A letra minúscula e é o número 2,718281828 e serve como base para os chamados logaritmos naturais.

80 Às vezes, o número e é chamado de número de Euler (veja http://en.wikipedia.org/wiki/Euler%27s_number), em homenagem ao matemático suíço Leonhard Euler (http://en.wikipedia.org/wiki/Leonhard_Euler), ou constante de Napier, em homenagem ao matemático escocês John Napier (http://en.wikipedia.org/wiki/John_Napier) que foi o introdutor dos logaritmos (http://en.wikipedia.org/wiki/Logarithm). Uma vez que e é um número transcendental (http://en.wikipedia.org/wiki/Transcendental_number), e, portanto, irracional (http://en.wikipedia.org/wiki/Irrational_number), seu valor não pode ser dado exatamente por um número decimal finito ou uma dízima periódica. O valor numérico de e expresso com vinte casas decimais é: 2,71828182845904523536.

81 O princípio da superposição significa que para obter algo novo você soma um monte de coisas velhas. No presente caso, formamos um pulso somando um número infinito de ondas de diferentes amplitudes. Quando você o faz, obtém o que é chamado de propagador. No caso de você querer saber com o que, exatamente, esse propagador se parece, imagine uma lagoa com sua água parada. Então, de repente, você joga nela

uma pedra pequena, mas de impacto poderoso. Imediatamente, o lago estará repleto de todos os tipos de ondas se movendo para fora do ponto de penetração da pedra.

82 Usamos muito funções analíticas em física. Acontece que qualquer função analítica de uma variável complexa z sempre pode ser expressa como uma soma de termos, sendo cada termo um valor constante multiplicado por z elevado a uma determinada potência, tal como o termo $a_n z^n$, em que n é um número qualquer e a_n é uma constante. Se você calcular a integral de $a_n z^n$ em torno de um caminho anti-horário fechado ao redor do ponto $z = 0$ no plano complexo z, ela sempre será igual a zero para todas as potências de n, exceto para $n = -1$. Esse ponto é chamado de polo e nele a integral tem o valor $2\pi i a_{-1}$. Sempre podemos escrever qualquer função analítica como em $f(z) = \Sigma_n a_n z^n$, em que usamos todas as potências de n na função, inclusive as potências negativas. E, para a integral, $\int f(z)\, dz = 2\pi i a_{-1}$.

83 A conhecida lei da conservação da energia pode ser considerada desta maneira. Se você atirar uma bola exatamente para cima em um campo gravitacional, ela naturalmente subirá para depois descer. Mesmo que sua energia pareça mudar ao atingir o ponto mais alto do seu movimento, ela na verdade permanece a mesma quando se leva em conta tanto a sua energia cinética como a sua energia potencial gravitacional. Desse modo, o resultado efetivo é que a energia total permanece a mesma. Porém, e se tivéssemos de movimentar a bola em um caminho fechado, em um círculo, por exemplo, será que, de algum modo, poderíamos ganhar energia ao fazê-lo? A aplicação da lei da conservação nos diz que não podemos, exatamente pela mesma razão com que nos defrontamos quando calculamos a integral de caminho fechado de uma função analítica no plano complexo.

84 Ver também fases, energias, frequências, frequências espaciais e *momenta* no Capítulo 4.

85 Aqueles que tiveram um curso de física básico poderão se lembrar da fórmula para a energia cinética como $E = \frac{1}{2} mv^2$. Uma vez que o *momentum*, p, é dado pela expressão $p = mv$, você pode verificar, com um pouco de matemática, que $E = p^2/2m$, como observo no texto.

86 O título deste capítulo pode soar exageradamente forte e talvez um pouco hollywoodiano. Muitos físicos provavelmente discordariam de uma premissa tão impactante como a indicada no título. Neste capítulo, tentarei convencê-lo de que, até onde isso diz respeito à teoria quântica dos campos, não temos uma declaração adequada sobre causalidade. No entanto, não quero com isso dar a entender que a causalidade não existe; no nível macroscópico, ela certamente existe. É no nível microscópico que eu acredito que ela não existe. Por isso, a maneira como a causalidade surge na microfísica parece-me um problema sem solução.

87 Niels Bohr, *The Philosophical Writings of Niels Bohr*, Vol. I, Woodbridge, CT: Ox Bow Press, 1987, p. 4.

88 Frank Wilczek, *Lightness of Being: Mass, Ether, and the Unification of Forces*, Nova York: Basic Books, 2008.

89 Embora Feynman seja reconhecido como a principal fonte para a ideia de se voltar no tempo, houve outros que apresentaram a mesma ideia ou ideia semelhante. O próprio Feynman a assinala em Ernst C. G. Stueckelberg. "La méchanique du point matériel en théorie de relativité et en théorie des quanta", *Helvetica Physica Acta* 15: (1942), pp. 23-37.

90 Como é bem conhecido da teoria da relatividade especial, o quadrado do intervalo espaçotemporal é invariante.

91 Já vimos um exemplo disso no Capítulo 3. Lembre-se, a trajetória do táquion no espaço-tempo constitui uma linha do agora para tal observador. Ver a Figura 3c na p. 57.

92 Isso porque, enquanto a teoria quântica dos campos tem governado a física fundamental, tem-se aceito sem se questionar o fato de que a causalidade foi comprovada pelo desaparecimento de uma função matemática chamada de comutador de campo (VC) sempre que os operadores de campo dentro do comutador são espacialmente separados. Acredito que VC não se sustenta. Para VC ser sustentável, partículas de energia negativa viajando para a frente no tempo precisam existir e partículas de energia negativa viajando para trás no tempo não são permitidas. Como já mostramos aqui e no Capítulo 8, tais trajetórias de partículas que viajam para trás no tempo, e em que a partícula tem uma energia negativa, pareceriam a nós como trajetórias normais de antipartículas, nas quais a antipartícula tem energia positiva. No argumento VC usual, as antipartículas são consideradas com trajetórias que avançam no tempo, mas parecem ter energia negativa. A partir desse fato, parece que VC nega a existência de antipartículas como partículas que viajam para trás no tempo com energia negativa. Veja o meu artigo "Causality is inconsistent with quantum field theory", publicado em 2011 e disponível em meu web site, http://fredalanwolf.com/.

93 http://www.yogiberra.com/yogi-isms.html.

94 Anthony Zee, *Quantum Field Theory in a Nutshell*, Princeton, NJ: Princeton University Press, 2003, p. 121.

95 *E10* significa multiplique o *momentum p* pelo intervalo espacial entre *1* e *0* e, em seguida, subtraia a energia *E* multiplicada pelo intervalo temporal entre os dois eventos. Portanto, se *x* for o intervalo espacial e *t* for o intervalo temporal, teremos $E10 = \mathbf{p}\mathbf{x} - Et$. Uma vez que **x** pode se referir a dois pontos quaisquer no espaço tridimensional, eu o escrevo como um caractere em negrito. Ele é chamado de *vetor* em matemática. Assim, na expressão **px**, o *momentum* **p** também precisa situar-se entre esses pontos, e é um vetor apontando no mesmo sentido que uma flecha aponta de um ponto do espaço para outro. No que se segue, não vou usar caracteres em negrito.

96 Olhando para o lado esquerdo da Figura 10b, temos a partícula que vai de *0* a *2* com a amplitude *exp (iZ20)*. Em seguida, depois da interação, *–iV* indo de *2* para *1* com a amplitude *exp (iE12)*. Multiplicando um pelo outro, temos *exp (iZ20) (–iV) exp (iE12)*. De maneira semelhante, seguindo o caminho que passa por *3*, temos *exp (iZ30) (–iV) exp (iE13)*. Agora, seguindo novamente as regras quânticas, nós as somamos, obtendo *(–iV) [exp (iZ20) exp (iE12) + exp (iZ30) exp (iE13)]*. Isso nos dá a probabilidade, seguindo as regras quânticas, indo da direita para a esquerda, depois de multiplicar essa soma pelo seu complexo conjugado: *(+iV) [exp (–iZ30) exp (–iE13) + exp (–iZ20) exp (–iE12)] • (–iV) [exp (iE12) exp (iZ20) + exp (iE13) exp (iZ30)]*. Se você fizer as operações matemáticas (ou apenas aceitar a minha palavra), obterá quatro termos, e quando somar as fases nos expoentes, isso lhe dará termos como $V^2 exp\ (-iZ3 + iZ0 - iE1 + iE3 + iE1 - iE2 + Z2 - iZ0)$. Você vê que muitas coisas (termos com *0* e *1*) se cancelarão, deixando nesse termo, por exemplo, apenas $V^2 exp\ (-iZ32 + iE32)$. Terminamos com uma expressão muito simples, $V^2\{2 + exp\ [i(E - Z)3] + exp\ [-i(E - Z)32]\} = 2V^2\{1 + cos\ [(E - Z)32]\}$.

97 Se você fizer novamente as operações matemáticas, encontrará, no lado esquerdo, $exp\ (iZ10) - V^2[exp\ (iZ13 + iE32 + iZ20) + 1]$. O primeiro termo é o que nós esperamos, enquanto o segundo (com V^2), entre colchetes, ocorre porque há duas interações consecutivas, incluindo a possibilidade de que o evento *3* possa ocorrer ao mesmo tempo que o *2*. Uma vez que cada interação introduz um termo *–iV*, obtemos $-V^2$ multiplicando o segundo exponencial.

Quando introduzimos a figura da seta cinzenta associada ao complexo conjugado, temos uma soma semelhante de ondas que se movem para trás no tempo, $exp\ (-iZ10) - V^2\ [exp\ (-iZ13 - iE32 - iZ20) + 1]$. Agora, se você multiplicar uma dessas somas pela outra, para obter a probabilidade, que consiste em quatro termos: $1 - V^2\ [exp\ (iZ10)\ exp\ (-iZ13 - iE32 - iZ20) + 1] - V^2\ [exp\ (-iZ10)\ exp\ (iZ13 + iE32 + iZ20) + 1]$, mais um termo proporcional a V^4, encontrará novamente termos com *0s* e *1s* cancelando-se, e ficará com $1 - 2V^2\ \{1 + cos\ [(E - Z)32]\}$. Observe o sinal de menos aqui.

98 Com base na ideia de *invariante* na teoria da relatividade especial, o observador não plicado veria a fase como $D = E32 = p(x_3 - x_2) - E(t_3 - t_2)$. O observador plicado veria o mesmo valor $D = E'\ 3'\ 2' = p'\ (x_3' - x_2') + E'\ (t_3' - t_2')$ calculado apenas a partir do seu ponto de vista.

Eis um exemplo. Considere um táquion animado de uma velocidade de $^5/_3$ da velocidade da luz, com uma energia de $^3/_4$ e um *momentum* de $^5/_4$. Vamos também supor que $(t_3 - t_2)$ seja igual a *1* e, portanto, $(x_3 - x_2)$ seja $^5/_3$. Calculando *D* para o observador não plicado, obtemos $D = (^5/_4)\ (^5/_3) - (^3/_4)\ (1) = {}^4/_3$.

Agora considere a fase para um observador plicado e se movendo com uma velocidade de $^4/_5$ da velocidade da luz observando esse mesmo táquion. Segundo a teoria da relatividade especial, podemos determinar que $(t_3' - t_2') = -^5/_9$ e $(x_3' - x_2') = {}^{13}/_9$ e ele encontraria para $-E'$ a energia negativa $-^5/_{12}$ e o *momentum* $p' = {}^{13}/_{12}$. Usando o ponto de vista do observador plicado, temos $D = (^{13}/_{12})\,(^{13}/_{9}) - (-^{5}/_{12})\,(-^{5}/_{9})$. Fazendo as operações matemáticas, você verá novamente que *D é* $^{4}/_{3}$ calculado dessa maneira. Uma vez que $(t_3' - t_2')$ e *E'* são negativos, o efeito é o mesmo que ocorreria se a partícula tivesse energia positiva *E'* e avançasse no tempo $(t_2' - t_3')$.

99 Embora possa não ter qualquer importância para você, a notação de valores negativos com símbolos é um tanto incômoda. Nesse caso, eu uso –*E'* para indicar um valor negativo quando o próprio *E'* é um número positivo. Usarei essa convenção em todo o livro, de modo que quantidades negativas terão um sinal de menos, como em –A, que significa A negativo.

100 Se você realizar novamente as operações matemáticas, e olhar para a Figura 10d, encontrará, no lado esquerdo, exp *(iZ10) – V*² *[exp (iZ13 – iE32 + iZ20) + 1]*. Quando introduzimos a figura da seta cinzenta associada ao complexo conjugado, temos uma soma semelhante de ondas que se movem para trás no tempo: *exp (–iZ10) – V*² *[exp (–iZ13 + iE32 – iZ20) + 1]*. Agora, se você multiplicar uma dessas somas pela outra, para obter a probabilidade, que consiste em quatro termos: *1 – V*² *[exp (iZ10) exp (–iZ13 + E32 – iZ20) + 1] – V*² *[exp (–iZ10) exp (iZ13 – iE32 + iZ20) + 1]*, mais um termo proporcional a *V*⁴, que não incluímos, pois somente conservamos os termos até a segunda ordem, você encontrará novamente termos com 0*s* e 1*s* cancelando-se, e ficará com *1 – 2V*² *{1 + cos [(E + Z) 32]}*. A única diferença aqui com relação ao exemplo anterior mostrado na Figura 10c é que a energia-*momentum*, *E*, é somada a *Z*.

101 Olhando para o lado esquerdo da equação na Figura 10h, temos a partícula que vai de 0 a *2* ou a *3* com a amplitude *exp (iZ20)* ou *exp (iZ30)*, e em seguida, depois da interação, –*iV*, indo de 2 ou de *3* para algum novo ponto *4* com a amplitude *exp (–iE42)* ou *exp (–iE43)*. Nós as multiplicamos uma pela outra, o que nos dá *exp (iZ20) (–iV) exp (–iE42)* ou, de maneira semelhante, seguindo o caminho através de 3, temos *exp (iZ30) (–iV) exp (–iE43)*. Agora, novamente, seguindo as regras quânticas, nós as somamos, obtendo *(–iV) [exp (iZ20) exp (–iE42) + exp (iZ30) exp (–iE43)]*. Isso nos dá a seguinte probabilidade depois de multiplicar essa soma pelo seu conjugado complexo: *(+iV) [exp (iZ30) exp (–iE43) + exp (iZ20) exp (–iE42)]* • *(–iV) [exp (iE43) exp (–iZ30) + exp (iE42) exp (–iZ20)]}*. Se você fizer as operações matemáticas (ou apenas aceitar a minha palavra), obterá quatro termos, e quando somar as fases nos expoentes, obterá termos como *V*²*exp (iZ3 – iZ0 – iE4 + iE3 + iE4 – IE2 – iZ2 + iZ0)*. Você vê que muitas coisas (termos com *4*, 0 e *1*) se cancelam, deixando nesse termo, por exemplo, apenas *V*²*exp (iZ32 + iE32)*. Então, acabaremos com uma expressão muito simples, *V*² *{2 + exp [i(E + Z)32]) + exp [–i(E + Z)32]}* = 2*V*²*(1 + cos [(E + Z)32])*.

Obtemos exatamente o mesmo resultado calculando a probabilidade para o processo mostrado no lado direito da equação na Figura 10h. Na verdade, os dois processos são complexos conjugados um do outro, de modo que produzem as mesmas probabilidades, pois, para obtê-las, você precisa multiplicá-los um pelo outro.

102 Para *(j)*, temos *exp (iZ0)*. Para (k), temos $(-V^2)\{\sum_E \sum_F \{1 + [exp\,(iE32)\,exp\,(-iF23)]\}$. Somamos todos eles, obtendo $1 - (V^2) \sum_E \sum_F \{1 + exp\,[i(E + F)\,32)]\}$, em que consideramos que o evento *3* é maior do que 2, como fizemos anteriormente. Isso nos dá o termo de segunda ordem $1 - (2V^2) \sum_E \sum_F \{1 + cos\,[(E + F)32]\}$. Para *(l)*, usamos o resultado que obtivemos antes para a Figura 10h, com a seguinte diferença: em vez de *Z* temos *F*, e precisamos somar *E* e *F*, o que nos dá $|(l)|^2 = V^2 \sum_E \sum_F U$. Nesse exemplo, *U* é $2\{1 + cos\,[(E + F)32\}$.

103 Richard P. Feynman e Steven Weinberg, *Elementary Particles and the Laws of Physics*, Nova York: Cambridge University Press, 1987, p. 16.

104 Essa soma é um pouco mais enganadora do que se poderia supor. Precisamos considerar como podemos adicionar com mais cuidado os termos *(g)*. Especificamente, uma vez que na Figura 10l os dois diagramas são alternativas com os mesmos resultados e os mesmos *inputs*, nós então precisamos adicioná-los ao propagador quando *F* = *Z* antes de elevar ao quadrado a soma resultante a fim de obter a probabilidade para o diagrama de *(f)* para cada *E* específico. Fazer as operações matemáticas não mostra nenhuma diferença entre os dois termos da Figura 10l; eles são idênticos e se somam tornando o termo *F* = *Z* duas vezes maior. Agora, quando elevamos ao quadrado para obter a probabilidade, temos de somar sobre *E* e *F* da seguinte maneira: $(2V^2)\sum_E\sum_{F\neq Z} \{1 + cos\,[(E + F)\,32)]\} + 4(2V^2)\sum_E \{1 + cos\,[(E + Z)\,32)]\}$. Note que o primeiro somatório duplo sobre *E* e *F* não inclui o termo duplicado com *F* = *Z*, enquanto o segundo somatório acrescenta o termo duplicado negligenciado produzindo o fator de *4*. Parece correto, mas não está.

Como você pode ver, há esse fator de *4* multiplicando a probabilidade extra. Uma vez que ambas as partículas se movem para o mesmo destino final — uma pequena área, digamos A, em um contador de partículas. À primeira vista, estamos examinando com atenção duas partículas indistinguíveis, ambas se dirigindo para A, de modo que elevando ao quadrado esse termo duplo, nós, naturalmente, obtemos um fator de probabilidade igual a *4*. Em uma visão mais minuciosa, como veremos, verifica-se que ela é o dobro do que deveríamos ter. Nós deveremos ter apenas um fator de 2. Deixe-me explicar por que é assim.

Se essas partículas fossem distinguíveis — digamos que fosse Z a partícula espectadora e Y a partícula criada —, teríamos o resultado normal de Z entrando em A e marcando um local A_z e Y marcando um local A_Y. Poderíamos reconhecer a diferença entre os pontos. Cada partícula seria contada uma única vez quando atingisse seu local respectivo, e cada propagador separado responderia por dois desses locais distinguíveis e contribuiria para sua própria probabilidade separada.

Mas se estivermos examinando com atenção duas partículas indistinguíveis, ambas se dirigindo para a mesma pequena área A, fazendo duas marcas indistinguíveis A_z, não podemos dizer qual local é marcado pela espectadora e qual é marcado pela partícula recém-criada; no entanto, adicionamos um propagador separado para cada possibilidade.

Por isso, quando consideramos a soma desses dois propagadores agora indistinguíveis, com cada termo respondendo por duas marcas indistinguíveis (quatro marcas ao todo), estamos na verdade contando duas vezes o número de impactos (deverá ser apenas duas marcas), como resultado de somar os dois propagadores e, em seguida, elevá-los ao quadrado. Para tomar cuidado com esse erro, precisamos dividir o quadrado de sua soma por um fator de 2 e é por isso que o ($^1/_2$) aparece na Figura 10m. Juntando tudo isso, obtemos o resultado mostrado na Figura 10n com dois termos $(2V^2)\sum_E \sum_F \{1 + cos [(E + F)32]\} + (2V^2)\sum_E \{1 + cos [(E + Z)32)]\}$, onde nós simplesmente colocamos um dos termos $F = Z$ de volta no primeiro somatório $\sum_F$ e deixamos um dos termos — o termo extra — de fora, como está indicado.

105 Werner Heisenberg, *Across the Frontiers*, Woodbridge, CT: Ox Bow Press, 1990, pp. 116-17.

106 Não é bem a figura toda, pois não incluímos a gravidade.

107 Extraído de http://en.wikipedia.org/wiki/Standard_Model.

108 Em resumo, você multiplica a função de onda quântica da partícula de *spin* ½ por $e^{-i\theta/2}$ sempre que a partícula de *spin* ½ é referenciada em um novo sistema de coordenadas ajustado em um ângulo de rotação polar igual a θ. O que é estranho nisso está no fato de que se o eixo de *spin* dessa partícula sofre uma rotação de $\theta = 360°$, a função de onda muda sua fase em $\theta/2 = 180°$. Isso significa que o fator $e^{-i\theta/2} = e^{-i\pi}$ é igual a menos um (-1). Para levarmos a função de onda quântica de volta ao que ela era antes da rotação, precisamos girá-lo novamente de uma rotação adicional de 360 graus.

Mas o fato de se girar o eixo do *spin* em uma rotação completa de 360 graus simplesmente não o colocaria de volta na posição em que ele estava antes de esse eixo ser girado? Se fosse assim, isso não nos levaria a perguntar se uma rotação completa de 360 graus poderia mudar alguma coisa, pois o senso comum diz que não poderia. Mas a física quântica diz que sim.

Desse modo, suponha que você tem uma partícula de *spin* ½ — um elétron, por exemplo — com o seu eixo de *spin* alinhado com o eixo *z*, e que você decide medir esse *spin* ao longo do eixo *z'*. A probabilidade *(Prob)* de se encontrar a partícula com o seu *spin* alinhado com o eixo z' é dada por $Prob = cos^2 (\theta/2) = (1 + cos\ \theta)/2$. Por isso, a amplitude *(Amp)* para essa medição é $Amp = cos\ (\theta/2) = \sqrt{}\ [(1 + cos\ \theta)/2\}$. Este último resultado provém das chamadas fórmulas trigonométricas para arco metade.

Agora, como esse fato influencia nosso raciocínio sobre a antimatéria? Aqui, Feynman restringe as interações entre as partículas de *spin* ½ e o campo perturbador, $-iV_a$, ao tipo mais simples, chamado de acoplamento escalar (significando que o potencial perturbador não afeta diretamente o *spin* do férmion quando há uma interação entre o campo e ele). Isso leva a um fator de "*spin*" aparecendo em nossas amplitudes, mas, estranhamente, não o fazem com um fator cosseno trigonométrico $Amp \sim cos\ (\theta/2)$, mas com o que é chamado de cosseno hiperbólico, $Amp \sim cosh\ (\omega/2)$, em que

ω representa a *rapidez*, que é o ângulo entre os dois eixos temporais no espaço-tempo. A diferença entre essas funções tem tudo a ver com o nosso velho amigo, o número imaginário i: $cos\ (A) = [exp\ (iA) + exp\ (-iA)]/2$. Em vez disso, o cosseno hiperbólico é $cosh\ (A) = [exp\ (A) + exp\ (-A)]/2$.

Gosto de pensar nisso como uma rotação no espaço-tempo 4D de um eixo temporal com relação ao outro, em vez de uma rotação no espaço 3D. Tudo isso ocorre quando examinamos duas fórmulas: uma fórmula trigonométrica escrita no espaço e uma fórmula hiperbólica escrita no espaço-tempo. Estas fórmulas são: $cos^2\theta + sen^2\theta = 1$ e $cosh^2\omega - senh^2\omega = 1$.

Se examinarmos a relação entre energia e *momentum* para uma única partícula, encontraremos algo semelhante à fórmula hiperbólica: $E^2_p - p^2 = m^2$. Se usarmos agora a rapidez, ω, e colocarmos $E = m\ cosh\ (\omega)$ e $|p| = m\ sinh\ (\omega)$, obteremos $E^2_p - p^2 = m^2$, que é a mesma fórmula $cosh^2\ \omega - senh^2\ \omega = 1$.

Agora, suponha que temos uma partícula de *spin* ½ em repouso com a sua energia e os seus *momenta* dados por $Z = (m, 0, 0, 0)$. Os três *0s* referem-se aos *momenta* da partícula nas três direções do espaço e o m refere-se à sua energia de repouso. Quando nós a deixarmos ser perturbada pelo nosso campo potencial, uma possibilidade é que ela se "espalhe" dentro do estado de energia positiva-*momentum* $E = (E_p, p, 0, 0)$, em que $E^2_p = p^2 + m^2$ e o fator p se refere ao seu *momentum* em um sentido determinado. Aqui descobrimos que a parte *spin* deste introduz uma torção espacial que envolve a rapidez, e a amplitude é, como eu disse, $Amp \sim cosh\ (\omega/2) \sim \sqrt{(cosh\ (\omega) + 1)} \sim \sqrt{(E + m)}$, onde eu uso o signo "$\sim$" para denotar as palavras "é proporcional a" e a última proporcionalidade vem diretamente de $E = m\ cosh\ (\omega)$; eu ignorei constantes como ½ ou m onde elas não são necessárias.

Se examinarmos agora duas possibilidades, onde Z (igual a m) muda em E positiva e em que Z muda em E negativa, podemos ver que temos, no primeiro caso, $Amp \sim \sqrt{(E + Z)}$, em que Z se muda em E, e, no segundo caso, $Amp \sim \sqrt{[(-E) + Z]} \sim \sqrt{[(-1)\ (E - Z)]} = i\sqrt{(E - Z)}$, em que Z muda-se em $-E$.

109 Se você se lembrar da trigonometria que estudou na escola, também se lembrará de que 180 graus é igual a π radianos e $exp\ (-i\pi) = cos\ \pi + i\ sen\ \pi = -1$, pois $sen\ \pi = 0$.

110 Se examinarmos o processo de laço (d_2) na Figura 10b, temos $\sum_E [(-iV)\ i\sqrt{(E - Z)}]^2 \{1 + cos\ [(E + Z)32]\} = +\sum_E (E - Z)V^2 \{1 + cos\ [(E + Z)32]\}$, que é positivo. Então, aqui nós multiplicamos por menos um, de acordo com a regra do laço fermiônico.

111 Para saber mais sobre essa maneira um pouco estranha de ver as coisas na física quântica, veja o meu livro *Taking the Quantum Leap*, Nova York: HarperCollins, 1989.

112 Lembre-se do que eu entendo por "luz". Chamo essas partículas "luminosas" de "lúxons". Os lúxons incluem os *quarks* e léptons sem massa, bem como os lúxons que chamamos normalmente de "luz".

113 Ver referências a Carlo Suarès na bibliografia, como *The Cipher of Genesis: The Original Code of the Qabala as Applied to the Scriptures*, Berkeley, CA: Shambala, 1970.

114 Stephen Hawking propôs que os buracos negros acabariam por se evaporar por se "alimentarem" de antipartículas de energia negativa e emitirem partículas de energia positiva, que seriam pares criados nas proximidades dos horizontes de eventos dos buracos negros.

115 Veja: http://en.wikipedia.org/wiki/Higgs_boson. Cito desse site: "O mecanismo de Higgs, que dá massa aos bósons vetoriais, foi teorizado em 1964 por François Englert e Robert Brout ('*boson scalaire*'); em outubro do mesmo ano, por Peter Higgs, trabalhando com base nas ideias de Philip Anderson; e, independentemente, por Gerald Guralnik, C. R. Hagen e Tom Kibble, que elaboraram os resultados na primavera de 1963. Os três artigos escritos sobre essa descoberta por Guralnik, Hagen, Kibble, Higgs, Brout e Englert foram, todos eles, reconhecidos como trabalhos seminais durante a celebração de aniversário de cinquenta anos do periódico *Physical Review Letters*. Embora cada um desses famosos artigos tivesse abordagens semelhantes, as contribuições e as diferenças entre os artigos sobre 'quebra de simetria' publicados em 1964 no PRL são notáveis. Esses seis físicos também receberam, em 2010, o prêmio J. J. Sakurai Prize for Theoretical Particle Physics por seus trabalhos. Steven Weinberg e Abdus Salam foram os primeiros a aplicar o mecanismo de Higgs à quebra de simetria eletrofraca. A teoria eletrofraca prevê uma partícula neutra cuja massa não se distancia muito das dos bósons W e Z."

116 É possível escrever a equação lagrangiana de uma forma que mostra essa relação de maneira muito simples. Na verdade, você não precisa apreender o significado de todos os termos, mas eis com o que ela se parece: $L = l^\dagger Dl + r^\dagger Dr - m(l^\dagger r + r^\dagger l)$. Os dois primeiros termos, $T = l^\dagger Dl + r^\dagger Dr$, são os termos para a energia cinética e expressam o fato de que uma partícula canhota criada, $l^\dagger$, se conecta com uma partícula canhota aniquilada, l, por meio do seu operador de energia cinética, D; uma partícula destra criada, $r^\dagger$, se conecta com uma partícula destra aniquilada, r, por meio de D; mas o termo da energia potencial $V = m\ (l^\dagger r + r^\dagger l)$ diz que, por intermédio da massa, m, uma partícula canhota criada, $l^\dagger$, se conecta com uma partícula destra aniquilada, r, enquanto, vice-versa, uma partícula destra criada, $r^\dagger$, se conecta com uma partícula canhota aniquilada, l. Resumindo, a partícula destra sabe o que a versão canhota de si mesma está fazendo.

117 Por exemplo, na equação lagrangiana, faz-se a lagrangiana, L, igual à diferença entre o termo para a energia cinética, T, e o termo para a energia potencial, V, ou $L = T - V$. Na teoria quântica dos campos, trabalhamos com a lagrangiana, $L = \partial\varphi^\dagger\ \partial\varphi + m^2\varphi^\dagger\varphi - \lambda(\varphi^\dagger\varphi)^2$ e então consideramos $\partial\varphi^\dagger\ \partial\varphi$ como uma "energia cinética" T do campo de Higgs, φ, e $-m^2\varphi^\dagger\varphi + \lambda(\varphi^\dagger\varphi)^2$ como uma "energia potencial", V, que tem um máximo em $\varphi = 0$ e mínimos em $\varphi = (m/\sqrt{2\lambda})\ exp\ (i\alpha)$. Usualmente, expande-se o "potencial" do campo em torno dos seus respectivos máximos e mínimos e, ao fazê-lo, encontra-

-se um estado de vácuo falso e instável quando o campo $\varphi = 0$ e a existência de um verdadeiro campo de Higgs aglomerado em torno dos mínimos $\varphi = (m/\lambda)\ exp(i\alpha)$. Os mínimos ocorrem para todos os valores do ângulo α de 0 grau a 360 graus percorrendo toda a calha junto à borda do "chapéu mexicano" (ver Figura 12a). Os campos que surgem em torno dos mínimos constituem os chamados *campos bosônicos sem massa de Nambu-Goldstone* e os campos bosônicos massivos reais, com massas que dependem dos parâmetros da teoria. Esse procedimento é denominado *quebra espontânea de simetria*.

118 Ver a nota de rodapé anterior. No texto, para simplificar a discussão, trato φ como se fosse uma variável real. Na realidade, eu deveria escrever $V = -\frac{1}{2}m^2\varphi^\dagger\varphi + \frac{1}{4}\lambda^2(\varphi^\dagger\varphi)^2$ e lidar com $\varphi^\dagger$ e φ como campos de números complexos expandindo $\varphi = (\psi + i\chi)/\sqrt{2}$, em que ψ é um campo de Higgs de valor real e χ é um campo bosônico de valor real e massa zero. Se fizermos isso, ficaremos com $V = -\frac{1}{2}m^2\ \psi^2 + \frac{1}{4}\lambda\psi^4$ mais os termos das potências do campo bosônico, χ, que usualmente não são levados em consideração porque correspondem a partículas sem massa que não interagem.

119 Para uma explicação completa e a fonte dessa figura, veja: http://en.wikipedia.org/wiki/Higgs_mechanism.

120 É sempre possível adicionar um termo potencial constante, uma vez que são apenas mudanças na energia que importam. Quando se faz isso, o topo do potencial "chapéu mexicano" não precisa corresponder à energia zero como eu supus aqui.

121 Sabemos agora que o píon é composto por uma combinação antissimétrica de duas possibilidades de *quarks* e *antiquarks*: um *down* (para baixo) com um *antidown* menos um *up* (para cima) com um *antiup*. Essa combinação de *quarks* e seus correspondentes *antiquarks* tem *spin* efetivo zero e carga elétrica zero e são bósons. Quando um píon de carga zero decai, ele usualmente o faz desintegrando-se em dois fótons; em consequência, pensou-se por muito tempo que o píon pudesse realmente ser uma partícula de Higgs correndo pelo canal da calha.

122 O acrônimo CERN significava originalmente, em francês, *Conseil Européen pour la Recherche Nucléaire* (Conselho Europeu para a Pesquisa Nuclear), que era um conselho provisório para a instalação do laboratório, criado por onze governos europeus em 1952.

123 http://physicsworld.com/cws/article/print/1497. "Uma equipe de físicos norte-americanos e japoneses obteve evidências convincentes de que os neutrinos canhotos têm massa, finalmente estabelecendo assim condições para responder a uma das perguntas mais fundamentais da física das partículas. Resultados do experimento Super-Kamiokande no Japão sugerem que os neutrinos têm massa de *0,1 eV* ou mais que isso, ao passo que a do elétron é de cerca de 0,5 Mev."

124 Para os interessados em um desenvolvimento mais aprimorado, o termo $\partial\varphi^\dagger\ \partial\varphi$ corresponde à energia-*momentum* de uma partícula e o termo $m^2\ \varphi^\dagger\varphi$ produz o termo da massa inercial de repouso sobre a qual eu lhe falei anteriormente e também produz

uma lagrangiana $L = \partial\varphi^{\dagger}\, \partial\varphi - m^2\varphi^{\dagger}\varphi$, onde $\varphi^{\dagger}$ *e* φ são campos de números complexos. Para manter as coisas simples, podemos considerar φ como um campo real e substituí-lo por $\varphi/\sqrt{2}$ e, em seguida, obtendo $L = ½[(\partial\varphi)^2 - m^2\varphi^2]$. Encontrar o extremo da integral de caminho dessa lagrangiana produz a bem conhecida solução ondulatória para um campo escalar de *spin* 0, a saber, $exp\ (ipx - iEt)$, em que a relação entre E e p é aquela que eu lhe mostrei anteriormente: $E^2 = p^2 + m^2$.

125 O físico David Kaiser assinalou-me que, ao introduzir a interessante ideia de que a partícula de Higgs poderia ser taquiônica, dado o termo $-m^2$ que aparece na energia potencial, eu posso ter sido um pouco apressado. Ele escreveu: "Podemos ter um termo $-m^2$ em V enquanto continuamos a manter positiva a massa das partículas de Higgs elevada ao quadrado (e, consequentemente, tomando suas massas físicas como reais em vez de taquiônicas). As massas das partículas no espectro físico provêm do cálculo da segunda derivada do potencial ao longo do sentido desse campo no campo-espaço, avaliada no estado de vácuo físico".

"Portanto, as partículas de Higgs, que poderão (ou não poderão?) aparecer no LHC [Grande Colisor de Hádrons] deveriam ter massas comuns não taquiônicas. Mesmo se uma delas se expandir dentro de um outro estado diferente do verdadeiro vácuo, em geral, as massas das partículas que aparecerem no espectro físico provêm do cálculo da segunda derivada do potencial; isso não é o suficiente para se examinar o sinal de quaisquer termos que possam indicar natureza semelhante à massa (*mass-like*). Em tratamentos da relatividade geral, usualmente encontramos sinais de instabilidades taquiônicas, que não provêm do fato de inspecionarmos o potencial, V, mas do comportamento do termo cinético na lagrangiana: campos com o sinal 'errado' do termo $(\partial\varphi)^2$ são taquiônicos e geralmente indicam que o próprio modelo não daria origem a um espaço-tempo estável. (Tais termos cinéticos de 'sinal errado' surgem em alguns modelos cosmológicos que estão na moda, baseados na teoria das cordas, e as pessoas têm de se curvar para trás a fim de ver se as outras contribuições à densidade de energia total do modelo poderiam sustentar um espaço-tempo que parecesse realista. Usualmente, pelo que parece, elas não podem.)

"Enquanto isso, cosmologicamente falando, o campo de Higgs do Modelo-Padrão provavelmente nunca esteve nem chegou perto do máximo local do seu potencial; provavelmente, ele esteve deslizando para baixo a partir de valores muito grandes de campo em direção ao mínimo verdadeiro. Por isso, em nosso próprio universo, há uma boa razão para se suspeitar que as partículas de Higgs nunca tivessem outra coisa a não ser massas físicas grandes e positivas. Por outro lado, poderíamos certamente notar que se alguém pudesse ter acesso a uma região suficientemente grande do espaço-tempo na qual $\varphi \approx 0$, então poderíamos esperar encontrar partículas de Higgs taquiônicas, mas isso provavelmente sinalizaria uma grande instabilidade do tecido do espaço-tempo e, portanto, provavelmente jamais seria uma região na qual as pessoas se reuniriam para observar tal coisa."

126 Você deve se lembrar de que sempre podemos adicionar um valor constante ao potencial. Isto faria com que a calha do "chapéu mexicano" apresentasse energia zero e o topo do chapéu teria então uma energia positiva.

127 Hitoshi Murayama, físico na Universidade de Berkeley, escreveu sobre algumas possíveis mudanças no Modelo-Padrão associadas a uma nova compreensão a respeito dos neutrinos. Veja: "The Origin of Neutrino Masses", in *Physics World*, maio de 2002.

128 Como mencionei no Capítulo 7, muitos físicos acreditam que um processo *ad hoc* adicional chamado de "descoerência", que não tem nada a ver com a consciência, deveria ser incluído na física quântica, resultando em superposições que, subitamente ou muito rapidamente, se reduziriam em realidades únicas em escalas de tempo ridiculamente curtas.

129 Eu relatei a respeito das conclusões de Libet em alguns de meus livros e artigos anteriores, e por isso apenas mencionarei alguns resultados aqui. Libet e seus colaboradores essencialmente descobriram por meio de experimentos que as pessoas projetam ou se referem retrospectivamente a eventos cerebrais em correspondência com suas percepções. Eles mostraram que eventos no cérebro que trazem à tona da consciência ocorrências sensoriais passivas acontecem *depois* da percepção aparente desses eventos e não antes. Eles também levantam a hipótese de que um mecanismo específico dentro do cérebro é responsável pela projeção desses eventos passivos tanto para fora no espaço (referência espacial) como para trás no tempo (referência temporal) ou está associado a essa projeção. Libet refere-se a isso como a *hipótese/paradoxo do retardo-e-antecipação*. Para mais informações sobre isso, consulte: "The Timing of Conscious Experience: A Causality-Violating, Two-Valued Transactional Interpretation of Subjective Antedating and Spatial-Temporal Projection", *Journal of Scientific Exploration* 12:4 (1998), pp. 511-42.

130 Para aqueles que estiverem interessados em se aprofundar na teoria quântica dos campos, recomendo *Quantum Field Theory in a Nutshell*, de Anthony Zee, Princeton, NJ: Princeton University Press, 2003.

Glossário

Acontecimento — uma interação entre dois ou mais pedaços de matéria/energia que ocorre dentro de um determinado volume de espaço e de um determinado intervalo de tempo.

Amigo de Wigner— refere-se ao *paradoxo do gato de Schrödinger* (ver p. 291). Suponha que um amigo que segura a gaiola na qual está o gato decida olhar dentro dela. Ele, sem dúvida, encontrará um gato vivo ou um gato morto. Mas suponha também que um professor chamado Wigner mantém o amigo e o gato engaiolado em uma sala fechada. Se o professor não olhar para o amigo dentro da sala, mesmo que o amigo tenha olhado para o gato, será que o amigo se encontra em um estado de espírito feliz ao ver um gato vivo ou em um estado de espírito triste ao ver um gato morto? De acordo com regras quânticas, até que o professor olhe, o estado do amigo não pode ser decidido.

Ano-luz — distância que a luz percorre em um ano, de cerca de 9.458.708.225.452,43 quilômetros.

Attossegundo — um bilionésimo de bilionésimo de segundo. Um attossegundo está para um segundo assim como um segundo está para cerca de 32 bilhões de anos.

Autoconsistência — princípio segundo o qual o universo pode ser muito bizarro quando é realmente entendido (não fazendo nenhum sentido quando testemunhado a partir de uma perspectiva estreita ou rígida) com base em uma única condição: a de que aquilo que ele prevê seja autoconsistente. Em outras palavras, qualquer resultado na física pode ser estranho, mas não pode fazer uma previsão que viole seus próprios princípios. Desse modo, uma cadeia de lógica que leve de um enunciado original para uma sequência de enunciados que contradiz o enunciado original não seria autoconsistente.

Bigue-bangue — explosão gigantesca no início do tempo, na qual toda matéria, energia, espaço e tempo foram subitamente criados.

Bóson — partícula subatômica que obedece à estatística de Bose-Einstein, de acordo com a física das partículas. Vários bósons podem ocupar o mesmo estado quântico.

A palavra "bóson" deriva do nome de Satyendra Nath Bose, físico indiano que, juntamente com Einstein, descobriu suas propriedades. Os bósons contrastam com os férmions, que obedecem à estatística de Fermi-Dirac. Dois ou mais férmions não podem ocupar o mesmo estado quântico. Uma vez que bósons com a mesma energia podem ocupar o mesmo lugar no espaço, os bósons são, com muita frequência, partículas portadoras de força. Em contraste, os férmions são usualmente associados com a matéria. (Informações extraídas da Wikipédia, http://en.wikipedia.org/wiki/Boson.)

Bóson de Higgs – uma massiva partícula elementar de *spin* 0 (também chamada de partícula escalar) teve existência prevista pelo Modelo-Padrão da física das partículas. Atualmente, não se conhecem partículas escalares fundamentais na natureza. O bóson de Higgs é a única partícula do Modelo-Padrão que ainda não foi observada. A detecção experimental do bóson de Higgs ajudaria a explicar a origem da massa no universo. O bóson de Higgs explicaria a diferença entre o fóton sem massa, que faz a mediação do eletromagnetismo, e os massivos bósons W e Z, que mediam a força fraca – uma das quatro forças encontradas na natureza (as outras são a força forte, a eletromagnética e a gravidade), que governa o decaimento dos núcleos. Se o bóson de Higgs existe, ele é um componente que integra e que permeia todo o mundo material. (Informações extraídas de: Wikipédia, http://en.wikipedia.org/wiki/Higgs_boson.)

Bosônico, condensado – estado físico no qual bósons idênticos têm exatamente a mesma energia.

Buraco negro – região esférica do espaço que contém um gigantesco campo gravitacional. O campo é tão intenso que tudo sobre a sua superfície é sugado para dentro dele, inclusive a luz. Imagine uma esfera que atraia como um ímã tudo ao seu redor. Agora, imagine que ela sugue até a luz solar, e você terá um buraco negro.

Chronon – a bilionésima parte da bilionésima parte da bilionésima parte da bilionésima parte da bilionésima parte de um segundo. Agora, para encontrar o seu caminho através de todos esses bilionésimos, lembre-se de que 1 bilhão de segundos é pouco menos que 32 anos. O *bigue-bangue* ocorreu no primeiro *chronon*. Porém, 1 bilhão de *chronons* se passou antes que houvesse qualquer luz no universo. Desse modo, em termos de *chronons*, cerca de 32 anos se passaram antes que o primeiro raio de luz emergisse pela primeira vez do primeiro ponto do espaço e do tempo. Um segundo está para 32 bilhões de bilhões de bilhões de bilhões de anos assim como um *chronon* está para um segundo.

Colapso da função de onda – a súbita mudança na função de onda quântica quando ocorre uma observação. Uma vez que a função de onda representa a probabilidade de se observar um evento, o colapso significa que a probabilidade mudou do que é menos que certo para uma certeza. (Ver: efeito do observador).

Complementaridade – o princípio segundo o qual o universo físico nunca poderá ser conhecido independentemente das escolhas do observador a respeito do que observar. Essas escolhas recaem em dois conjuntos de observações distintas ou complementares chamadas de observáveis. A observação de um observável sempre impede a possibilidade de observação simultânea do seu complemento. A observação da localização e a observação do caminho que uma partícula subatômica em movimento está seguindo são observáveis complementares.

Condições de contorno – definem limitações físicas que negam o acesso da onda quântica a todo o espaço físico. Literalmente, chamam-se "condições de fronteira" (*boundary conditions*) ou condições limitantes. Em conformidade com elas, a onda quântica precisa ser nula em lugares onde é impossível observar a quantidade física representada por ela. Como a onda quântica influencia as probabilidades, a mente pode ser capaz de alterar e de mudar a matéria, alterando as condições de contorno de uma onda quântica.

Cosmologia – a teoria do universo primordial, que descreve como tudo o que podemos imaginar como físico começou há cerca de 15 bilhões de anos.

Dimensões – há dois tipos:

1) dimensão real – uma extensão única ao longo do espaço. Imagine que você está de pé. Estenda o braço direito para a frente e o braço esquerdo para o lado. Seu braço direito corresponde à dimensão x, seu braço esquerdo à dimensão y, e a posição vertical do seu corpo à dimensão z. Estas são as três dimensões do espaço.

2) dimensão imaginária – enquanto permanece de pé na posição anterior, com seus braços estendidos, experimente a mudança que ocorre ao seu redor, que é a da passagem do tempo. Este é um movimento ao longo de uma dimensão imaginária.

Dinâmica dos gases – as leis que governam as propriedades físicas dos gases. Essas leis são geralmente baseadas na mecânica newtoniana e na termodinâmica.

Dualidade onda-partícula, – a ideia de que a matéria pode existir sob dois aspectos, onda ou partícula. Como onda, a matéria está espalhada, distribuída por todo o espaço. Como partícula, a matéria está concentrada, ocupando apenas um único ponto do espaço em um único momento do tempo. A dualidade refere-se à impossibilidade de se observar a matéria em ambos os seus aspectos simultaneamente.

Efeito do observador – a súbita mudança em uma propriedade física da matéria, em particular nos níveis atômico e subatômico, quando essa propriedade é observada. Esse efeito é medido pela mudança na probabilidade de se observar essa propriedade. Uma vez que esse efeito ocorre com uma velocidade maior que a da luz, propus um mecanismo taquiônico neste livro.

Eletrodinâmica quântica – leis da mecânica quântica aplicadas ao estudo das partículas eletricamente carregadas. A equação-mestra para esse estudo é a equação de Dirac.

Elétron – a menor partícula subatômica. O elétron tem algumas propriedades mensuráveis. Estas incluem carga elétrica, massa inercial ou resistência ao movimento acelerado, *spin* (que pode ser aproximadamente concebido imaginando-se o elétron como uma minúscula bola rodopiando como um pião ao redor de um eixo), e exclusão eletrônica (a tendência para impedir que outro elétron entre no mesmo estado quântico que o seu), sendo que essa última tendência se manifesta sempre que dois ou mais elétrons estão próximos entre si.

Energia do ponto zero – a temperatura do zero absoluto, a mais fria que poderia existir se fosse possível congelar todo o movimento. No entanto, de acordo com a física quântica, até mesmo nessa temperatura, há sempre algum movimento, de acordo com o *princípio da incerteza* (ver p. 299). Essa energia virtual ou invisível, que persiste nesse nível de congelamento até mesmo quando você remove toda fonte tangível de energia física visível, gera campos que constituem a fonte de tudo o que existe.

Equação de Dirac – expressão matemática inventada pelo físico Paul Dirac para explicar o comportamento de elétrons que se movem com velocidades muito próximas às da luz. Dirac descobriu que todas as partículas materiais se movem na velocidade da luz seguindo caminhos denteados através do espaço. Esse movimento de *jitterbugging* produz a ilusão de que a matéria está se movendo mais lentamente do que a luz. Ele também mostrou que cada partícula subatômica é capaz de existir abaixo do limiar de qualquer percepção e que um número infinito de partículas semelhantes precisa existir nesse nível. Quando certas energias são criadas, pode-se fazer uma dessas partículas se manifestar a partir do nada, deixando para trás um buraco. Esse buraco também tem propriedades físicas e aparece como a antipartícula da partícula que se manifesta. (Ver: pósitron).

Equações de movimento – ver: mecânica clássica.

Espaço-tempo – há várias diferentes visões do espaço-tempo:

1) arena do espaço-tempo – o imenso volume de todo o espaço do universo e de todo o tempo que existe. Cada ponto do espaço-tempo é um evento assinalado por suas coordenadas espaciais e por sua coordenada temporal. Imagine um balão. Agora, encha-o de ar e imagine que ele se mantém inflando cada vez mais até que passa a ocupar todo o espaço que existe.

2) espaço-tempo plano – a noção de que todo o espaço e o tempo juntos formam uma superfície quadridimensional que é plana como uma panqueca. Imagine uma folha de papel. Desenhe nela linhas horizontais e linhas verticais. As linhas horizontais representam o espaço e as linhas verticais representam o tempo.

3) espaço-tempo curvo – a noção de que todo o espaço e o tempo juntos formam uma superfície quadridimensional que é curva de alguma forma. Imagine uma esfera global. Linhas de longitude representam o tempo e linhas de latitude representam o espaço. Movendo-nos ao longo de uma linha de longitude, passamos pelos

polos. Uma jornada em direção ao norte nos leva, depois de passar pelo polo norte, em direção ao sul. A viagem para o norte é uma passagem para a frente no tempo, enquanto que a viagem para o sul nos leva para trás no tempo.

Estado fundamental – o mais baixo estado de energia de um sistema físico, como é determinado pelas leis da física quântica. Essa quantidade de energia nunca é igual a zero. De acordo com a física quântica, um sistema físico precisa sempre possuir uma quantidade residual de energia de movimento mesmo que ele seja resfriado até a temperatura do zero absoluto.

Estrela de nêutrons – tipo de estrela remanescente que pode resultar do colapso gravitacional de uma estrela massiva durante um evento supernova. Tais estrelas são compostas quase que inteiramente de nêutrons, que são partículas subatômicas sem carga elétrica e aproximadamente com a mesma massa do próton. As estrelas de nêutrons são muito quentes e são impedidas de sofrer um novo colapso graças ao *princípio da exclusão de Pauli* (ver p. 299). Esse princípio afirma que dois nêutrons (ou quaisquer outras partículas fermiônicas idênticas) não podem ocupar o mesmo lugar e o mesmo estado quântico simultaneamente. (Informações extraídas da Wikipédia, http://en.wikipedia.org/wiki/Neutron_star.)

Evento – a percepção ou a entrada na percepção ou na consciência de um acontecimento que ocorre "lá fora" e um acontecimento que ocorre "aqui dentro", em regiões específicas do corpo que podem incluir o cérebro, o sistema nervoso e os músculos ou outro tecido do corpo. Para um evento ocorrer, um acontecimento "aqui dentro" e um acontecimento "lá fora" precisam criar um laço temporal.

Experimento da dupla fenda – o mais importante experimento interpretativo da física quântica. Nesse experimento, uma série de partículas individuais, cada uma delas emitida por uma fonte, uma de cada vez, encontra uma barreira onde há duas fendas paralelas. De acordo com os conceitos da física clássica, cada partícula precisa passar através de uma fenda ou da outra se ela deve atingir um dispositivo de registro do outro lado da barreira. O registro das manchas produzidas por uma partícula depois da outra indica, no entanto, que cada partícula deve ter passado, sob a forma de onda, através de ambas as fendas ao mesmo tempo, se ninguém verificar por qual fenda cada partícula passou. Mas se alguém observa a partícula passando através de uma fenda ou da outra, o registro das manchas se altera. Resumindo, a partícula passa como uma onda se ninguém a observa, e passa como uma partícula se alguém está olhando para ela.

Fase – função matemática particular a equações que representam o movimento ondulatório. A fase de onda, como a fase da Lua, é a sua relação com alguma forma fixa no espaço e no tempo. À medida que a fase aumenta, alguma quantidade física em geral se repete periodicamente. Por exemplo, a fase pode ser representada olhando-se para um relógio. A cada sessenta segundos, o ponteiro dos segundos passa pelo mesmo ponto do mostrador. Quando duas ondas estão em fase, suas formas de onda correspondem-se mutuamente em todos os lugares. Quando duas ondas estão fora de fase, suas formas de onda se anulam mutuamente. Dois relógios estão em fase quando seus ponteiros dos segundos apontam, ao mesmo tempo, para os mesmos locais respectivos nos seus mostradores. Dois relógios estão fora de fase quando apontam em sentidos opostos (um ponteiro aponta para o número 12 enquanto o outro aponta para o número 6, por exemplo). A fase relativa entre duas ondas é a mesma que o ângulo formado pelos dois ponteiros dos segundos.

Fase inflacionária – teoria segundo a qual o universo, logo após o momento da criação, se expandiu com velocidade maior que a da luz. Essa ideia ajuda a explicar como o universo veio a ser tão consistente, como se observa por meio da radiação de fundo conhecida como ruído de rádio de três graus Kelvin.

Fato – algo que ocorre, acontece, tem lugar dentro dos confins do espaço e do tempo. Ele também se refere a um *ato fundamental de tabulação consciente* ou percepção mental de um evento que é um fato físico real. Em suma, não pode haver um fato físico sem que também haja uma percepção mental desse fato ocorrendo simultaneamente.

Férmion – nomeado em homenagem a Enrico Fermi, é uma partícula que obedece à estatística de Fermi-Dirac, de acordo com a física das partículas. Em contraste com os bósons, que obedecem à estatística de Bose-Einstein, apenas um férmion pode ocupar um estado quântico em um determinado momento. Assim, se mais de um férmion ocupa o mesmo lugar no espaço, as propriedades de cada férmion (por exemplo, o seu *spin*) têm de ser diferentes das dos férmions restantes. Portanto, os férmions são usualmente associados com a matéria, enquanto os bósons são frequentemente partículas portadoras de força, embora a distinção entre os dois conceitos em física quântica não seja clara. (Dados extraídos da Wikipédia, http://en.wikipedia.org/wiki/Fermion.)

Física clássica – as leis da física baseadas em ideias que estavam em vigor antes que a física quântica fosse descoberta. Incluem a mecânica clássica, a eletricidade e o magnetismo, conforme foram teorizados por James Clerk Maxwell, a termodinâmica, e outros ramos da física baseadas em conceitos anteriores. As leis da relatividade são às vezes incluídas na física clássica porque também se baseiam em conceitos da física pré-quântica.

Física Newtoniana – ver: mecânica clássica.

Física quântica clássica – a física quântica não relativista, na qual se pode examinar o que acontece com todas as partículas materiais e suas energias como se a velocidade da luz fosse infinita. Aqui, a equação de onda quântica é a equação de Schrödinger, que descreve a onda como um movimento contínuo no qual um *evento* descontínuo causado pelo ato da observação faz com que a onda "pipoque" em uma partícula.

Física quântica relativista – também conhecida como *teoria quântica dos campos* (ver p. 304). Aqui se pode examinar o que acontece com essas partículas e energias de partículas quando a velocidade da luz é finita. As possibilidades e probabilidades são determinadas de uma maneira mais simples por meio de propagadores, em vez de equações de onda quânticas. Equações de onda quânticas podem então ser usadas, dependendo do tipo de partículas geradas pelo campo quântico.

Fóton – a menor unidade de energia luminosa. Um fóton tem propriedades mensuráveis. Não tem carga elétrica, não tem massa inercial (embora seja capaz de dar um "soco" com o seu *momentum*), e um *spin* duas vezes maior que o do elétron.

Frequência espacial *(space-vibe)* – a taxa vibratória ou ondulatória ou frequência espacial de rotação ou vibração de qualquer coisa no espaço. É também chamada de número de onda. Na física quântica, sabemos que a frequência espacial de uma função de onda quântica multiplicada pela constante de Planck h dividida por 2π (frequentemente escrita como $\hbar$ e pronunciada h barra) é igual ao *momentum* de uma partícula associada com a onda. Neste livro e nos cálculos habituais da física quântica, faz-se uso de unidades onde $\hbar$ é convencionado igual à unidade; portanto, a frequência espacial é a mesma coisa que o seu *momentum*.

Frequência temporal *(time-vibe)* – a taxa vibratória ou ondulatória ou frequência temporal de rotação ou vibração de qualquer coisa no tempo. Ela também é chamada simplesmente de frequência. Na física quântica, sabemos que a frequência temporal de uma função de onda quântica multiplicada pela constante de Planck h dividida por 2π (frequentemente escrita como $\hbar$ e pronunciada h barra) é igual à energia de uma partícula associada com a onda. Neste livro e nos cálculos habituais da física quântica, faz-se uso de unidades onde $\hbar$ é convencionado igual à unidade; portanto, a frequência temporal é a mesma coisa que a energia nessas unidades.

Função de onda quântica – fórmula matemática que apresenta as possibilidades de ocorrência de eventos representando-as sob a forma de um padrão ondulatório distribuído através do espaço, como as ondulações e as fluências de uma onda.

Gato de Schrödinger, paradoxo do – refere-se a um pobre gatinho que foi trancado em uma caixa contendo um dispositivo de Rube Goldberg que emitirá ou não gás cianeto, dependendo do resultado de um único evento quântico, o decaimento radioativo de um átomo. O paradoxo é o seguinte: suponha que o gato está na caixa durante um período de tempo em que a probabilidade de que o átomo sofra decaimento é de 50%. Se ninguém olhar dentro da caixa, o gato está vivo ou morto? De acordo com a física quântica, o gato, após o evento quântico, que atua como um simples atirar uma moeda, está ao mesmo tempo vivo e morto, de acordo com o resultado. É apenas quando o observador abre a caixa que esse paradoxo é resolvido, e o gato estará ou vivo ou morto, mas não ambos.

Glúon – palavra que combina cola (*glue*, em inglês) e o sufixo *-on*, uma expressão elementar de interações entre *quarks*. Os glúons estão indiretamente envolvidos na ligação conjunta dos prótons e nêutrons nos núcleos atômicos. A antipartícula de um glúon é outro glúon. O glúon, como o fóton, tem *spin 1*. (Informações extraídas de: Wikipédia, http://en.wikipedia.org/wiki/Gluons.)

Helicidade – uma partícula é destra se o sentido do seu *spin* é o mesmo que o do seu movimento. Ela é canhota se os sentidos do seu *spin* e do seu movimento são opostos. Por convenção para a rotação, um relógio-padrão, com sua face dirigida para a frente, tem helicidade canhota. Matematicamente, a helicidade é o sinal da projeção do vetor *spin* sobre o vetor *momentum*: a canhota é negativa, a destra é positiva.

Holograma – dispositivo capaz de formar uma imagem de um objeto que parece existir em três dimensões completas. A imagem pode ser vista de vários ângulos; a cada mudança do ângulo de visão, a imagem do objeto muda.

Infinito – o conceito de que, independentemente de até onde você consiga contar, se estender ou imaginar, há sempre mais e, portanto, você nunca pode alcançar o fim do infinito.

Interação – maneira pela qual os físicos descrevem dois (ou mais) objetos quaisquer que se influenciam mutuamente. De acordo com a física clássica, os objetos são, antes e depois da interação, completamente determinados. Tudo o que a interação faz é mudar as direções (e os sentidos), as posições e os *momenta* dos objetos. De acordo com a física quântica, antes da interação, a posição ou o *momentum* dos objetos é indeterminado. Depois da interação, o mesmo continua a ser verdadeiro para ambos os objetos, mas eles estão, no entanto, correlacionados. O que se faz com um dos objetos afeta instantaneamente o outro, mesmo que esse último não seja perturbado.

Interferência – a combinação de dois ou mais padrões ondulatórios superpostos entre si. (Ver: superposição.) Há dois tipos de interferência:

1) a interferência destrutiva – se as cristas de uma onda coincidirem com os vales da outra, diz-se que as ondas interferem destrutivamente uma com a outra.

2) interferência construtiva – se as cristas de uma onda coincidirem com as cristas da outra, diz-se que as ondas interferem construtivamente uma com a outra.

Interpretação de Copenhague – a interpretação, apresentada pela primeira vez por Niels Bohr, considerado, na boa linguagem paradoxal da física quântica, o pai e a mãe da física quântica. Na escola de Bohr, os objetos não têm mais os mesmos atributos descritos pela física newtoniana. Os objetos têm dois tipos de observáveis: aqueles que podem ser observados simultaneamente e aqueles que não podem. Observáveis que podem ser observados simultaneamente são chamados comutáveis. Os outros são chamados de complementares. (Ver: complementaridade.) Por exemplo, as posições e os *momenta* dos objetos não podem ser observados simultaneamente. A posição e o *momentum* são observáveis complementares. A energia e o *momentum* podem às vezes ser observados simultaneamente, e por isso são observáveis comutáveis. Em conformidade com isso, sempre que um observável é observado, o seu observável complementar torna-se indefinido, enquanto qualquer um dos seus observáveis comutáveis é capaz de ser definido.

Interpretação dos muitos mundos – a interpretação adotada neste livro, também chamada de interpretação dos universos paralelos. Ela parece consistente com a cosmologia, a teoria da relatividade, a mecânica quântica, e, possivelmente, até mesmo com a psicologia.

Intervalo espacial *(spacelike)* – intervalo no espaço e no tempo entre dois eventos. Se a distância entre os eventos for maior do que a velocidade da luz multiplicada pelo intervalo de tempo que separa os eventos, diz-se que esses eventos são espacialmente (*spacelike*) separados. Isso significa que nada que fosse físico poderia conectar um evento com o outro, porque ele precisaria viajar a uma velocidade superior à da luz, o que é impossível de acordo com a relatividade.

Intervalo temporal *(timelike)* – intervalo no espaço e no tempo entre dois eventos. Se a distância entre os eventos for menor do que a velocidade da luz multiplicada pelo intervalo de tempo que separa os eventos, diz-se que esses eventos são temporalmente (*timelike*) separados. Isto significa que qualquer coisa física poderia conectar um evento com o outro, uma vez que poderia viajar de um evento para o outro com uma velocidade menor que a da luz, o que é possível de acordo com a relatividade.

Invariância – uma constância que permanece sempre que alguma coisa muda. Imagine que você está atravessando uma floresta tropical sob chuva constante e fica todo encharcado. Em seguida, você passa a caminhar pelo mais quente de todos os desertos e suas roupas não apenas ficam secas como também você precisa remover algumas delas para se manter refrescado. A invariância aqui é você.

Invariante – uma relação, conforme é observada por um observador, entre duas coisas, eventos ou valores numéricos que não muda o seu valor ou a sua forma quando é determinada por um observador diferente.

Lagrangiana – uma expressão matemática assim batizada em homenagem a Joseph-Louis Lagrange e dada pela diferença entre a energia cinética de um objeto, indicada pela letra T, e sua energia potencial, indicada por V, ou seja, $L = T - V$. A expressão de Lagrange diz que se igualarmos a taxa de variação com relação ao tempo da variação de L com relação à velocidade de um objeto à variação de L com relação à posição do objeto, chegaremos às leis do movimento de Newton.

Leis do movimento – ver: mecânica clássica.

Lépton – vem de uma palavra grega que significa "leve" (que tem muito pouco peso, significando, por exemplo, que a partícula é leve (tem pouca massa) em comparação com o próton). Os léptons, os componentes físicos mais básicos do universo, constituem uma classe de partículas elementares que incluem o elétron e sua antipartícula, o pósitron, o múon e sua antipartícula, o antimúon, o tau e sua antipartícula, o antitau, e o neutrino e sua antipartícula, o antineutrino. Os léptons formam a classe mais leve de partículas, tendo massas de repouso quase iguais a zero. Eles foram apelidados de *férmions* da interação fraca (ver p. 290). Os léptons podem resultar do lento decaimento de partículas nucleares como o nêutron, mas não experimentam uma atração intensa pelas partículas nucleares; elas são descritas pela estatística de Fermi-Dirac, que se aplica a todas as partículas restritas pelo princípio da exclusão de Pauli, enunciado por Wolfgang Pauli em 1925, e segundo o qual dois elétrons em um átomo não podem ocupar simultaneamente o mesmo estado de energia.

Isso significa que dois léptons idênticos não podem ocupar o mesmo estado quântico. No entanto, um múon e um elétron têm permissão para ocupar o mesmo estado. O múon foi originalmente classificado como um méson por causa da sua massa, cerca de duzentas vezes maior que a do elétron, mas a reclassificação subsequente das partículas em função do seu comportamento o colocou junto ao elétron na categoria do lépton. O elétron e o múon são quase gêmeos, com exceção de sua grande diferença de massa; cada um deles está carregado negativamente, tem uma antipartícula de carga positiva e um neutrino e um antineutrino associados. Leis separadas governam a conservação do número de família eletrônico e do número de família muônico, sendo igual a *+1* o número para as partículas comuns de qualquer família e igual a *–1* o número para as antipartículas. (Extraído do verbete "lepton", *The Columbia Encyclopedia*, 27 de dezembro de 2009, http://www.encyclopedia.com.).

Linha da luz – linha traçada em um diagrama ou mapa espaçotemporal e que o cruza diagonalmente formando um ângulo de 45 graus com a linha do tempo, representando uma pessoa que permanece em casa.

Linha do agora – todos os eventos que estão acontecendo simultaneamente, conforme são percebidos por um observador isolado. Uma linha do agora é usualmente desenhada em um diagrama espaçotemporal.

Linha do tempo – uma sequência de eventos que consiste naqueles que acontecem no passado, no presente e no futuro conforme são experimentados por um observador. Ela é usualmente desenhada em um diagrama espaçotemporal que se estende da parte inferior da página até o seu topo. Em tais mapas, ela é sempre desenhada de modo que fique situada entre as linhas que correm diagonalmente pela página nas direções noroeste e nordeste, que são chamadas linhas da luz.

Loops temporais – viagens que unem em um circuito fechado de tempo o presente ao futuro e, em seguida, prosseguem voltando para trás no tempo e fazendo a união com o presente, ou viagens que começam no presente e remontam no tempo para, em seguida, voltarem ao presente, ou qualquer combinação desses casos. Esses *loops* não são proibidos pelas leis da física, em particular se os pontos de partida e de chegada estiverem no mesmo tempo e no mesmo espaço, mas em universos paralelos diferentes.

Lúxon – é uma partícula de luz e, portanto, move-se na velocidade da luz. Há diferentes tipos de lúxons, dependendo do seu *spin*. Lúxons de *spin* ½ podem interagir com o campo de Higgs e, por meio disso, adquirir massa, mas lúxons de *spin 1* não adquirem. Fótons e glúons são lúxons de *spin 1* e não adquirem massa. No entanto, os neutrinos são lúxons de *spin* ½ que não parecem interagir com o campo de Higgs. Físicos suspeitam que apenas neutrinos canhotos não podem realizar a dança em zigue-zague (ver: zigue-zague), embora medições recentes indiquem que neutrinos destros podem existir com massas muito pesadas, permitindo que os neutrinos ziguezagueiem e, assim, adquiriram massa.

Massa de repouso – a massa intrínseca de qualquer partícula quando ela está em repouso. De acordo com a teoria da relatividade especial, uma partícula em movimento tem mais massa do que sua massa de repouso.

Matéria – o "estofo" do universo. A matéria ocupa espaço, existe no tempo e é percebida pelos sentidos humanos. A física moderna classifica a matéria de acordo com suas propriedades atômicas e subatômicas.

Mecânica clássica – as leis de movimento conforme foram concebidas por *Sir* Isaac Newton. Há três leis:

1) Um corpo em movimento tende a permanecer em movimento – o princípio da inércia.

2) Uma força que atua em um corpo fará com que ele se acelere – seja aumentando sua velocidade, diminuindo-a ou mudando a direção do seu movimento no espaço.

3) Uma força que atua sobre um corpo fará com que esse corpo aplique uma força igual e de sentido oposto na fonte da força original.

Mecânica quântica – a teoria do comportamento da matéria e da energia, em particular nos níveis dos átomos e das partículas subatômicas. É quase impossível imaginar a estranheza do comportamento da matéria nesses níveis. Um elétron em um átomo, por exemplo, realiza um truque muito parecido com o realizado pela tripulação a bordo da *Enterprise* na famosa série *Jornada nas Estrelas* (*Star Trek*), quando ela se "teletransporta" de um nível de energia para outro. Ela simplesmente salta de um lugar para o outro sem passar pelo meio.

Méson – ver múon.

Microssegundo – um milionésimo de segundo. A luz viaja ao longo de uma distância de cerca de três campos de futebol em um microssegundo. Um microssegundo está para um segundo assim como um segundo está para cerca de 11,5 dias.

Modelo-padrão – uma teoria de três das interações fundamentais conhecidas (eletromagnética, fraca e forte) e das partículas elementares que participam dessas interações (essa teoria só não inclui a quarta interação, a gravidade). Essas partículas formam toda a matéria visível no universo. Cada experimento da física de alta energia realizado desde meados do século XX acabou por produzir descobertas consistentes com o Modelo-Padrão. Ainda assim, o Modelo-Padrão falha em sua ambição de ser uma teoria completa das interações fundamentais porque não inclui a gravitação, a matéria escura e a energia escura. Também não faz uma descrição completa dos léptons, pois não descreve massas de neutrino diferentes de zero, embora extensões naturais simples o façam.

Modulação — processo no qual uma onda afeta outra. Usualmente, uma das ondas é chamada de onda portadora e a outra de onda de informação. A forma de modulação que é mais comum é a modulação de amplitude usada nas ondas de rádio. Nela, a amplitude da onda portadora muda em vez de se manter constante. As mudanças na amplitude seguem a forma contida na onda de informação.

Momentum — uma medição da matéria em movimento. Um grande pedaço de matéria movendo-se lentamente tem um *momentum* grande por causa de sua massa. Um pequeno pedaço de matéria movendo-se rapidamente tem um *momentum* grande por causa de sua velocidade. Acontece que, na física quântica, o *momentum* é uma qualidade fundamental. Desse modo, é possível que um objeto tenha um *momentum* bem definido, mas não uma velocidade ou massa bem definidas.

Múon — (da letra grega *mu* [μ] usada para representá-la) partícula elementar semelhante aos elétrons, com carga elétrica negativa e um *spin* ½. O múon também é chamado de elétron pesado. Juntamente com o elétron, o tau e os três neutrinos, ele é classificado como lépton. É uma partícula subatômica instável com a segunda vida média mais longa (2,2 μs), superada apenas pela do nêutron livre (~15 minutos). Como todas as partículas elementares, o múon tem uma antipartícula correspondente de carga oposta, mas com massa e *spin* iguais: o antimúon (também chamado de múon positivo). Os múons são indicados por μ^- e os antimúons por μ^+. No passado, os múons eram, às vezes, chamados de mésons mu, embora os físicos de partículas contemporâneos não os classifiquem como mésons. (Informações extraídas da Wikipédia, http://en.wikipedia.org/wiki/Muon.)

Nanossegundo — um bilionésimo de segundo. A luz viaja cerca de 30,48 centímetros em um nanossegundo. Um nanossegundo está para um segundo assim como um segundo está para 32 anos.

Neutrino — lépton que se move na velocidade da luz: um lúxon de *spin* ½. Assim como há elétrons destros e canhotos, faria sentido que os dois tipos de neutrinos sejam encontrados na natureza. Esta, porém, é uma mãe misteriosa, e só aparentemente produz neutrinos canhotos. Neutrinos destros não são encontrados em lugar nenhum, embora haja algumas evidências da existência efetiva do neutrino destro, que seria muito massivo, o que lhe permitiria percorrer apenas distâncias curtas no vácuo do espaço, enquanto se espera que sua imagem de espelho canhota tenha muito pouca massa, fazendo-o viajar ao longo de uma distância muito maior e nas proximidades da velocidade da luz. Por isso, podemos imaginar que o neutrino canhoto interage com o campo de Higgs ("zigueando" ao longo de uma boa distância) até colidir com o bóson de Higgs e se converter em um massivo neutrino destro, passando a descrever um zague, que só vive tempo mínimo, antes de "ziguear" de volta em uma partícula canhota.

Núcleo – o cerne de qualquer átomo. O núcleo contém mais de 99% da massa total do átomo. Ele consiste em partículas subatômicas agrupadas em duas formas básicas: prótons e nêutrons. O número de prótons dá ao átomo sua carga atômica ou número atômico. O número de nêutrons mais o número de prótons dão ao átomo sua massa atômica.

Número imaginário – número na forma *bi* em que *b* é um número real diferente de zero e *i* é a raiz quadrada de menos um, $\sqrt{(-1)}$, conhecida como unidade imaginária. Os números imaginários e os números reais podem ser combinados como números complexos na forma $a + bi$, em que *a* e *b* são respectivamente chamados de "parte real" e "parte imaginária" de $a + bi$. Os números imaginários podem, portanto, ser considerados como números complexos nos quais a parte real é igual a zero. O quadrado de um número imaginário é um número real negativo. Os números imaginários foram definidos em 1572 por Rafael Bombelli. Naquela época, esses números eram considerados por algumas pessoas como fictícios ou inúteis, da mesma maneira que o próprio zero e os números negativos. Muitos outros matemáticos demoraram a adotar o uso dos números imaginários, inclusive Descartes, que escreveu sobre eles em seu *La Géométrie*, onde considerou aviltante a expressão "número imaginário". (As informações foram extraídas da Wikipédia, http://en.wikipedia.org/wiki/Imaginary_number.)

Onda quântica – ver: função de onda quântica.

Paradoxo EPR de Einstein-Podolsky-Rosen – lida com uma medição realizada em uma parte de um sistema físico, enquanto a outra parte, que havia sido previamente conectada com ele, é deixada de lado. De acordo com as regras quânticas, a parte medida afeta instantaneamente a parte não medida no momento da medição, embora não exista mais qualquer conexão entre as partes.

Píon – bóson de *spin* zero, composto por *quarks*. No modelo dos *quarks*, um *quark up* e um *quark* anti*down* compõem um π^+ (pi mais), enquanto um *quark down* e um *quark* anti*up* (para cima) compõem o π^-, que são antipartículas uma da outra. Os píons sem carga são combinações de um *quark up* com um *quark* anti*up* ou de um *quark down* com um *quark* anti*down*. Eles têm números quânticos idênticos e, portanto, são encontrados apenas em superposições. A superposição de energia mais baixa deles é o π^0, que é sua própria antipartícula.

Polo de energia – conceito utilizado para calcular propagadores examinando as contribuições provenientes de energias de valores complexos. Representamos a energia em um plano complexo, traçamos um caminho que corre ao longo do eixo real da energia e, em seguida, desenhamos um semicírculo no semiplano acima ou abaixo do polo, encerrando o polo dentro dele. O polo adquire um valor infinito e representa a maior contribuição para o propagador.

Pontos de vista – referenciais associados ao observador e nos quais a diferença do observador é marcada pela velocidade relativa com a qual cada observador vê o(s) outro(s) observador(es). Em resumo, cada observador se move com uma velocidade e em um sentido constante em relação a qualquer um dos outros observadores.

Pósitron – ou antielétron, é a antipartícula ou a contrapartida de antimatéria do elétron. O pósitron tem uma carga elétrica de +*1*, um *spin* igual a ½, e a mesma massa de um elétron. Quando um pósitron de baixa energia colide com um elétron de baixa energia, ocorre a aniquilação, resultando na produção de dois ou mais fótons de raios gama. Os pósitrons podem ser gerados por meio da emissão de pósitrons por decaimento radioativo (por intermédio de interações fracas) ou por meio da produção de pares a partir de um fóton suficientemente energético.

Em um artigo publicado em 1928, Paul Dirac sugeriu a possibilidade de um elétron ter ao mesmo tempo uma carga positiva e uma energia negativa. Esse artigo introduziu a equação de Dirac, uma unificação da mecânica quântica, da relatividade especial e do então recente conceito de *spin* do elétron para explicar o efeito Zeeman. O artigo não previa explicitamente uma nova partícula, mas permitiu que os elétrons tivessem por solução uma energia positiva ou uma energia negativa. A solução de energia positiva explicava os resultados experimentais, mas Dirac ficou intrigado com a solução, igualmente legítima, de energia negativa que o modelo matemático permitia. A mecânica quântica não permitia que a solução de energia negativa fosse simplesmente ignorada, como a mecânica clássica frequentemente fazia com tais equações; a dupla solução implicava na possibilidade de que um elétron saltasse espontaneamente entre estados de energia positivos e negativos. No entanto, nenhuma transição desse tipo ainda fora observada experimentalmente. Ele se referia às questões levantadas por esse conflito entre a teoria e a observação como "dificuldades" que ainda precisavam ser consideradas "não resolvidas". (Informações extraídas da Wikipédia, http://en.wikipedia.org/wiki/Positron.)

Potencial "chapéu mexicano" – campo de energia potencial que se acreditava preencher o vácuo do espaço. Tem uma forma que depende do valor do campo em diferentes pontos do espaço-tempo, o que o torna semelhante a um chapéu mexicano. No princípio do universo, supunha-se que o campo estava no seu valor máximo, no topo do chapéu. Mas, então, ocorreu um processo denominado quebra de simetria espontânea e o campo adquiriu um valor mínimo nas bordas e na calha do chapéu, quebrando assim a simetria e dando origem às massas das partículas.

Potências de dez – um número escrito como 10^6, por exemplo, significa simplesmente o número 10 multiplicado por ele mesmo seis vezes.

Princípio antrópico, – diz que, a partir de um número infinito de possibilidades que a natureza poderia ter escolhido para fazer um universo, ela selecionou exatamente este, para que nós pudéssemos ser criados.

Princípio da exclusão de Pauli, – princípio da mecânica quântica formulado por Wolfgang Pauli em 1925. Ele afirma que dois férmions idênticos não podem ocupar o mesmo estado quântico simultaneamente. Um enunciado mais rigoroso desse princípio afirma que, para dois férmions idênticos, a função de onda total é antissimétrica. Para os elétrons de um único átomo, esse princípio afirma que dois elétrons não podem ter os mesmos quatro números quânticos; ou seja, se n, l, e m_l são os mesmos, os m_s devem ser suficientemente diferentes para que os elétrons tenham *spins* opostos.

O princípio da exclusão de Pauli ajuda a explicar uma grande variedade de fenômenos físicos. Uma dessas consequências do princípio é a elaborada estrutura atômica das camadas eletrônicas e a maneira como os átomos compartilham o(s) elétron(s). Toda a variedade de elementos químicos e todas as suas combinações (químicas) resultam da aplicação desse princípio. Um átomo eletricamente neutro contém elétrons ligados (mantidos no lugar por forças electromagnéticas que os ligam ao núcleo), cujo número é igual ao de prótons no núcleo. Como os elétrons são férmions, o princípio da exclusão de Pauli os proíbe de ocupar o mesmo estado quântico; por isso, os elétrons têm de se "empilhar um em cima do outro" dentro de um átomo. (Informações extraídas da Wikipédia, http://en.wikipedia/wiki/Pauli_exclusion_principle.)

Princípio da incerteza – conceito que reflete a incapacidade de se prever o futuro com base no passado ou no presente. Também chamado de princípio do indeterminismo, surgiu das ideias e pensamentos enunciados pela primeira vez por Werner Heisenberg por volta de 1926 ou 1927. É a pedra angular da física quântica e nos permite compreender por que o mundo é feito de eventos que não podem ser inteiramente relacionados em termos de causa e efeito. Ele está na raiz de toda matéria do mundo físico e pode manifestar-se para os seres humanos como dúvida e insegurança. Se é assim, uma vez que ele fosse plenamente compreendido, poderia criar uma condição de iluminação na qual o mundo é visto como uma ilusão e um produto da mente ou da consciência.

Probabilidade – medida matemática da possibilidade de que um evento venha de fato a ocorrer. De acordo com as leis da mecânica quântica, a probabilidade é uma medida de possibilidades que, de algum modo, precisam existir simultaneamente, pois essas possibilidades podem afetar ou se sobrepor umas às outras, mudando assim as propriedades físicas da matéria.

Problema da medição — o problema ímpar da mecânica quântica. Sempre que ocorre uma medição de um sistema físico, o sistema, que, antes de ser medido, existia em uma superposição de muitos estados físicos possíveis, "salta" subitamente para um deles. Por exemplo, uma partícula em um estado de *momentum* específico existe em uma superposição de um número infinito de estados de posição possíveis, como se a partícula estivesse em todas as partes ao mesmo tempo. Quando é realizada uma medida de posição, a partícula, subitamente, aparece em apenas uma posição, como se tivesse saltado até lá. É assim que temos a noção de um salto quântico. Até agora, não há nenhuma maneira de explicar esse salto sem o uso de alguns conceitos adicionais, como propus aqui, com base nos táquions. A ideia dos universos paralelos surgiu para resolver o problema da medição. Desse modo, sempre que uma medição ocorre, em vez de o sistema subitamente saltar de muitos estados para apenas um, o observador e o sistema se dividem em tantas possibilidades observador-sistema quantas o sistema originalmente possuía. Assim, nesse exemplo, depois da medição, há um número infinito de observadores, um para cada posição possível da partícula.

Propagador — quantidade da física quântica que governa a maneira como um campo quântico se comporta na criação e na aniquilação de uma partícula entre dois pontos do espaço-tempo conhecidos como eventos.

Quark — partícula elementar e constituinte fundamental da matéria. Os *quarks* se combinam para formar partículas compostas chamadas hádrons, entre as quais as mais estáveis são os prótons e nêutrons, os componentes dos núcleos atômicos. Por causa de um fenômeno conhecido como confinamento da cor, os *quarks* nunca são encontrados isoladamente; eles só podem ser encontrados dentro dos hádrons. Por essa razão, muito do que se sabe sobre os *quarks* foi elaborado a partir de observações dos próprios hádrons.

Há seis tipos de *quarks*, conhecidos como sabores: *up* (para cima), *down* (para baixo), charme, estranho, *top* (topo) e *bottom* (fundo). Os *quarks up* e *down* têm as menores massas de todos os *quarks*. Os *quarks* mais pesados mudam rapidamente em *quarks up* e *down* por meio de um processo de decaimento da partícula: a transformação de um estado de massa superior para um estado de massa inferior. Por causa disso, os *quarks up* e *down* são geralmente estáveis e os mais comuns do universo, enquanto os *quarks* charme, estranho, *top* e *bottom* só podem ser produzidos em colisões de alta energia (como as que envolvem raios cósmicos e as obtidas nos aceleradores de partículas).

Os *quarks* têm várias propriedades intrínsecas, que incluem carga elétrica, carga de cor, *spin* e massa. Os *quarks* são as únicas partículas elementares no Modelo-

-Padrão da física das partículas a experimentar todas as quatro interações fundamentais, também conhecidas como forças fundamentais (electromagnetismo, gravitação, interação forte e interação fraca), bem como as únicas partículas conhecidas cujas cargas elétricas não são múltiplos inteiros da carga elementar. Para cada sabor de *quark*, há um tipo correspondente de antipartícula, conhecida como *antiquark*, que difere do *quark* apenas pelo fato de que algumas das suas propriedades têm magnitude igual, mas sinal oposto (Informações extraídas da Wikipédia, http://en.wikipedia.org/wiki/Quark.)

Quebra espontânea de simetria – ocorre quando um sistema que é simétrico em relação a algum grupo de simetria entra em um estado do vácuo que não é simétrico. Quando isso acontece, o sistema não parece mais se comportar de maneira simétrica. É um fenômeno que ocorre naturalmente em muitas situações. No campo de Higgs, o caso simétrico ocorre quando o vácuo tem energia zero. (Ver: potencial "chapéu mexicano".) O campo de Higgs aumenta quando a energia do vácuo se acomoda em um estado de energia inferior (negativo), levando a uma ruptura na simetria original.

Embora esse processo, por si só, seja interessante de um ponto de vista matemático, ele é muito simples. Sua fama fora da comunidade científica decorre do seu uso no Modelo-Padrão da física das partículas, uma das teorias mais fundamentais da ciência. No contexto do seu uso dentro do Modelo-Padrão, é muito mais complicado (pois o próprio Modelo-Padrão é uma teoria complicada).

Antes que se reconhecesse a quebra espontânea de simetria, o Modelo-Padrão previa a existência de todas as partículas necessárias. No entanto, ela afirmava que algumas partículas (os bósons *Z* e *W*) não tinham massa, quando, na realidade, elas têm. Obviamente, essa era uma das principais falhas da teoria nesse estado. Para superá-la, o mecanismo de Higgs usa a quebra espontânea de simetria para dar massas a essas partículas. Ele também prevê uma partícula nova, ainda não detectada, o bóson de Higgs. Essa partícula é frequentemente mencionada na mídia, uma vez que experiências da maior importância, como as realizadas no CERN (a instalação do Grande Colisor de Hádrons, perto de Genebra), estão neste momento tentando encontrá-la. Se o bóson de Higgs não for encontrado, isso significará que o mecanismo de Higgs e a quebra espontânea de simetria, como eles são usados atualmente, não podem estar corretos, e que os físicos deverão descobrir um novo modelo para explicar as leis fundamentais da ciência. (Informações extraídas, em parte, da Wikipédia, http://en.wikipedia.org/wiki/Spontaneous_symmetry_breaking.)

Qwiff – ver: função de onda quântica.

Relatividade – há três tipos:

1) relatividade estendida – a relatividade que lida com velocidades maiores que a da luz. Acontece que a teoria da relatividade especial (ver nº 3) pode realmente ser

estendida de modo a incluir partículas ou observadores que se movem com velocidades superiores à da luz. Comparações entre observadores estendidos e observadores tardiônicos podem ser realizadas.

2) relatividade geral – a teoria do universo que explica a presença da gravidade como a distorção conjunta do espaço e do tempo. Se uma distorção espaçotemporal está presente, deve haver matéria. Para visualizar isso, imagine uma gigantesca folha de borracha sendo esticada e presa em uma moldura. Agora, imagine que você coloca uma bola de chumbo sobre a folha de modo que ela a distorça. A folha é o espaço-tempo.

3) relatividade especial – conjunto de regras que permite a um observador calcular o que outro observador vê quando esse está se movendo a uma velocidade constante ao passar pelo primeiro observador. A base dessa teoria é o triângulo retângulo espaçotemporal, que obedece à fórmula que enuncia: o quadrado da hipotenusa é igual à diferença dos quadrados do cateto temporal e do cateto espacial. Imagine que você desenha um triângulo retângulo sobre uma folha de papel. O cateto da base (horizontal) representa o movimento através do espaço enquanto o cateto da altura (vertical) representa o movimento ao longo do tempo. Se o cateto espacial for mais longo do que o cateto temporal, a hipotenusa representa o tempo real, experimentado por um observador em movimento cuja velocidade é a razão entre os catetos do triângulo. Se o cateto espacial tiver o mesmo comprimento que o cateto temporal, essa razão é a unidade correspondente à velocidade da luz. Por conseguinte, a hipotenusa representa um comprimento igual a zero – pois esse triângulo retângulo é traçado no plano complexo –, e isso significa que aquele que se move na velocidade da luz não experimenta a passagem de tempo algum. Se o cateto espacial é mais curto do que o cateto temporal, aquele que se move o faz com uma velocidade maior que a da luz, e a hipotenusa representa uma possível passagem para trás no tempo.

Singularidade – ponto do espaço-tempo onde as leis da física deixam de vigorar, pois nele todas as quantidades previstas assumem valores infinitos. As singularidades devem ocorrer, como se prevê, nos centros dos buracos negros.

Subatômica – menor que o tamanho atômico. Uma partícula subatômica é aquela que existe ou é capaz de existir dentro de um átomo.

Superespaço – estrutura matemática imaginária usada para ajudar a visualizar situações em que há mais de três dimensões. Os físicos que criaram o conceito estavam tentando juntar a relatividade e a física quântica em um único pacote. O superespaço contém pontos como os que estão contidos no espaço comum. No entanto, cada ponto do superespaço marca a localização de cada objeto em todo um universo. Isto é, cada ponto do superespaço é um modelo em escala de todo um universo distinto.

Superposição – fusão de possibilidades quânticas que ocorre como a fusão de duas ou mais correntes de água que se juntam em um rio. De acordo com as regras da física quântica, qualquer propriedade física é representada por uma função de onda quântica. Essa função, por causa de suas propriedades ondulatórias, pode ser composta de outras funções de onda, as quais, por sua vez, representam outras propriedades físicas. Desse modo, uma função de onda quântica que especifica a localização exata de um objeto é composta de funções de onda quânticas que atribuem todos os *momenta* possíveis a esse objeto. Assim, dizemos que uma função de onda de posição é uma superposição de funções de onda de *momentum*. De maneira semelhante, uma função de onda quântica que especifica o *momentum* do objeto compõe-se de funções de onda que dão todas as posições possíveis do objeto.

Táquion – partícula subatômica hipotética que se move com velocidade maior que a da luz. Na linguagem da relatividade especial, um táquion é uma partícula com *quadrimomentum* espacial e tempo próprio imaginário. Um táquion está restrito à porção espacial do gráfico da energia-*momentum*. Por conseguinte, ele não pode se desacelerar até velocidades subluminares.

A primeira descrição dos táquions é atribuída ao físico alemão Arnold Sommerfeld. No entanto, foram George Sudarshan, Olexa-Myron Bilaniuk, Vijay Deshpande e Gerald Feinberg (que originalmente cunhou termo na década de 1960) que apresentaram um arcabouço teórico para o seu estudo.

Se os táquions fossem partículas convencionais, localizáveis, que pudessem ser usadas para enviar sinais mais rápidos do que a luz, isso levaria a violações da causalidade na relatividade especial. Mas, no âmbito da teoria quântica dos campos, entende-se que os táquions significam uma instabilidade do sistema em vez de partículas reais mais rápidas do que a luz, e tais instabilidades são descritas por campos taquiônicos. Os campos taquiônicos apareceram teoricamente em vários contextos, tais como a teoria das cordas bosônicas. De acordo com a compreensão contemporânea e amplamente aceita do conceito de partícula, as partículas taquiônicas seriam instáveis demais para serem tratadas como existentes. Por essa teoria, a transmissão de informações mais rápida do que a luz e a violação da causalidade com os táquions são impossíveis.

Uma vez que um táquion se move com velocidade maior que a da luz, não podemos vê-lo se aproximando. Depois que um táquion passou perto de nós, seríamos capazes de ver duas imagens dele, aparecendo e partindo em sentidos opostos. Esse efeito de imagem dupla é mais evidente para um observador situado no caminho de um objeto mais rápido do que a luz. Uma vez que o objeto chega antes que a luz, o observador não consegue ver nada até que o táquion se aproxime do observador. Depois disso, a imagem como é vista pelo observador divide-se em duas. Apesar dos argumentos teóricos contra a existência de partículas taquiônicas, pesquisas experimentais foram realizadas para testar ou negar a sua existência; no entanto, nenhuma evidência experimental foi encontrada a favor ou contra a existência dos táquions. (Informações extraídas da Wikipédia, http://en.wikipedia.org/wiki/Tachyon.)

Tárdion – partícula "lenta", que se move com velocidade menor que a da luz. Por conseguinte, é um sinônimo para partícula massiva (isto é, partícula com massa diferente de zero). Isso inclui todas as partículas conhecidas, com exceção daquelas que não têm massa. O termo "tárdion" foi introduzido para contrastar com "táquion", que se refere a partículas hipotéticas que se movimentam com velocidade maior que a da luz. Os tárdions não podem quebrar a barreira da velocidade da luz. Eles têm uma massa de repouso real, enquanto os lúxons têm massa de repouso zero (tanto real como imaginária). Os táquions têm massa de repouso imaginária. A palavra "tárdion" é um neologismo e ainda não é muito usada, mesmo dentro do campo da física.

Teoria quântica dos campos – o nível de compreensão atual da matéria e da energia. Ela fornece um arcabouço teórico para a construção de modelos quantomecânicos de sistemas descritos classicamente por meio de campos. É amplamente utilizada na física das partículas. Em sua maioria, as teorias da moderna física das partículas, inclusive o Modelo-Padrão das partículas elementares e suas interações, são formuladas como teorias de campo quânticas relativistas. A teoria quântica dos campos diz, basicamente, que todas as partículas de matéria surgem como excitações de campos fundamentais. Esses campos existem assim como ondas de várias frequências temporais existem num imenso oceano. Essas ondas ou campos persistem por períodos de tempo. Na teoria, as partículas não são consideradas como "pequenas bolas de bilhar"; elas são consideradas como *quanta* dos campos – ondulações se comportando necessariamente como pedaços separados em um campo que se "parece" com as partículas. Os férmions, assim como os elétrons, também podem ser descritos como ondulações em um campo, no qual cada tipo de férmion tem seu próprio campo. Em resumo, a visualização clássica de que "tudo são partículas e campos" se resolve, na teoria quântica dos campos, na de que "tudo são partículas", que por fim se resolve na de que "tudo são campos". No fim, as partículas são consideradas como estados excitados de um campo (os *quanta* do campo, associados à quantização do mesmo). (Informações extraídas, em parte, da Wikipédia, http://en.wikipedia.org/wiki/Quantum_field_theory.)

Termodinâmica – as leis clássicas que governam o comportamento do calor nas substâncias materiais. Há três leis:

1) A conservação de energia – em qualquer processo físico, a energia pode mudar de forma, mas não pode desaparecer.

2) O calor não pode fluir espontaneamente de um corpo frio para um corpo mais quente.

3) A temperatura do zero absoluto – na qual nenhum movimento pode ocorrer – existe. Com base na física quântica, sabemos que esse zero absoluto não pode ser alcançado e que o vácuo resiste a qualquer tentativa de esfriá-lo até essa temperatura. Isso é chamado de *energia do ponto zero* (ver p. 288).

Tunelamento quântico – a capacidade de um sistema físico para tunelar através de uma barreira física que o separa do mundo exterior. Um sistema mecânico clássico não poderia fazer isso. Essa capacidade surge graças às propriedades ondulatórias do sistema físico.

Unidade – quantidade específica de algo mensurável em uma escala com a qual medições podem ser comparadas. Por exemplo, em unidades de polegadas, uma pessoa poderia ter sessenta unidades de altura; em unidades de pés, ela teria cinco unidades de altura; e em unidades de metros, ela teria 1,52 unidade de altura. Nos cálculos relativos ao espaço-tempo, geralmente usamos unidades em que a velocidade da luz é considerada igual a um, e em que todas as outras velocidades menores que a da luz seriam, por isso, frações de um. Então, alguém que estivesse se movendo com 0,5 unidade teria uma velocidade igual à metade da velocidade da luz.

Unidades naturais – unidades físicas de medida definidas de tal maneira que certas constantes físicas universais selecionadas são normalizadas para a unidade, isto é, seu valor numérico torna-se exatamente igual a *1*.

Universos paralelos – a ideia segundo a qual em vez de apenas um universo, há um número infinito de universos. A matéria existe em todos esses universos como fantasmas paralelos.

Velocidade da luz – a velocidade com a qual a luz viaja, de cerca de 1.079.022.156,38 quilômetros por hora.

Zigue-zague – a dança da luz com o campo de Higgs, em consequência da qual os lúxons de *spin* ½ mudam sua condição de canhotos para a de destros e, ao fazerem isso, adquirem massa e aparecem como matéria. Enquanto lúxons, as partículas se movem na velocidade da luz até colidirem com o bóson de Higgs. Enquanto se movem com a velocidade da luz, elas têm helicidades bem definidas (ver: helicidade); isso significa que elas têm seus eixos de *spin* alinhados ou antialinhados com os sentidos dos seus movimentos. Em conformidade com isso, elas são rotuladas como canhotas se o seu eixo de *spin* for antialinhado com o sentido do movimento e destras se o seu eixo de *spin* for alinhado com o sentido do movimento. Lúxons canhotos que se movem para a direita (lúxons chamados de lúxons zigueantes) com seus *spins* apontando para a esquerda, por exemplo, se mudariam para lúxons destros (chamados de lúxons zagueantes) e, em seguida, voltariam a se mover para a esquerda, com seus *spins* ainda apontando para a esquerda. Dessa maneira, o sentido do *spin* permanecerá o mesmo.

Bibliografia

Aharonov, Yakir, Jeeva Anandan, Sandu Popescu e Lev Vaidman, "Super-positions of Time Evolutions of Quantum System and a Quantum Time-Translation Machine", *Physical Review Letters* 64:25, 18 de junho de 1990, pp. 2.965-968.

Aharonov, Yakir, Peter G. Bergmann e Joel L. Lebowitz, "Time Symmetry in the Quantum Process of Measurement", *Physical Review* 134B, 1964, pp. 1.410-416.

Albert, David Z., "A Quantum Mechanical Automaton", *Philosophy of Science* 54, 1987, pp. 577-85.

______. *Time and Chance*, Cambridge, MA: Harvard University Press, 2000.

Allman, William F., "Newswatch: The Photon's Split Personality", *Science* 86, junho de 1986, p. 4.

Barbour, Julian, *The End of Time*, Nova York: Oxford University Press, 1999.

Békésy, George von, *Sensory Inhibition*, Princeton, NJ: Princeton University Press, 1967.

Benford, G., D. Book e W. Newcomb, "The Tachyonic Antitelephone", *Physical Review* D2, 1970.

Bilaniuk, O., V. Deshpande e E. Sudarshan, "'Meta' Relativity", *American Journal of Physics* 30, 1962.

Bohr, Niels, *The Philosophical Writings of Niels Bohr*, vol. I, Woodbridge, CT: Ox Bow Press, 1987.

Brown, Julian, *Minds, Machines, and the Multiverse: The Quest for the Quantum Computer*, Nova York: Simon & Schuster, 2000.

Clark, Ronald W., *Einstein: The Life and Times*, Nova York: Henry N. Abrams, 1984.

Cramer, John G., "Generalized Absorber Theory and the Einstein-Podolsky- Rosen Paradox", *Physical Review* D22, 1980, p. 362.

______. "The Transactional Interpretation of Quantum Mechanics", *Reviews of Modern Physics* 58: 3, julho de 1986, pp. 647-87.

Davies, Paul, *About Time*, Nova York: Touchstone, 1996.

Dawe, Ross L. e Kenneth C. Hines. "The Physics of Tachyons. I. Tachyon Kinematics", *Australian Journal of Physics* 45, 1992, p. 591.

Dennett, Daniel C. e Marcel Kinsbourne, "Time and the Observer", *Behavioral and Brain Sciences* 15:2, 1992, pp. 183-247.

Deutsch, David, "Quantum Theory, the Church-Turing Principle and the Universal Quantum Computer", *Proceedings of the Royal Society of London* A400, 1985, pp. 97-117.

______. "Quantum Mechanics near Closed Timelike Lines", *Physical Review* D44: 10, 15 de novembro de 1991, pp. 3.197-217.

______. *The Fabric of Reality: The Science of Parallel Universes – and Its Implications*, Nova York: Penguin, 1997.

Dewitt, Bryce S., "Quantum Mechanics and Reality", *Physics Today* 23:9, setembro de 1970, pp. 30-5.

Einstein, Albert. *The Evolution of Physics*, Nova York: Simon & Schuster, 1938.

______. *The Expanded Quotable Einstein*, organizado por Alice Calaprice, Princeton, NJ: Princeton University Press, 2000.

Einstein, Albert, H. A. Lorentz, H. Weyl e H. Minkowski. *The Principle of Relativity*, Nova York: Dover, 1952.

Elitzur, Avshalom C., Shahar Dolev e Anton Zeilinger, "Time-Reversed EPR and the Choice of Histories in Quantum Mechanics", disponível *on-line* em: http://arxiv.org/abs/quant-ph?0205182.

Feinberg, G., "Possibility of Faster-Than-Light Particles", *Physical Review* 159, 1967, p. 1.089.

Feynman, Richard P., *The Feynman Lectures on Physics*, vol. 1, Reading, MA: Addison-Wesley, 1966.

______. *The Character of Physical Law*, Cambridge, MA: MIT Press, 1967.

______. "Negative Probability", *in Quantum Implications: Essays in Honour of David Bohm*, organizado por B. J. Hiley e F. David Peat, Nova York:Routledge e Kegan Paul, 1987.

______. *QED: The Strange Story of Light and Matter*, Princeton, NJ: Princeton University Press, 2006.

Feynman, Richard P. e Steven Weinberg. *Elementary Particles and the Laws of Physics: The 1986 Dirac Memorial Lectures*, Nova York: Cambridge University Press, 1987.

Gleick, James, *Genius: The Life and Science of Richard Feynman*, Nova York: Pantheon, 1992.

Goswami, Amit. *Quantum Mechanics*. Dubuque, IA: Wm. C. Brown, 1992.

______. *The Self-Aware Universe: How Consciousness Creates the Material World*. Nova York: Tarcher Putnam, 1993.

Heisenberg, Werner, *Across the Frontier*, Woodbridge, CT: Ox Bow Press, 1990.

Hellmuth, T., Arthur C. Zajonc e H. Walther, "Realizations of Delayed Choice Experiments", *in New Techniques and Ideas in Quantum Measurement Theory*, organizado por Daniel M. Greenberger, Nova York: New York Academy of Sciences, 1986.

Herbert, Nick, *Quantum Reality*, Nova York: Anchor / Doubleday, 1985.

Hoyle, Fred, *October the First Is Too Late*, Nova York: Harper & Row, 1966.

______. "The Universe: Past and Present Reflections", Preprint Series nº 70, maio de 1981, Cardiff, RU: Department of Applied Mathematics and Astronomy, University College.

______. *The Intelligent Universe*, Nova York: Holt, Rinehart e Winston, 1983. Hoyle, F. e J. V. Narliker, *Action at a Distance in Physics and Cosmology*, San Francisco: W. H. Freeman, 1974.

Jeans, Sir James, *The Mysterious Universe*, Nova York: Macmillan, 1932.

Kaiser, David, *Drawing Theories Apart: The Dispersion of Feynman Diagrams in Postwar Physics*, Chicago: University of Chicago Press, 2005.

______. "Weisskopf, Victor Frederick", *in The Complete Dictionary of Scientific Biography*, vol 25, organizado por Noretta Koertge, Detroit: Scribner's, 2008, pp. 262-69.

Kaku, Michio, *Quantum Field Theory: A Modern Introduction*, Nova York: Oxford University Press, 1993.

Kolers, P. e M. von Grünau, "Shape and Color in Apparent Motion", *Vision Research* 16, 1976, pp. 329-35.

Lagrange, Joseph-Louis, *Analytical Mechanics*, 4ª ed., Paris: Gauthier-Villars et fils, 1888-1889 [1788].

Libet, B., E. W. Wright, B. Feinstein e Dennis Pearl, "Subjective Referral of the Timing for a Conscious Sensory Experience: A Functional Role for the Somatosensory Specific Projection System in Man", *Brain* 102:1, março de 1979, pp. 193-204.

March, Robert H., *Physics for Poets*, Nova York: McGraw-Hill, 1970.

Minkowski, H., "Space and Time", *in* H. A. Lorentz, A. Einstein, H. Minkowski e H. Weyl, *The Principle of Relativity: A Collection of Original Memoirs on the Special and General Theory of Relativity*, Nova York: Dover, 1952.

Pavlos, Mihas. "Use of History in Developing Ideas of Refraction, Lenses and Rainbow", Demokritus University, Trácia, Grécia, 2005.

Penfield, Wilder, *The Mysteries of the Mind*, Princeton, NJ: Princeton University Press, 1975.

Penrose, Roger, *The Emperor's New Mind: Concerning Computers, Minds, and the Laws of Physics*, Nova York: Oxford University Press, 1989.

______. *Shadows of the Mind: A Search for the Missing Science of Consciousness*, Nova York: Oxford University Press, 1994.

______. *The Road to Reality*, Nova York: Knopf, 2004.

Pound, R. V. e G. A. Rebka. "Apparent Weight of Photons", *Physical Review Letters* 4, 1960, pp. 337-41.

Prabhupada, A. C. Bhaktivedanta Swami, *Bhagavad-Gita as It Is*, capítulo 11, versículo 7, *in The Library of Vedic Culture*, um CD interativo, Los Angeles, CA: Bhaktivedanta Book Trust, 2003.

Price, Huw, *Time's Arrow and Archimedes' Point*, Nova York: Oxford University Press, 1996.

Rossi, B. e B. D. Hall, "Variation of the Rate of Decay of Mesotrons with Momentum", *Physical Review* 59, 1941, pp. 223-28.

Santo Agostinho, *Confessions*. Texto completo em inglês disponível *on-line* em http://ccel.org/a/augustine/confessions/. [Em português, há uma tradução (http://img.cancaonova.com/noticias/pdf/277537_SantoAgostinho-Confis- soes.pdf) disponível para *download*.]

Schwarzschild, Karl. "Über das Gravitationsfeld eines Massenpunktes nach der Einsteinschen Theorie" [Sobre o Campo Gravitacional de um Ponto Material de Acordo com a Teoria de Einstein], *Sitzbar. Deut. Akad. Wiss. Berlin. Kl. Math.-Phys. Techapter* [Prefácio pars. 14.1, 23.6], 1916, pp. 189-96.

Sobel, Dava, *Longitude: The True Story of a Lone Genius Who Solved the Greatest Scientific Problem of His Time*, Nova York: Walker, 1995.

Stapp, H. P., "Quantum Theory and the Role of Mind in Nature", *Foundations of Physics* 11, 2001, pp. 1.465-499.

______. *Mind, Matter, and Quantum Mechanics*, Nova York: Springer-Verlag, 2003.

Stueckelberg, Ernst C. G., "La Méchanique du point matériel en théorie de relativité et en théorie des quanta", *Helvetica Physica Acta* 15:1942, pp. 23-37.

Suarès, Carlo. *The Cipher of Genesis: The Original Code of the Qabala the Applied to the Scriptures*, Berkeley, CA: Shambhala, 1970.

______. "The Cipher of Genesis", *Tree 2: Yetzirah*, organizado por David Meltzer, Santa Barbara, CA: Christopher Books, 1971. Texto extraído de uma palestra proferida por Suarès, reimpresso de *Systematics* 8:2, setembro de 1970.

______. *Les Spectrogrammes de l'Alphabet Hebraïque*, Genebra, Suíça: Mont-Blanc, 1973.

______. *The Qabala Trilogy*, Boston: Shambhala, 1985.

______. *The Second Coming of Reb Yhshwh*, York Beach, ME: Samuel Weiser, 1994.

Terletskii, Y., *Paradoxes in the Theory of Relativity*, Nova York: Plenum, 1968.

Thorne, Kip S., *Black Holes and Time Warps: Einstein's Outrageous Legacy*. Nova York: W. W. Norton, 1994.

Tipler, Frank J., "Rotating Cylinders and the Possibility of Global Causality Violation", *Physical Review* D9, 1974, p. 2.203.

Vaidman, Lev, "Quantum Time Machine", *Foundations of Physics* 21:8, 1991, pp. 947-58.

Van Flandern, Tom, *Open Questions in Relativistic Physics*, organizado por Franco Selleri, Montreal: Apeiron, 1998.

Visser, M., S. Kar e N. Dadhichapter, "Traversable Wormholes with Arbitrarily Small Energy Condition Violations", *Physical Review Letters* 90, 2003, referência eletrônica 201102.

Weber, Renee, *Dialogues with Scientists and Sages: The Search for Unity*, Londres: Routledge and Kegan Paul, 1986.

Weinberg, Steven, *The Quantum Theory of Fields*, Nova York: Cambridge University Press, 2005.

Wheeler, John A., "The 'Past' and the 'Delayed-Choice' Double-Slit Experiment", in *Mathematical Foundations of Quantum Theory*, organizado por A. R. Marlow, Nova York: Academic Press, pp. 9-48, *in The Mathematical Foundations of Quantum Mechanics*, editado por A. R. Marlow, Nova York: Academic Press, 1978.

______. "The Mystery and the Message of the Quantum", apresentado no Joint Annual Meeting da American Physical Society e da American Association of Physics Teachers, janeiro de 1984.

______. "Beyond the Black Hole", *in Some Strangeness in the Proportion: A Centennial Symposium to Celebrate the Achievements of Albert Einstein*, organizado por Harry Woolf, Reading, MA: Addison-Wesley, 1980.

______. "Delayed-Choice Experiments and the Bohr-Einstein Dialogue", The American Philosophical Society e The Royal Society, leitura dos artigos realizada no encontro de 5 de junho de 1980, Joint Meeting, Londres: Library of Congress Catalog card number 80-70995.

Wilczek, Frank. *Lightness of Being: Mass, Ether, and the Unification of Forces*, Nova York: Basic Books, 2008.

Wolf, Fred Alan, *Star Wave: Mind, Consciousness, and Quantum Physics*, Nova York: Macmillan, 1984.

______. "On the Quantum Physical Theory of Subjective Antedating", *Journal of Theoretical Biology* 136, 1989, pp. 13-9.

______. *Parallel Universes: The Search for Other Worlds*, Nova York: Simon & Schuster, 1989.

______. *Taking the Quantum Leap: The New Physics for Nonscientists*, Nova York: HarperCollins, 1989.

______. *The Dreaming Universe: A Mind-Expanding Journey into the Realm Where Psyche and Physics Meet*, Nova York: Touchstone, 1995.

______. "The Timing of Conscious Experience", *Journal of Scientific Exploration* 12:4, inverno de 1998, pp. 511-42.

______. *Matter into Feeling: A New Alchemy of Science and Spirit*. Portsmouth, NH: Moment Point Press, 2002.

______. *The Yoga of Time Travel: How the Mind Can Defeat Time*, Wheaton, IL: Quest Books, 2004.

Zee, Anthony, *Quantum Theory in a Nutshell*, 2ª edição, Princeton, NJ: Princeton University Press, 2003.

Zurek, Wojciech, "Decoherence and the Transition from Quantum to Classical", *Physics Today* 44, outubro de 1991, pp. 36-44.